ASTRONOMIE

ET

GÉODÉSIE

TOURS. — IMPRIMERIE DESLIS FRÈRES

COURS DE LA FACULTÉ DES SCIENCES DE PARIS

ASTRONOMIE

ET

GÉODÉSIE

Cours professé à la Sorbonne

PAR

C. WOLF

MEMBRE DE L'INSTITUT, ASTRONOME DE L'OBSERVATOIRE DE PARIS

Rédigé par H. Le Barbier et P. Bourguignon

LICENCIÉS ÈS SCIENCES

PARIS

GEORGES CARRÉ, ÉDITEUR

58, RUE SAINT-ANDRÉ-DES-ARTS, 58

1891

AVERTISSEMENT

Chargé, depuis quelques années, de l'enseignement de l'Astronomie physique à la Faculté des Sciences, j'ai eu à me préoccuper de résoudre le problème assez difficile de faire tenir toutes les matières du programme de la Licence ès sciences mathématiques relatives à l'Astronomie dans les vingt-cinq leçons qui m'étaient accordées, et de les mettre à la portée d'élèves qui abordent ce cours, munis seulement des notions très rudimentaires de Cosmographie qu'ils ont acquises dans les lycées. C'est le résultat de ce travail de condensation et d'élagage que contient ce volume. Le lecteur ne doit donc pas s'attendre à y trouver rien de nouveau, ni aucun des développements qu'il serait possible et intéressant de donner aux diverses questions indiquées dans le programme que j'avais à remplir. J'ai dû, au contraire, faire choix partout des méthodes les plus simples et les plus brèves parmi celles que nous offrent les excellents traités, bien plus complets, que nous possédons sur la matière. J'ai donc puisé toutes mes leçons dans ces ouvrages, parmi lesquels je citerai, comme m'ayant le plus servi, le *Cours d'Astronomie et de Géodésie* professé par Chasles à l'École Polytechnique en 1844, le *Traité d'Astronomie* de Brünnow-André, ceux de Chauvenet, de M. Faye, de M. Gruey et de M. Caspari, et le *Traité de Mécanique céleste* de M. Tisserand. Le seul mérite auquel je prétende est d'avoir fait un bon choix dans la masse des matériaux qui étaient à ma disposition.

Sur un seul point, je crois avoir émis une idée nouvelle, en démontrant la possibilité d'éliminer *complètement* l'erreur d'excentricité dans la lecture des cercles gradués, par une disposition convenable de la graduation et des microscopes. Il se trouve que, parmi les solutions, figure le mode de graduation sur la couronne du cercle, réalisé dans le cercle mural de Gambey par une singularité dont on n'avait pas encore, je crois, donné la raison.

Pour définir l'esprit dans lequel j'ai conçu ce cours, je dirai simplement que j'ai évité tous les développements purement mathématiques et que je me suis attaché à faire comprendre aux élèves le caractère des méthodes de calcul de l'Astronomie d'observation, et la différence profonde qui les sépare des méthodes rigoureuses du calcul mathématique. A ce point de vue, l'étude de ces méthodes doit être d'une importance capitale, et trop méconnue peut-être, pour les jeunes physiciens.

Deux de mes auditeurs assidus, MM. Le Barbier et Bourguignon, ont bien voulu se charger de rédiger mes leçons et d'en surveiller attentivement l'impression. Je leur en suis très reconnaissant, et j'exprime l'espoir qu'ils auront bien mérité de leurs successeurs, en leur offrant une sorte de manuel résumant, sous une forme brève mais suffisante, l'ensemble des matières de la partie astronomique du programme de la Licence.

29 *janvier* 1891.

C. Wolf.

COURS D'ASTRONOMIE

CHAPITRE PREMIER

TRIGONOMÉTRIE SPHÉRIQUE

1. Préliminaires. — L'astronomie est la science qui s'occupe des astres. Elle comprend trois parties. La première, celle dont nous nous occuperons, est l'astronomie d'observation. Elle a pour objet de déterminer les positions des astres et d'en déduire les lois de leurs mouvements. La deuxième partie recherche les causes qui produisent ces mouvements et en calcule les effets ; c'est la mécanique céleste. Enfin la troisième partie est la physique céleste ; elle étudie la constitution physique et chimique des astres.

Nous n'avons aucune notion immédiate des distances qui nous séparent des astres ; certains phénomènes, les éclipses, les occultations, nous montrent bien que ces distances sont inégales, mais, a priori, nous ne connaissons que les directions dans lesquelles ils se trouvent. Les astres se comportent donc comme s'ils étaient tous également éloignés de nous et fixés sur une voûte sphérique dont notre œil occupe le centre.

La présence de l'atmosphère modifie un peu cet aspect ; elle affaiblit la lumière des astres voisins de l'horizon, qui nous paraissent alors plus éloignés que les autres. Aussi la voûte céleste nous semble-t-elle légèrement surbaissée.

2. Détermination des directions. — Une direction peut être définie par les angles qu'elle fait avec trois axes fixes. Mais ce mode de détermination est inapplicable en astronomie, faute d'un instrument propre à déterminer ces angles. On se sert alors des coordonnées polaires de l'espace.

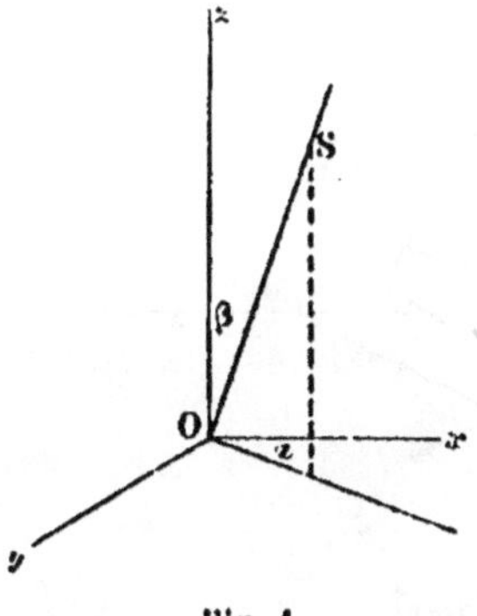

Fig. 1.

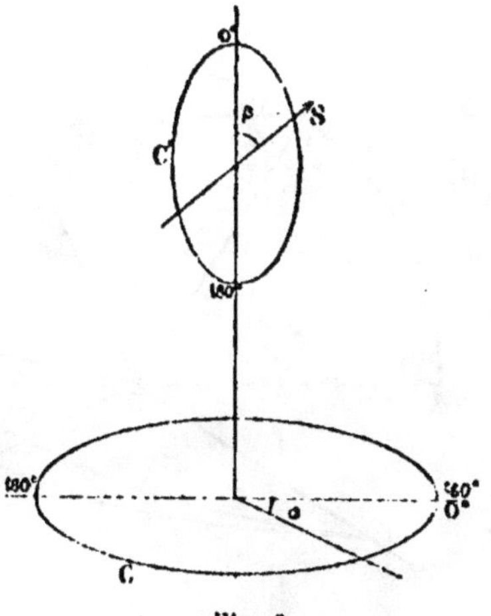

Fig. 2.

Prenons une origine fixe O, centre de la sphère céleste et trois axes rectangulaires Ox, Oy, Oz (*fig.* 1). L'axe Oz est l'axe polaire et le plan zOx le méridien origine. Une direction OS sera définie par l'angle β qu'elle fait avec l'axe Oz et l'angle dièdre α de son méridien avec le méridien origine. Le premier de ces angles peut varier de 0° à 180°, le second de 0° à 360°. Leur mesure s'effectue au moyen d'un instrument (théodolite, équatorial) formé de deux cercles gradués (*fig.* 2), dont l'un C représente le plan fondamental xOy et dont l'autre C' a son diamètre 0°, 180° perpendiculaire au plan du cercle C et est mobile autour de ce diamètre.

3. Problème général de la transformation des coordonnées. — Le problème que l'on a le plus fréquemment à résoudre en astronomie est celui de la transformation des coordonnées. Dans cette transformation, on conserve en général le plan méridien origine zOx (*fig.* 3); l'axe Oz et le

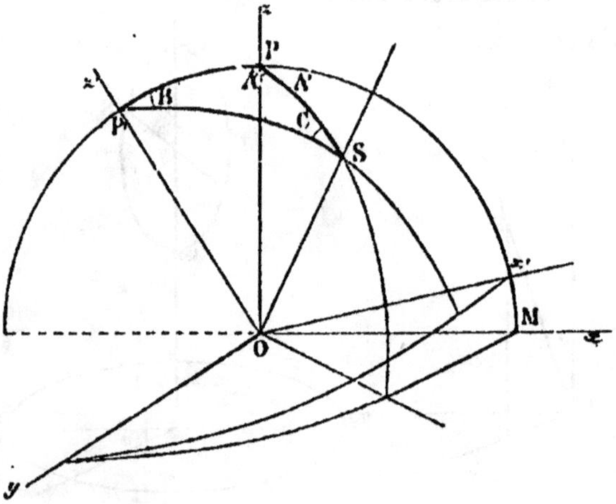

Fig. 3.

plan fondamental yOz tournent autour de Oy d'un certain angle. Le nouveau système d'axes est alors Ox', Oy', Oz', Oy' étant confondu avec Oy. Décrivons autour de O comme centre une sphère de rayon 1. Les coordonnées primitives de la direction OS sont : arc PS, et $\widehat{SPM} = A'$. Les nouvelles coordonnées sont arc P'S et $\widehat{PP'S}$. La recherche de ces nouvelles coordonnées revient à la résolution du triangle sphérique PSP'.

4. Trigonométrie sphérique. — Pour établir les différentes relations qui existent entre les éléments du triangle sphérique PSP′ (*fig.* 3), projetons la longueur OS égale à l'unité sur les axes Ox, Oy, Oz, Ox', Oy', Oz'. Nous aurons, en appelant x, y, z, x', y', z' ces projections et a, b, c, A, B, C, les éléments du triangle PSP′ :

$$x = \sin b \cos A'$$
$$y = \sin b \sin A'$$
$$z = \cos b$$
$$x' = \sin a \cos B$$
$$y' = \sin a \sin B$$
$$z' = \cos a$$

Mais nous pouvons encore obtenir la projection x', par exemple, en faisant la somme des projections sur l'axe Ox' des segments x, y, z projections de OS sur Ox, Oy, Oz. Les cosinus des angles que font entre elles les directions Ox, Oy, Oz, Ox', Oy', Oz' étant réunis dans le tableau suivant :

	Ox	Oy	Oz
Ox'	$\cos c$	0	$\sin c$
Oy'	0	1	0
Oz'	$-\sin c$	0	$\cos c$

on voit qu'on aura :

$$x' = \sin b \cos A' \cos c + \cos b \sin c$$
$$y' = \sin b \sin A'$$
$$z' = -\sin b \cos A' \sin c + \cos b \cos c$$

Par suite, en comparant ces formules aux précédentes, il vient :

$$\sin a \cos B = \sin b \cos A' \cos c + \cos b \cos c$$
$$\sin a \sin B = \sin b \sin A'$$
$$\cos a = - \sin b \sin c \cos A' + \cos b \cos c$$

Ou, en remplaçant A' par sa valeur 180° — A :

$$(1) \quad \sin a \cos B = \cos b \sin c - \sin b \cos c \cos A$$
$$(2) \quad \sin a \sin B = \sin b \sin A$$
$$(3) \quad \cos a = \cos b \cos c + \sin b \sin c \cos A$$

Ces relations sont générales et applicables à toutes les valeurs des angles et des arcs de 0° à 360°. Mais dans les triangles on suppose toujours les éléments plus petits que 180°. Elles ne sont pas distinctes ; en effet, si on les ajoute membre à membre, après les avoir élevées au carré, on trouve une identité.

Si l'on suppose que le rayon de la sphère augmente indéfiniment, les côtés du triangle conservant toutefois leurs longueurs, le triangle sphérique se transforme en un triangle rectiligne et les formules (1), (2), (3) relatives aux triangles sphériques se transforment aussi pour donner les formules relatives aux triangles rectilignes. Proposons-nous de chercher ces relations. A cet effet, introduisons dans les formules les longueurs α, β, γ des arcs a, b, c. Dans les formules de la trigonométrie sphérique, les quantités a, b et c représentent les rapports des arcs qui sous-tendent les angles au rayon R, ces longueurs étant mesurées avec la même unité arbitraire.

On a donc [1] :

$$a = \frac{\alpha}{R} \qquad b = \frac{\beta}{R} \qquad c = \frac{\gamma}{R}.$$

Le rayon de la sphère croissant indéfiniment, les angles a, b, c correspondant aux arcs de ce nom seront très petits puisque les longueurs α, β, γ de ces arcs restent finies. On pourra donc remplacer les sinus et cosinus de a, b, c par leurs développements en série en appliquant les formules :

$$\sin x = x - \frac{x^3}{1.2.3} + \cdots\cdots$$

$$\cos x = 1 - \frac{x^2}{1.2} + \frac{x^4}{1.2.3.4} + \cdots\cdots$$

où x désigne le rapport de l'arc au rayon.

On aura alors :

$$\left(\frac{\alpha}{R} - \frac{\alpha^3}{6R^3} + \cdots\right)\cos B = \left(1 - \frac{\beta^2}{2R^2} + \cdots\right)\left(\frac{\gamma}{R} - \frac{\gamma^3}{6R^3} + \cdots\right) - \left(\frac{\beta}{R} - \frac{\beta^3}{6R^3} + \cdots\right)\left(1 - \frac{\gamma^2}{2R^2} + \cdots\right)\cos A.$$

En effectuant, multipliant par R et passant à la limite, il vient :

$$\alpha \cos B = \gamma - \beta \cos A,$$

ou bien encore :

$$\alpha \cos B + \beta \cos A = \gamma.$$

[1] Si les angles étaient exprimés en secondes, on aurait, en appelant l la longueur de l'arc d'une seconde dans le cercle de rayon 1 :

$$a = \frac{\alpha}{R} \cdot \frac{1}{l}, \qquad b = \frac{\beta}{R} \cdot \frac{1}{l}, \qquad c = \frac{\gamma}{R} \cdot \frac{1}{l},$$

donc encore

$$a = \frac{\alpha}{R} \qquad b = \frac{\beta}{R} \qquad c = \frac{\gamma}{R},$$

à la condition d'exprimer α et R avec la longueur l prise comme unité.

Cette formule exprime que dans un triangle un côté quelconque est égal à la somme des projections des deux autres sur sa direction.

La formule (2) transformée de la même manière donnerait :

$$\frac{\alpha}{\sin A} = \frac{\beta}{\sin B}.$$

En effectuant le même calcul pour la formule (3), on obtient :

$$\left(1 - \frac{\alpha^2}{2R^2} + \cdots\right) = \left(1 - \frac{\beta^2}{2R^2} + \cdots\right)\left(1 - \frac{\gamma^2}{2R^2} + \cdots\right) + \left(\frac{\beta}{R} - \frac{\beta^3}{6R^3} + \cdots\right)\left(\frac{\gamma}{R} - \frac{\gamma^3}{6R^3} + \cdots\right)\cos A$$

d'où l'on déduit, en multipliant par $2R^2$ et passant à la limite :

$$\alpha^2 = \beta^2 + \gamma^2 - 2\beta\gamma \cos A.$$

C'est la formule connue des triangles rectilignes.

Il serait intéressant de rechercher aussi ce que deviennent ces formules dans le cas où R est seulement très grand par rapport aux côtés. C'est le cas des triangles géodésiques. On arrive alors à un théorème très important, dû à Legendre, qui permet de calculer les côtés d'un triangle sphérique très peu courbe, comme s'ils étaient rectilignes, en fonction de l'un d'eux et des trois angles. Nous y reviendrons plus loin.

Les formules (1), (2) et (3) contiennent toutes celles de la trigonométrie sphérique.

En permutant les éléments du triangle dans ces trois formules et considérant après l'angle A, l'angle B et l'angle *parallactique* (1) C (*fig.* 3), on obtient de nouvelles formules

(1) Cet angle mesure le changement (παράλλαξις) de direction que doit subir le rayon visuel d'un observateur placé en S pour viser successivement les pôles P et P'.

analogues aux premières, qui donnent avec elles un total de douze relations.

Des combinaisons de celles-ci permettent d'en établir beaucoup d'autres ; en divisant, par exemple, la première par la seconde, on a :

$$\cot B = -\cos c \cot A + \frac{\sin c}{\sin A} \cot b$$

On écrit ainsi cette formule :

$$(4) \qquad \sin c \cot b = \sin A \cot B + \cos c \cos A$$

et cinq autres peuvent s'en déduire par permutation.

La considération du triangle polaire ou supplémentaire fournit une méthode générale pour trouver ces nouvelles relations. On obtient ce triangle en décrivant de chacun des sommets du triangle primitif comme pôle des arcs de grand cercle. Soient A'B'C' (*fig.* 4) le triangle ainsi déduit du triangle ABC; D, E les points où BC prolongé rencontre A'B' et A'C'; F, G les points d'intersection de AB, AC prolongés avec B'C'. L'angle A' a pour mesure l'arc DBCE. Or on a :

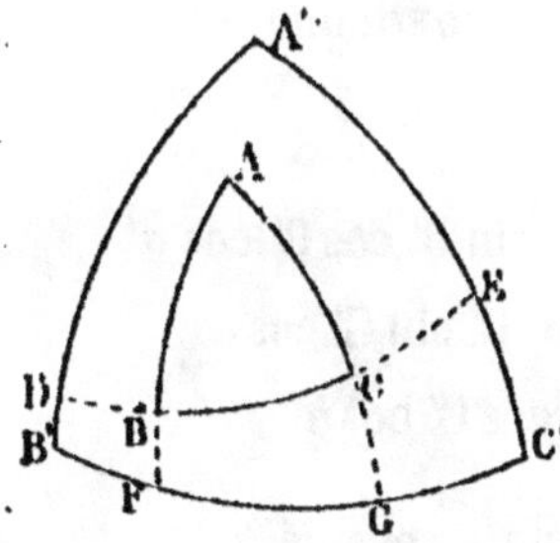

Fig. 4.

$$DBCE = DC + BE - BC = 180° - a$$

Les angles du triangle supplémentaire sont donc donnés par

les formules :

$$A' = 180° - a$$
$$B' = 180° - b$$
$$C' = 180° - c$$

De même, a' a pour mesure B'FGC' et l'on a :

$$B'FGC' = B'G + FC' - FG = 180° - A$$

et les côtés de A'B'C' ont pour valeurs :

$$a' = 180° - A$$
$$b' = 180° - B$$
$$c' = 180° - C$$

Si l'on introduit les éléments du triangle supplémentaire dans les premières égalités, on a alors, en remarquant que la relation de proportionnalité des sinus ne donne point de résultat nouveau :

$$-\sin A' \cos b' = -\cos B' \sin C' - \sin B' \cos C' \cos a'$$
$$-\cos A' = \cos B' \cos C' - \sin B' \sin C' \cos a'$$
$$-\sin C' \cot B' = -\sin a' \cot b' + \cos C' \cos a'$$

ou, en rétablissant les éléments du triangle considéré :

(5) $\sin A \cos b = \cos B \sin C + \sin B \cos C \cos a$

(6) $\cos A = -\cos B \cos C + \sin B \sin C \cos a$

(7) $\sin C \cot B = \sin a \cot b - \cos C \cos a$

Ces formules et celles qu'on en déduit par permutation portent à trente-trois le nombre des relations entre les éléments d'un triangle.

La formule (6) donne un côté a du triangle en fonction des trois angles. En trigonométrie rectiligne, les trois angles ne déterminent pas un triangle ; en trigonométrie sphérique, le trièdre est déterminé par ses trois angles, et si l'on connait le rayon de la sphère, ou s'il est pris pour unité, les côtés du triangle correspondant s'en déduisent. En réalité, ce n'est donc pas la longueur du côté qui est déterminée, mais son rapport au rayon. Les triangles géodésiques, qui sont tracés sur la surface de la terre et qui doivent servir à déterminer le rayon de celle-ci, ne sont pas définis par leurs trois angles ; il faut de plus connaître la longueur d'un côté.

Ces formules permettent de résoudre les triangles dans tous les cas possibles. Au point de vue géométrique, il y aurait lieu de discuter les solutions et de signaler les cas d'impossibilité des triangles. C'est inutile en astronomie puisque les triangles que l'on calcule existent réellement [1].

5. Formules des triangles rectangles. — Nous déduirons les formules relatives aux triangles rectangles des précédentes en y faisant

$$A = 90^\circ \qquad \sin A = 1 \qquad \cos A = 0.$$

Nous considérerons les formules suivantes contenant A :

$$\sin a \cos B = \cos b \sin c - \sin b \cos c \cos A$$
$$\sin a \sin B = \sin b \sin A$$
$$\cos a = \cos b \cos c + \sin b \sin c \cos A$$
$$\sin c \cot b = \sin A \cot B + \cos c \cos A$$
$$\sin c \cot a = \sin B \cot A + \cos c \cos B$$
$$\cos A = -\cos B \cos C + \sin B \sin C \cos a.$$

[1] Il importe de ne jamais employer une formule sans en vérifier l'exactitude ; c'est ce que Le Verrier recommandait aux calculateurs et ce qu'il faisait toujours lui-même.

Les autres formules contenant A donneraient pour le triangle rectangle des formules à trois termes, non calculables par logarithmes, ou des formules déjà obtenues. Les relations écrites deviennent, pour A = 90° :

$$\begin{aligned}
\sin a \cos B &= \cos b \sin c \\
\sin a \sin B &= \sin b \\
\cos a &= \cos b \cos c \\
\sin c \cot b &= \cot B \\
\sin c \cot a &= \cos c \cos B \\
\cos a &= \cot B \cot C
\end{aligned}$$

La première s'écrit, en tenant compte de la seconde :

$$\cos B = \cos b \sin C$$

et la cinquième se met sous la forme plus simple :

$$\operatorname{tg} c = \operatorname{tg} a \cos B$$

En résumé, les formules des triangles rectangles sont au nombre de dix, obtenues en permutant les précédentes ; elles forment les six groupes suivants :

$$(1) \quad \begin{cases} \cos B = \cos b \sin C \\ \cos C = \cos c \sin B \end{cases}$$

$$(2) \quad \begin{cases} \sin a \sin B = \sin b \\ \sin a \sin C = \sin c \end{cases}$$

$$(3) \quad \cos a = \cos b \cos c$$

$$(4) \quad \begin{cases} \sin c \cot b = \cot B \\ \sin b \cot c = \cot C \end{cases}$$

$$(5) \quad \begin{cases} \operatorname{tg} c = \operatorname{tg} a \cos B \\ \operatorname{tg} b = \operatorname{tg} a \cos C \end{cases}$$

$$(6) \quad \cos a = \cot B \cot C.$$

Un procédé mnémonique permet d'établir immédiatement l'une quelconque de ces relations. On inscrit sur les côtés de l'angle droit du triangle (*fig.* 5) les valeurs $90° - b$ et $90° - c$ de leurs compléments, et sur l'hypoténuse sa valeur a ; on marque les sommets B, C en ayant soin de ne pas indiquer

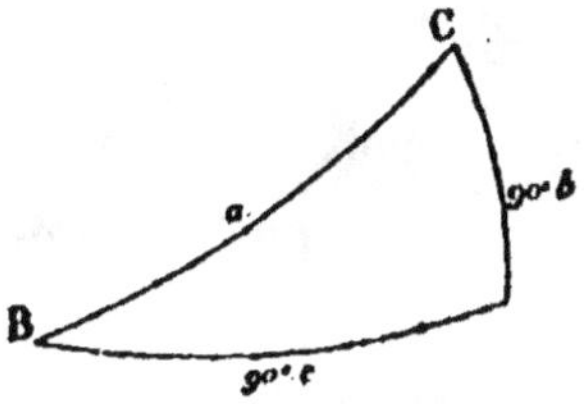

Fig. 5.

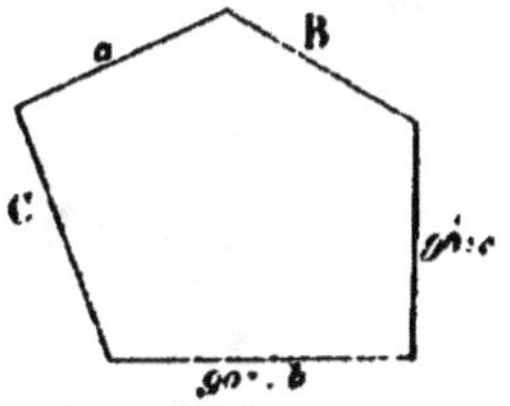

Fig. 6.

par une lettre le sommet de l'angle droit. Le cosinus d'une quelconque des cinq quantités inscrites sur la figure est alors égal au produit des cotangentes des deux quantités adjacentes ou au produit des sinus des deux quantités opposées. Les cinq quantités peuvent encore s'inscrire sur les côtés d'un pentagone (*fig.* 6) dans le même ordre que précédemment.

6. Remarque sur l'emploi des formules. — Pour régler le choix de ces formules, il est utile de savoir quelles sont les lignes trigonométriques qui peuvent se calculer avec la plus grande approximation.

Si l'on prend dans les tables à sept décimales les différences des logarithmes-sinus, des logarithmes-cosinus et des logarithmes-tangentes, on trouve qu'aux environs de 45°, les variations de ces logarithmes pour 10″ sont :

pour le logarithme-sinus. . .	211
pour le logarithme-cosinus. .	211
pour le logarithme-tangente. .	421

Par suite, comme on répond de l'unité sur la dernière décimale, l'approximation pour l'arc est :

$$\text{par le sinus et le cosinus, de } \frac{10''}{211} = 0'',047$$

$$\text{par la tangente, de } \frac{10''}{421} = 0'',023$$

On peut donc employer les trois lignes, mais la tangente, qui permet de calculer à 2 centièmes de seconde près, est préférable.

Il faut bien remarquer que l'approximation que l'on cherche dans les résultats du calcul doit toujours être la même que celle des données de l'observation. Si, par exemple, on ne peut répondre dans les données que de la minute, on cherche la différence entre les logarithmes des tangentes de deux angles différant d'une minute; si cette différence porte sur la quatrième décimale, on ne prend dans les calculs que quatre décimales au logarithme.

Il est rare qu'on se serve en astronomie de logarithmes à sept décimales, comme on le fait en géodésie; les formules que l'on emploie sont, en général, mises sous forme de séries rapidement convergentes et une approximation de quatre ou cinq décimales suffit.

Au voisinage de 0°, le logarithme-sinus varie extrêmement vite, ainsi que le logarithme-tangente; le logarithme-cosinus, au contraire, ne varie pas de $+ 2'30''$ à $- 2'30''$; pour avoir, avec le logarithme-cosinus, une approximation de 10 unités pour $10''$, c'est-à-dire pour répondre de $1''$, il faut que l'angle soit supérieur à $2°40'$. Le cosinus ne doit donc pas être employé aux environs de 0°. De même, le sinus, dans le voisinage de 90°, ne varie pas de 89°57'30" à 90°2'30" et le sinus ne peut alors servir.

La tangente a donc l'avantage de donner toujours une approximation suffisante qui est de 2 centièmes de seconde au minimum. Les formules qui contiennent des tangentes sont donc celles qu'il convient d'employer de préférence, quand cela est possible.

Pour les petits angles, il est impossible d'interpoler avec les différences premières du logarithme-tangente ou du logarithme-sinus dans les tables qui procèdent de 10" en 10". Une table des sinus et des tangentes de seconde en seconde de 0° à 4° peut servir au calcul dans ce cas (table de Callet); mais il vaut mieux recourir à la table des nombres qui donne le logarithme du nombre de secondes correspondant à un nombre donné de degrés, minutes et secondes, et le logarithme du rapport du sinus à l'arc qu'il faut y ajouter pour obtenir le logarithme-sinus ou le logarithme-tangente. Les tables de Schrön sont plus complètes encore et donnent le moyen de passer du logarithme-sinus ou du logarithme-tangente à la valeur de l'angle en degrés, minutes et secondes. Elles contiennent cinquante nombres par page, ce qui facilite la recherche des logarithmes de nombres; celles de Callet en contiennent soixante et cette disposition, désavantageuse pour les logarithmes de nombres, est plus commode pour la recherche des logarithmes des lignes trigonométriques.

L'astronome ne se préoccupe pas, en général, de rendre les formules calculables par logarithmes (¹). La méthode la

(¹) Le Verrier jugeait cette transformation absolument inutile : l'emploi des tables des logarithmes de nombres est, en effet, plus facile que celui des tables des logarithmes des lignes trigonométriques et le calcul direct n'exige pas la recherche de plus de logarithmes que les formules de transformation.

plus rapide et la plus exacte pour calculer une formule binôme consiste dans l'emploi des logarithmes d'addition et de soustraction, donnés par les tables de Hoüel (cinq décimales) ou de Wittstein (sept décimales). La formule (3) des triangles (4) s'écrira, par exemple :

$$\cos a = \cos b \cos c \left[1 + \frac{\sin b \sin c \cos A}{\cos b \cos c}\right]$$

et la table donnera le logarithme de

$$1 + \frac{\sin b \sin c \cos A}{\cos b \cos c}$$

qui, ajouté à celui de $\cos b \cos c$, donne celui de $\cos a$.

A défaut de ces tables, on a recours à l'emploi d'un angle auxiliaire. Les seconds membres binômes des formules fondamentales contiennent le sinus et le cosinus d'un même angle ; il est donc facile de les transformer en un sinus ou un cosinus d'une somme de deux angles. Pour la formule (3), par exemple, on pose :

$$\cos c = m \cos \varphi$$
$$\sin c \cos A = m \sin \varphi$$

et la formule devient :

$$\cos a = m \cos (\varphi - b)$$

$a < 180°$ est donné sans ambiguïté par son cosinus.

Les quantités auxiliaires m et φ sont données sans ambiguïté par les équations :

$$\operatorname{tg} \varphi = \operatorname{tg} c \cos A$$
$$m = \frac{\cos c}{\cos \varphi} = \frac{\sin c \cos A}{\sin \varphi}$$

et le calcul de la valeur de m mise sous ces deux formes fournira une vérification.

Si les données sont a, c et A, la transformation précédente donnera pour calculer b l'équation :

$$\cos(\varphi - b) = \frac{\cos a}{m}$$

Mais le signe de $\varphi - b$, qui était connu dans le premier cas, sera ici indéterminé. L'interprétation géométrique des quantités φ et m permettra de le fixer. Soit, en effet, ABC (*fig.* 7) le triangle considéré; si l'on abaisse de B un arc de grand cercle BD perpendiculaire à AB, on a, dans le triangle rectangle ABD :

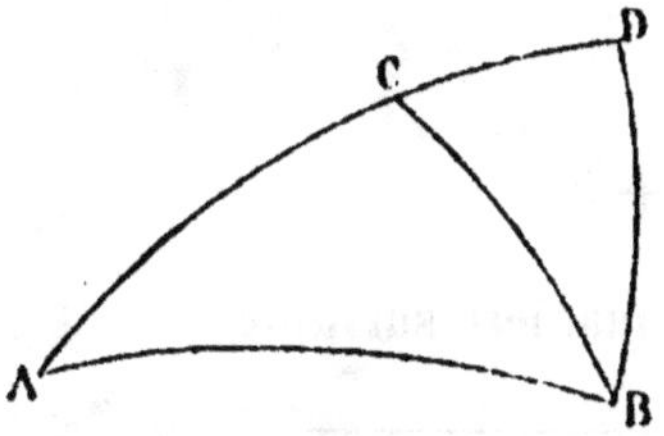

Fig. 7.

$$\operatorname{tg} AD = \operatorname{tg} c \cos A = \operatorname{tg} \varphi$$
$$\cos c = \cos \varphi \cos BD$$

Les valeurs de φ et m sont donc :

$$\varphi = AD$$
$$m = \cos BD$$

On prendra, par suite, $\varphi - b$ ou $b - \varphi$ suivant que AD sera plus grand ou plus petit que AC, c'est-à-dire suivant que le point D tombera au-delà de C ou en-deçà de C par rapport à A, ce qui sera indiqué par les conditions de l'observation. Ce cas se présente dans la détermination de la colatitude, comme nous le verrons plus loin.

La même formule peut aussi donner A par la transformation suivante. On en déduit :

$$\cos A = \frac{\cos a - \cos b \cos c}{\sin b \sin c}$$

d'où :

$$1 - \cos A = 2 \sin^2 \frac{1}{2} A = \frac{-[\cos a - \cos (b - c)]}{\sin b \sin c}$$

$$1 + \cos A = 2 \cos^2 \frac{1}{2} A = \frac{\cos a - \cos (b + c)}{\sin b \sin c}$$

Si l'on pose :

$$2p = a + b + c$$

on pourra écrire ces formules de la manière suivante :

$$(3\ bis) \left\{ \begin{aligned} \sin \frac{1}{2} A &= \pm \sqrt{\frac{\sin(p - b) \sin(p - c)}{\sin b \sin c}} \\ \cos \frac{1}{2} A &= \pm \sqrt{\frac{\sin p \sin(p - a)}{\sin b \sin c}} \\ \operatorname{tg} \frac{1}{2} A &= \pm \sqrt{\frac{\sin(p - b) \sin(p - c)}{\sin p \sin(p - a)}} \end{aligned} \right.$$

Si l'angle A est compris entre 0° et 180° (et l'on peut toujours faire qu'il en soit ainsi), les radicaux devront être précédés du signe +.

7. Formules de Delambre et Analogies de Neper. — Considérons les identités :

$$\sin \frac{1}{2} (A \pm B) = \sin \frac{1}{2} A \cos \frac{1}{2} B \pm \cos \frac{1}{2} A \sin \frac{1}{2} B$$

$$\cos \frac{1}{2} (A \pm B) = \cos \frac{1}{2} A \cos \frac{1}{2} B \mp \sin \frac{1}{2} A \sin \frac{1}{2} B$$

Si l'on introduit dans ces identités les valeurs données par les formules (3 *bis*), on obtient les formules de Delambre (1807), qui sont :

$$\left\{\begin{array}{l}
\sin\frac{1}{2}(A+B)\cos\frac{1}{2}c = \cos\frac{1}{2}(a-b)\cos\frac{1}{2}C \\
\sin\frac{1}{2}(A-B)\sin\frac{1}{2}c = \sin\frac{1}{2}(a-b)\cos\frac{1}{2}C \\
\cos\frac{1}{2}(A+B)\cos\frac{1}{2}c = \cos\frac{1}{2}(a+b)\sin\frac{1}{2}C \\
\cos\frac{1}{2}(A-B)\sin\frac{1}{2}c = \sin\frac{1}{2}(a+b)\sin\frac{1}{2}C
\end{array}\right.$$

En divisant ces équations deux à deux, on en déduit les analogies de Neper [1] :

$$\left\{\begin{array}{l}
\operatorname{tg}\frac{1}{2}(A+B) = \dfrac{\cos\frac{1}{2}(a-b)}{\cos\frac{1}{2}(a+b)}\cot\frac{1}{2}C \\[2ex]
\operatorname{tg}\frac{1}{2}(A-B) = \dfrac{\sin\frac{1}{2}(a-b)}{\sin\frac{1}{2}(a+b)}\cot\frac{1}{2}C \\[2ex]
\operatorname{tg}\frac{1}{2}(a+b) = \dfrac{\cos\frac{1}{2}(A-B)}{\cos\frac{1}{2}(A+B)}\operatorname{tg}\frac{1}{2}c \\[2ex]
\operatorname{tg}\frac{1}{2}(a-b) = \dfrac{\sin\frac{1}{2}(A-B)}{\sin\frac{1}{2}(A+B)}\operatorname{tg}\frac{1}{2}c
\end{array}\right.$$

Ces formules contiennent les six éléments du triangle, ou

[1] Neper, dont le vrai nom est Napier, a donné ces formules en 1617.

cinq de ses éléments; elles sont surtout employées lorsqu'on a à faire beaucoup de transformations semblables de coordonnées.

8. Résolution des triangles sphériques. — Les formules que nous avons établies servent à résoudre, dans tous les cas possibles, les triangles sphériques. Le tableau suivant indique celles qui doivent être employées dans les différents cas :

DONNÉES	INCONNUES	FORMULES A EMPLOYER
$a\ b\ c$	A B C	Formule (3) (4) ou (3 *bis*) (6)
A B C	$a\ b\ c$	Formule (6) (4) ou sa transformée analogue à (3 *bis*) (6)
$a\ b$ C	A B c	Analogies de Neper
A B c	$a\ b$ C	Analogies de Neper
$a\ b$ A	B C c	Formule (2) (4) et analogies de Neper
A B a	$b\ c$ C	Formule (2) (4) et analogies de Neper

9. Formules différentielles. — Les observations n'étant pas rigoureusement exactes, les données des calculs comportent des erreurs et demandent des corrections. Il est donc utile de savoir :

1° Quelle est l'influence sur les résultats d'une petite variation des données. On détermine ainsi les meilleures conditions de l'observation, en cherchant dans quelles circonstances cette influence est la plus petite possible;

2° Quelle correction il faut apporter à des résultats déjà connus sans avoir à recommencer tous les calculs.

A cet effet, nous supposerons les erreurs commises sur les données assez petites pour pouvoir être considérées comme des différentielles, c'est-à-dire pour que l'on puisse en négliger les carrés et les produits.

Établissons d'abord les formules en trigonométrie rectiligne. Les formules fondamentales de la trigonométrie rectiligne étant :

$$A + B + C = 180^\circ$$

$$\frac{a}{\sin A} = \frac{b}{\sin B} = \frac{c}{\sin C}$$

on a, en différentiant et désignant par δa, δb, δc, δA, δB, δC les variations des côtés et des angles :

$$(1) \qquad \delta A + \delta B + \delta C = 0$$

$$\frac{\sin A.\delta a - a\cos A.\delta A}{\sin^2 A} = \frac{\sin B.\delta b - b\cos B.\delta B}{\sin^2 B} = \frac{\sin C.\delta c - c\cos C.\delta C}{\sin^2 C}$$

En multipliant respectivement par

$$\frac{\sin A}{a} \qquad \frac{\sin B}{b} \qquad \frac{\sin C}{c}$$

ces trois dernières égalités, il vient :

$$(2) \qquad \frac{\delta a}{a} - \cot A.\delta A = \frac{\delta b}{b} - \cot B.\delta B = \frac{\delta c}{c} - \cot C.\delta C$$

Les équations (1) et (2) déterminent sans ambiguité trois

des quantités : δa, δb, δc, δA, δB, δC en fonction des trois autres.

On aurait pu établir la formule (2) par des considérations purement géométriques. Nous nous placerons dans un cas particulier. Nous supposerons que la variation de l'angle B est nulle en même temps que a, b, A varient de δa, δb, δA ; on a (*fig.* 8) :

$$\delta a = CE,$$

$$\delta A = CAE.$$

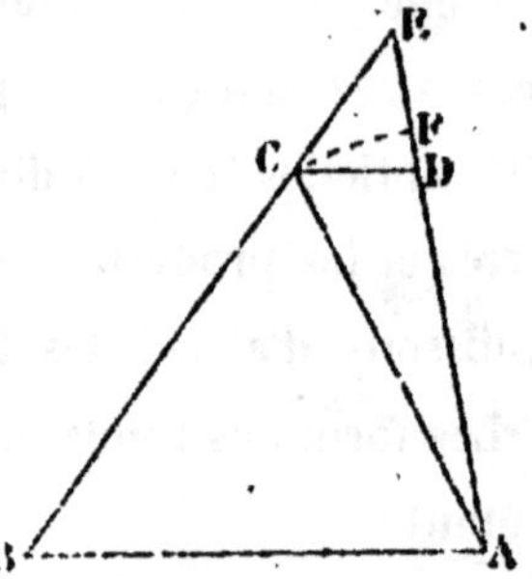

Fig. 8.

Pour évaluer δb, décrivons du point A comme centre avec AC pour rayon un arc de cercle rencontrant AE en F ; δb aura pour valeur EF. Si nous menons par le point C une parallèle CD au côté AB, la considération des triangles semblables ECD et EAB donne :

$$\frac{DE}{CE} = \frac{b + \delta b}{a + \delta a}$$

On en déduit :

$$DE = CE \frac{b + \delta b}{a + \delta a} = \frac{b}{a} \delta a$$

en négligeant des infiniment petits d'ordre supérieur au premier.

D'autre part :

$$DE = \delta b + FD$$

ou bien encore, en considérant le triangle CFD comme

rectangle en F :

$$DE = \delta b + CF \cot A = \delta b + b\delta A \cot A$$

Donc :

$$\delta b = \frac{b}{a}\,\delta a - b\delta A \cot A,$$

égalité qui se déduit bien des précédentes en supposant $\delta B = 0$.

Établissons maintenant les formules différentielles de la trigonométrie sphérique. Différentions la formule fondamentale :

$$\cos a = \cos b \cos c + \sin b \sin c \cos A.$$

Elle donne :

$$-\sin a.\delta a = -\sin b \sin c \sin A.\delta A - (\sin b \cos c - \cos b \sin c \cos A)\delta b$$
$$- (\cos b \sin c - \sin b \sin c \cos A)\,\delta c,$$

égalité qui peut encore s'écrire d'après les formules (1) et (2) :

$$\sin a.\delta a = \cos C \sin a.\delta b + \sin a \cos B.\delta c + \sin c \sin a \sin B.\delta A$$

ou enfin :

$$\delta a = \cos C.\delta b + \cos B.\delta c + \sin c \sin B.\delta A.$$

Par permutation, on obtiendrait deux autres formules analogues.

Différentions la relation :

$$\sin a \sin B = \sin b \sin A.$$

Nous aurons :

$$\cos a \sin B.\delta a + \sin a \cos B.\delta B = \cos b \sin A.\delta A + \sin b \cos A.\delta A$$

En divisant membre à membre ces deux dernières égalités,

il vient :

$$\cot a.\delta a + \cot B.\delta B = \cot b.\delta b + \cot A.\delta A.$$

En général, il est utile de connaître la variation d'un élément quelconque en fonction des variations des données. La méthode générale consiste à écrire que la différentielle totale d'une fonction composée est égale à la somme de ses différentielles partielles relatives à chacune des variables qui y entrent explicitement.

Supposons, par exemple, que, dans un triangle, les données soient a, b, C. On se propose de calculer δc, δA en fonction des variations δa, δb, δC des données. A cet effet, regardons c et A comme fonctions des trois quantités a, b, C; nous aurons :

$$\left.\begin{aligned} \delta c &= \frac{dc}{da}\delta a + \frac{dc}{db}\delta b + \frac{dc}{dC}\delta C \\ \delta A &= \frac{dA}{da}\delta a + \frac{dA}{db}\delta b + \frac{dA}{dC}\delta C \end{aligned}\right\} \qquad (\alpha)^{(1)}$$

Il nous suffit alors de connaître les coefficients tels que $\frac{dc}{da}, \frac{dc}{db}, \frac{dc}{dC}$, etc. Pour les calculer, on part des relations où chaque inconnue dépend directement des données, c'est-à-dire des formules (4) :

$$\begin{aligned} \cos c &= \cos a \cos b + \sin a \sin b \cos C \\ \sin C \cot A &= \cot a \sin b - \cos C \cos b \end{aligned}$$

(1) Cette équation n'est en réalité que le premier terme du développement de c suivant la série de Taylor, lorsque les trois variables reçoivent les accroissements δa, δb et δC. Il est donc nécessaire de s'assurer, dans chaque cas particulier, que les termes en δa^2, δb^2, δC^2 sont négligeables.

et l'on déduit, en différentiant la première :

$$\sin c \frac{dc}{da} = \sin a \cos b - \cos a \sin b \cos C = \sin c \cos B$$

On en tire immédiatement :

$$\frac{dc}{da} = \cos B$$

On trouverait de même :

$$\frac{dc}{db} = \cos A \qquad \frac{dc}{dC} = \sin b \sin A = \sin a \sin B.$$

De même, en différentiant la seconde relation, on aurait :

$$\frac{dA}{da} = \frac{\sin b \sin A}{\sin a \sin c} = \frac{\sin B}{\sin c}$$

$$\frac{dA}{db} = -\sin A \cot C$$

$$\frac{dA}{dc} = -\frac{\sin a \cos B}{\sin c}$$

Par permutation, on obtiendrait les valeurs des autres coefficients qui entrent dans les formules du type (α). Le problème se trouve donc résolu dans toute sa généralité.

Remarque I. — Les quantités δa, δb, δc, δA, δB, δC ne représentent pas des grandeurs de même nature. Le rayon de la sphère étant pris pour unité, δa, δb, δc sont les accroissements des arcs α, β, γ et représentent par suite des longueurs, tandis que δA, δB, δC représentent des accroissements d'angles. Pour que, dans une formule telle que :

$$\delta a = \cos C . \delta b + \cos B . \delta c + \sin c \sin B . \delta A$$

il y ait homogénéité, il faut que le dernier terme

$$\sin c \sin B . \delta A$$

représente aussi une longueur. C'est ce qui a toujours lieu.

En effet, considérons un triangle sphérique ABC (*fig.* 9); les coordonnées du point C sont par exemple a et B. Supposons qu'elles s'accroissent de δa et de δB. Le point C se déplace alors et son déplacement peut être regardé comme la résultante de deux déplacements obtenus, l'un CE en faisant varier a et laissant B constant, l'autre CC_1 en laissant a constant et faisant varier B. Mais le déplacement CC_1 n'est pas mesuré par δB; il est mesuré par la quantité $\delta B \sin a$ qui représente une longueur. Aussi, dans toutes les formules, la variation d'un angle est-elle toujours multipliée par le sinus d'un des côtés de cet angle.

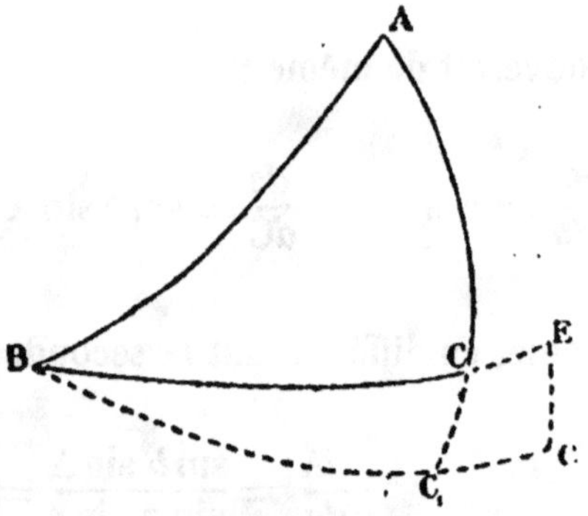

Fig. 9.

Remarque II. — Dans les formules précédentes, les quantités a, b, c sont exprimées en fonction du rayon R, c'est-à-dire que, si α est la longueur de l'arc de rayon R qui sous-tend l'angle a, on a :

$$a = \frac{\alpha}{R}$$

Par suite :

$$\delta a = \frac{\delta \alpha}{R}$$

ou bien encore, si $R = 1$

$$\delta a = \delta \alpha.$$

Dans les applications, les angles sont donnés en secondes; il faut donc transformer les formules de manière à avoir les variations δa, δb, δc exprimées également en secondes.

A cet effet, désignons par α et β les longueurs des arcs qui sous-tendent les angles a et b ; on a :

$$a = \frac{\alpha}{R} \qquad b = \frac{\beta}{R}$$

ou bien encore :

$$\frac{\alpha}{\beta} = \frac{a}{b} = \frac{a''}{b''}$$

a'' et b'' désignant les expressions des arcs α et β en secondes.

Ceci posé, prenons pour β la demi-circonférence de rayon R ; la formule précédente devient :

$$\frac{\alpha}{\pi R} = \frac{a}{\pi} = \frac{a''}{648000}.$$

On en déduit :

$$a = \frac{a''\pi}{648000} = a'' \frac{1}{206265}$$

Cherchons ce qu'exprime ce nombre 206265.

Pour cela, faisons $\alpha = R$. Nous aurons :

$$\frac{1}{\pi} = \frac{a''}{648000}$$

d'où

$$a'' = \frac{648000}{\pi} = 206265$$

Donc 206265 est le nombre de secondes contenues dans l'arc égal au rayon, et $\frac{1}{206265}$ est l'expression dans le cercle de rayon 1 de l'arc 1″. Par suite :

$$a = a''.\,\text{arc}\,1''$$
$$a'' = \frac{a}{\text{arc}\,1''}.$$

Pour obtenir le résultat cherché, on remplace dans les formules l'arc exprimé en parties du rayon par le produit de l'arc exprimé en secondes par arc 1″, et les quantités analogues à δa par

$$\delta a''.\text{arc}\,1''.$$

Mais arc 1″ et sin 1″ ne diffèrent que d'une unité du quatorzième ordre décimal. On peut donc écrire :

$$a = a''\sin 1'' \qquad \delta a = \delta a''\sin 1''$$

et le logarithme de sin 1″ a pour valeur:

$$\log \sin 1'' = \bar{6},6855749 \text{ (1)}.$$

(1) Le lecteur qui désirera de plus amples développements sur la trigonométrie sphérique pourra recourir aux Notes sur l'Astronomie sphérique recueillies au cours de M. Ossian Bonnet par MM. Blondin et Guillet (O. Carré, éditeur, 1889).

avec la croisée des fils, la direction de la lunette est déterminée par rapport à celle du faisceau de rayons parallèles qui viennent de l'objet. Mais plusieurs des contemporains de Picard se refusèrent longtemps à comprendre comment une lunette avec son réticule peut déterminer une direction ; et la difficulté est réelle. Aujourd'hui, dans la plupart des traités d'astronomie, il est dit que le deuxième point fixe qui, avec la croisée des fils, détermine la direction, est le *centre optique* de l'objectif; la ligne qui joint ces deux points est alors l'*axe optique* de la lunette. Mais on sait qu'un tel point n'existe que dans la lentille théorique infiniment mince ; dans les objectifs épais que l'on emploie, il y a bien un centre optique, mais le rayon qui y passe après réfraction à son entrée dans la lentille, sort de celle-ci *parallèlement* à sa direction primimitive et non suivant le prolongement de cette direction. La ligne qui joint la croisée des fils à ce centre optique fait donc un angle avec la direction du faisceau incident. Nous allons voir tout à l'heure comment la théorie des lentilles épaisses résout cette difficulté. Mais il n'est pas nécessaire d'y avoir recours pour montrer que la lunette permet la mesure d'une distance angulaire.

11. Mesure des distances angulaires au moyen d'une lunette. — I. *Cas de deux objets éloignés l'un de l'autre.* — Quelle que soit la loi de réfraction à travers l'objectif, celui-ci ne donne qu'une image d'un point, et cette image revient toujours occuper la même position par rapport à l'objectif et au tube qui le porte, quand le tube revient à la même position par rapport à la ligne de visée. Si donc on dirige successivement la lunette vers deux objets et qu'on

CHAPITRE II

MESURE DES ANGLES ET MESURE DU TEMPS

10. Détermination des directions. — La mesure d'un angle exige d'abord que l'on détermine les directions suivant lesquelles sont vus les deux objets dont on veut apprécier la distance angulaire. Une direction est déterminée par deux points. Si l'on fait usage d'une alidade à pinnules, les deux points sont, l'un le centre du trou oculaire, l'autre la croisée des fils tendus dans l'ouverture circulaire de la pinnule la plus éloignée de l'œil. Telles étaient les alidades des instruments astronomiques de Tycho Brahe et d'Hevelius : tels sont encore les moyens de visée dans les instruments d'arpentage et dans les pièces d'artillerie ; leur degré de précision n'atteint pas la minute d'angle. Vers 1668, l'abbé Picard les remplaça, dans les quarts de cercle astronomiques et géodésiques, par la lunette de Kepler, formée d'un objectif et d'un oculaire convergent ou positif. Une croisée de fils très fins, placée dans le plan focal de l'objectif, est vue nettement par l'oculaire, en même temps que l'image d'un objet situé à une distance très grande. Lorsque cette image coïncide amène leurs images sur la croisée des fils, l'angle dont aura tourné la lunette sera égal à la distance angulaire des deux objets, vus du point autour duquel la lunette a tourné. Cela exige seulement que l'objectif, le tube et la croisée des fils soient invariablement fixés les uns aux autres. La croisée peut être en un point quelconque du plan focal de l'objectif, sous la seule condition qu'il s'y forme une image nette de l'objet visé ; elle doit donc être peu éloignée de l'axe de l'objectif, c'est-à-dire de la ligne qui passe par les centres de courbure de ses diverses surfaces.

Un repère fixé d'une manière quelconque à la lunette

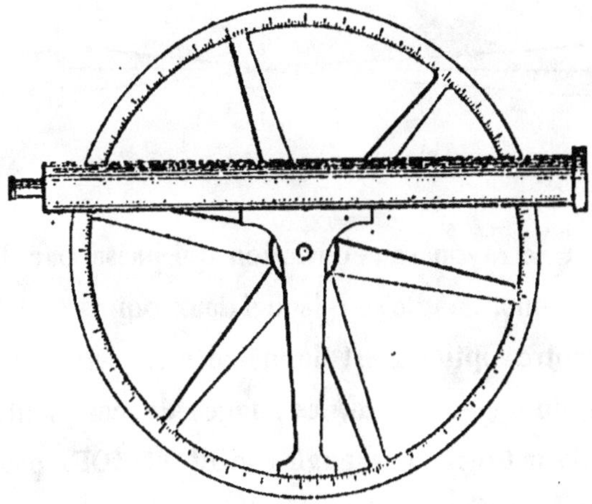

Fig. 10.

(*fig.* 10) et *se mouvant avec elle autour du centre* d'un cercle gradué, mesurera sur la graduation l'angle dont aura tourné la lunette, que celle-ci soit fixée concentriquement ou non. La lunette pourra aussi être attachée au cercle suivant un diamètre ou suivant une corde, et le cercle se mouvoir *autour de son centre*, c'est-à-dire du centre de la graduation, devant un repère fixe.

II. *Cas de deux objets très rapprochés.* — On peut aussi avec la lunette immobile, et en se fondant cette fois sur la théorie des objectifs, mesurer les très petites distances angulaires, par exemple la distance angulaire de deux étoiles vues simultanément dans le champ de la lunette, ou celle des positions successives d'une étoile qui se déplace dans ce champ. Dans les limites d'emploi des objectifs, la distance linéaire des images dans le plan focal mesure la distance angulaire des points eux-mêmes.

Considérons d'abord le cas de l'objectif infiniment mince. L'image d'un point A (*fig.* 11) infiniment éloigné se fait dans

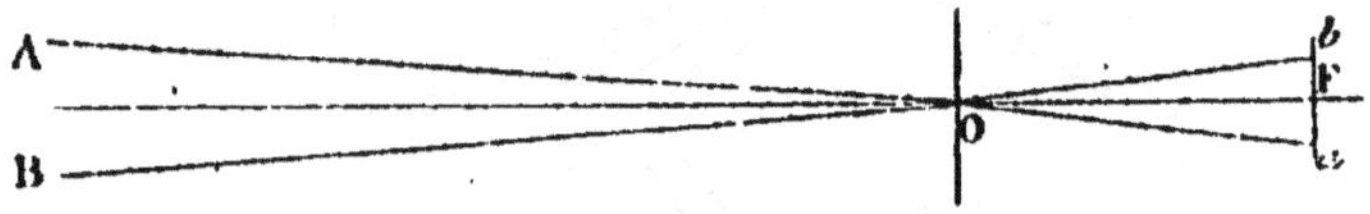

Fig. 11.

le plan focal F sur le rayon sans déviation qui passe par le centre optique O. Donc, l'angle sous lequel deux points A et B sont vus de ce centre optique est le même que celui sous lequel sont vues, du même centre, les images de ces points. Dans les limites de petitesse des angles aOF et bOF pour lesquelles est établie la théorie des objectifs, ces angles sont mesurés par leurs tangentes, ou par les rapports $\frac{aF}{OF}$ et $\frac{bF}{OF}$, donc par les distances linéaires aF et bF, OF étant une constante.

Dans la réalité, l'objectif est formé de plusieurs lentilles épaisses centrées sur le même axe. Le milieu étant le même à l'entrée et à la sortie des rayons lumineux, un tel système jouit des propriétés suivantes :

1° Il existe sur l'axe principal un point O (*fig.* 12), tel que tout rayon intérieur à la lentille, qui passe par ce point, émerge parallèlement à sa direction d'incidence. Ce point est le *centre optique* ;

2° L'ensemble des rayons qui, après la première réfraction, vont passer par le centre optique, forme un cône ayant son sommet en un point N de l'axe principal, qu'on appelle le *premier point nodal ;*

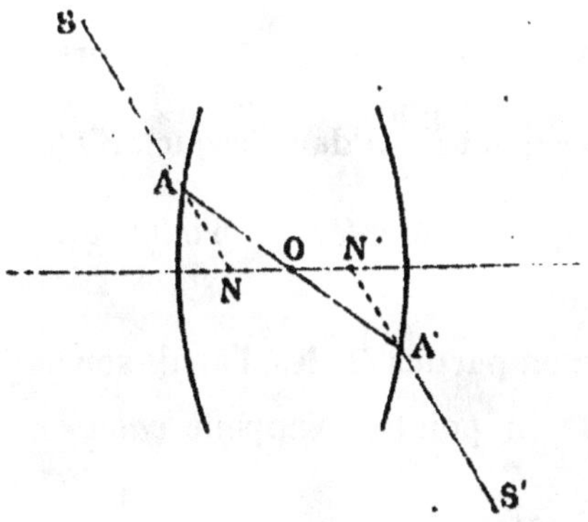

Fig. 12.

3° L'ensemble des rayons provenant de ce faisceau sort du système de lentilles en formant un second cône ayant son sommet en un point N' qu'on appelle le *deuxième point nodal.*

Il suit de là que tout rayon incident dont la direction va passer par le premier point nodal émerge parallèlement à sa direction d'incidence comme s'il partait du deuxième point nodal. Un tel rayon porte le nom de *rayon principal.*

Si, dans le plan focal, on fixe une croisée de fils, la droite qui joindra cette croisée au deuxième point nodal sera *l'axe optique* de la lunette. Lorsque l'image d'un objet éloigné viendra se former sur la croisée, la direction de l'axe optique définira celle du faisceau incident ou du rayon allant de l'objet au premier point nodal.

L'angle sous lequel deux points A et B (*fig.* 13) infiniment éloignés sont vus du premier point nodal N est égal à l'angle sous lequel les images A′ et B′ de ces points sont vues du deuxième point nodal N′. Donc encore, dans les limites de petitesse des angles A′N′F′ et B′N′F′ pour lesquelles est éta-

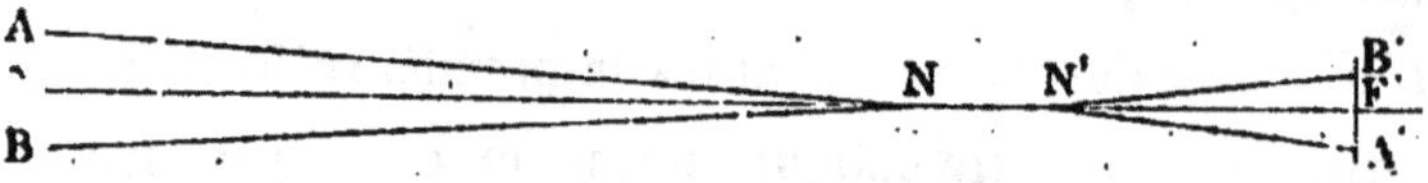

Fig. 13.

blie la théorie des objectifs, ces angles sont mesurés par leurs tangentes, ou par les rapports $\frac{A'F'}{N'F'}$ et $\frac{B'F'}{N'F'}$, dans lesquels N′F′ est la distance focale principale, *comptée à partir du deuxième point nodal;*

La longueur A′B′ étant divisée en parties égales, l'angle sous lequel une de ces parties est vue du point N′ s'appelle *valeur angulaire* des parties linéaires.

Jusqu'à quelle limite d'angle est-il permis de considérer cette valeur angulaire comme constante? Prenons pour unité de longueur la tangente de 1″ et mesurons avec cette unité la tangente de 1°. On a :

$$\log \operatorname{tg} 1^\circ = \bar{2},2419215$$
$$\log \operatorname{tg} 1'' = \bar{6},6855749$$

d'où :

$$\log \frac{\operatorname{tg} 1^\circ}{\operatorname{tg} 1''} = 3,5563466 = \log 3600,3$$

Sur un degré ou 3600″, l'erreur serait donc de 0″,3. Mais il est facile d'éviter cette erreur en choisissant autrement l'unité de mesure. Prenons pour cette unité la 3600e partie de la tangente d'un degré: on a

$$\log \frac{\mathrm{tg}\, 1^\circ}{3600} = \bar{6},6856190$$

Ce nombre ne diffère du log tg 1″ que de 441 unités du dernier ordre. Or la différence tabulaire pour tg 1″ est :

0,3010300

Donc, avec cette unité, l'erreur commise sur la valeur de la seconde sera seulement de $\frac{441}{3010300}$ ou à peine 0″,00015, et elle sera nulle sur 1°. On voit donc qu'il faudra évaluer en angle la plus grande distance linéaire possible et prendre pour unité le quotient de cette longueur par le nombre total de secondes contenues dans l'angle. L'examen des logarithmes des rapports de la tangente à l'arc, dans les tables de nombres de Callet, fait voir qu'on pourrait évaluer ainsi des angles de plus de 3° de part et d'autre de l'axe principal de l'objectif. Mais les images des étoiles sont, en général, déformées dès que l'inclinaison dépasse 1° de part et d'autre.

Nous avons supposé, dans ce qui précède, les points visés à une distance infinie par rapport à la distance focale de l'objectif. Il est évident que l'égalité des angles, sous lesquels les deux points et leurs images sont vus de chacun des points nodaux, est indépendante de la distance des points visés, et par suite la mesure micrométrique des angles pourra se faire avec le microscope aussi bien qu'avec la lunette (¹).

(¹) La construction de l'image d'un point S, donnée par un objectif épais, se fait à très peu près comme dans le cas de l'objectif sans épaisseur. Soit un objectif, simple ou composé, défini par ses deux plans nodaux N et N′

12. Micromètre à vis. — La mesure des angles très petits étant ramenée à celle de la distance linéaire des images données par la lunette ou le microscope immobile, il faut un moyen très précis de mesurer cette distance. On fait usage du micromètre à vis, inventé par Auzout, astronome français, vers 1667. La figure (14) donne une idée suffisante

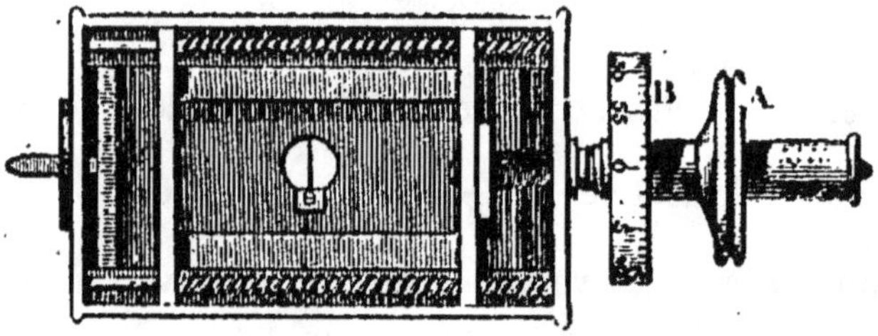

Fig. 14.

de sa construction. Les déplacements du fil sont mesurés en tours et fractions de tours de la vis. Il faut donc déterminer la valeur angulaire d'un tour ou du pas de la vis.

(*fig.* 15) et par ses plans focaux principaux F et F'. Un point S envoie un rayon principal SN qui émerge suivant une direction S'N' parallèle à SN et un rayon SI parallèle à l'axe qui, après réfraction, passera par le point F'.

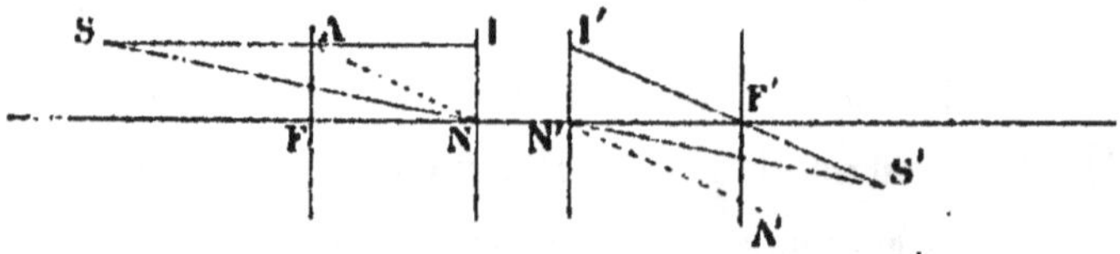

Fig. 15.

Pour déterminer sa direction, on mène le rayon principal qui part du point A où ce rayon parallèle à l'axe rencontre le premier plan focal ; il émergera parallèlement à AN et semblera provenir du point N'. Le rayon parallèle à l'axe peut être regardé comme issu également du point A' dans le premier plan focal : donc il émerge parallèlement à N'A' en passant par le point F'. L'image de S est donc S' et l'on a :

$$S'N'F' = SNF$$

1° On évalue, en tours de la vis, la distance des images de deux points dont la distance angulaire est connue. Ce seront, par exemple, deux étoiles, ou bien deux traits tracés à une distance connue l'un de l'autre sur une règle placée elle-même à une distance connue et très grande de l'objectif de la lunette. S'il s'agit d'un microscope micrométrique, on mesurera l'intervalle de deux des divisions du cercle gradué que le microscope est chargé de subdiviser. Dans tous les cas, il faudra mesurer l'intervalle le plus grand possible.

2° On mesure, avec la même unité, le pas de la vis et la distance focale de l'objectif. Le pas de la vis s'obtient très exactement en mesurant toute la longueur de la partie filetée et divisant par le nombre des filets. Pour avoir la distance focale, il faut d'abord déterminer très rigoureusement le plan focal, ce qui peut se faire de deux manières. On peut pointer la lunette sur l'infini, c'est-à-dire viser un objet très éloigné,

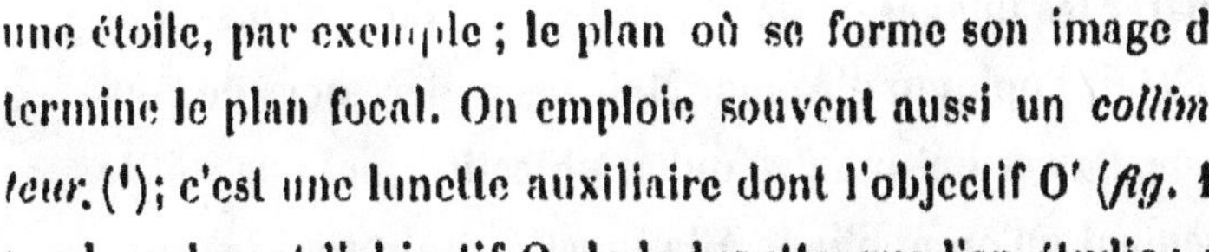

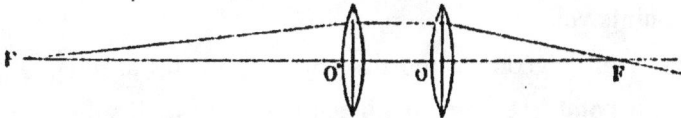

Fig. 16.

une étoile, par exemple ; le plan où se forme son image détermine le plan focal. On emploie souvent aussi un *collimateur* [1]; c'est une lunette auxiliaire dont l'objectif O' (*fig.* 16) se place devant l'objectif O de la lunette que l'on étudie ; un point lumineux mis au foyer F' de O' a son image au foyer F de O. On est assuré que cette condition est remplie, c'est-à-dire que les rayons qui émergent de O' sont parallèles à l'axe

[1] La collimation consiste à faire coïncider deux directions ; ici, on collime les rayons venant de F, puisqu'on les rend parallèles à l'axe OF.

commun des deux objectifs, lorsque l'image F reste immobile quand on fait varier la distance OO'. On peut, par tâtonnements, faire qu'il en soit ainsi. Par l'un ou l'autre de ces procédés, on est donc arrivé à placer la croisée des fils du réticule dans le plan focal. On met alors devant la lunette un objet que l'on écarte jusqu'à ce que son image lui soit égale en grandeur; la quantité dont il faut déplacer le réticule pour l'amener sur l'image de cet objet mesure la distance focale cherchée.

13. Pouvoir optique. — Nous ne parlerons pas du grossissement, du champ, de la clarté des lunettes; ces propriétés sont expliquées dans les traités de physique; nous insisterons seulement sur une qualité des lunettes, essentielle pour l'astronome, le pouvoir optique.

Le pouvoir optique est la propriété que possède un objectif ou un miroir de donner des images séparées et distinctes de deux points voisins.

Dans la théorie géométrique des objectifs et des miroirs, l'image d'un point est un point; il semble donc qu'il suffise d'adapter à une lunette un oculaire suffisamment grossissant pour séparer les images de deux points, quelque voisins qu'ils soient; c'était l'opinion d'Arago. Mais les expériences de Foucault et de Dawes ont montré qu'un objectif, quel que soit le grossissement qu'on applique à la lunette, ne résout (c'est-à-dire donne des images séparées) que des points ou des traits dont la distance angulaire surpasse une limite déterminée. Cette limite inférieure définit le pouvoir optique.

Le pouvoir optique d'un objectif de 14 centimètres de diamètre est de 1″, c'est-à-dire qu'un tel objectif fait voir séparés deux points ou deux traits dont la distance angulaire est 1″. Pour toute autre dimension, le pouvoir optique est proportionnel au diamètre de l'objectif; il est mesuré en secondes par le rapport $\frac{14}{D}$, D étant le diamètre de l'objectif en centimètres.

Cette propriété a sa cause dans la constitution de l'image d'un point au foyer d'un objectif ou d'un miroir. L'image d'un point n'est pas un point, mais elle se compose d'un disque central entouré de plusieurs anneaux concentriques, alternativement sombres et brillants, dont l'éclat diminue très rapidement. Le diamètre du disque central est inversement proportionnel au diamètre de l'objectif et proportionnel à la longueur d'onde de la lumière. Les images de deux points ne seront séparées que si les disques correspondants ne se touchent pas; ce qui explique que le pouvoir optique soit limité.

Toutefois, on peut, avec une lunette donnée, mesurer la distance angulaire de deux étoiles avec une approximation supérieure à son pouvoir optique. Il suffit, en effet, de bissecter les images des deux étoiles par le fil du réticule, ce qui peut se faire très exactement indépendamment de la grandeur apparente de l'image. La grandeur des étoiles intervient cependant dans la précision de cette mesure. Le disque est beaucoup plus brillant au centre que sur les bords; donc les deux images sont mieux séparées quand les étoiles ne sont pas très brillantes et la bissection de chacune d'elles se fait avec plus d'exactitude.

14. Premier système de coordonnées célestes. Azimut et distance zénitale. — Le mouvement du ciel n'étant pas encore déterminé, ce premier système ne dépend que d'éléments terrestres. Il a pour plan fondamental le plan de l'horizon, plan perpendiculaire à la verticale du lieu, déterminée par le fil à plomb, et pour plan origine des angles dièdres, un plan vertical passant par un objet terrestre. L'*azimut* d'une étoile est l'angle du plan vertical qui la contient avec ce plan origine; on le compte de 0° à 360° de gauche à droite, c'est-à-dire dans le sens rétrograde ([1]). La *distance zénitale* de l'étoile est la distance angulaire qui la sépare du zénit point où la verticale perce la voûte céleste. On la compte de 0° à 90° du zénit à l'horizon ; elle est le complément de la *hauteur* au-dessus de l'horizon. Ces coordonnées se mesurent avec le théodolite ou altazimut.

15. Théodolite. — Il se compose essentiellement d'un cercle horizontal, ou cercle azimutal, et d'un cercle des hauteurs qui est vertical et mobile autour d'un axe vertical.

L'appareil (*fig.* 17) est porté sur une colonne creuse que trois vis calantes permettent de rendre verticale. Cette colonne contient un axe conique auquel est fixé le cercle azimutal qui peut ainsi tourner sur son pied.

Dans les petits instruments, le cercle azimutal est directement fixé à la colonne et par conséquent immobile. Il est gradué de 0° à 360° sur son limbe supérieur. Contre ce limbe se meut à frottement doux un deuxième cercle horizontal, concentrique au premier, appelé cercle alidade, qui porte les verniers ou les microscopes destinés à la lecture des azimuts; il est mobile sur un axe conique concentrique au premier.

([1]) En astronomie, le *sens direct* est le sens inverse du mouvement des aiguilles d'une montre ; c'est celui dans lequel s'effectuent les mouvements vrais de presque tous les astres. Le *sens rétrograde* est le sens du mouvement des aiguilles d'une montre.

Il porte aussi deux supports verticaux, terminés par des cous-

Fig 17.

sinets dans lesquels s'engagent les tourillons de l'axe de la lunette. Le cercle des hauteurs est fixé à l'un des côtés de cet axe et équilibré par un contre-poids; il est gradué de 0° à 180° dans les deux sens, le zéro correspondant à la position verticale de la lunette. Un niveau à bulle d'air peut être placé sur les tourillons et sert au réglage de l'instrument.

Le théodolite, pour servir à la mesure des coordonnées, doit remplir les conditions suivantes : le cercle azimutal doit être horizontal; la lunette, en tournant autour de son axe doit décrire un plan vertical ; le zéro du cercle des hauteurs doit correspondre à la position verticale de la lunette. Il est donc nécessaire de régler l'instrument avant de faire une observation, et, de plus, pour qu'un semblable réglage ne se renouvelle pas trop fréquemment, il est indispensable que l'appareil conserve la plus grande immobilité. Aussi les trois vis calantes du pied du théodolite sont reçues dans des crapaudines, empêchant toute pénétration des vis dans le support, et guidées dans des sillons permettant la dilatation ; le support est un pilone en maçonnerie sur lequel le soleil a peu d'effet. Un support en bois se déformerait d'une façon sensible sous l'action du soleil et ôterait toute précision aux mesures.

16. Réglage du théodolite. — I. *Verticalité de l'axe.* — Les astronomes du XVIIIe siècle se servaient pour l'obtenir du fil à plomb ou niveau à perpendicule. Mais le fil doit être très long pour donner une approximation suffisante : car un angle de 1″ est mesuré dans un cercle d'un mètre de rayon par un arc dont la longueur est de 0mm,0048 ; le déplacement de l'extrémité d'un fil de 1 mètre correspondant à un angle de 1″ serait donc imperceptible.

Le niveau à bulle d'air est plus précis. Il se compose d'un

tube de verre dont la forme intérieure est celle de la surface engendrée par un arc de cercle de très grand rayon, tournant autour de la corde qui le sous-tend. Ce tube est rempli d'un mélange d'éther et d'alcool; une bulle de vapeur, que l'on a laissée dans le liquide, s'y déplace avec une grande facilité; dans chaque position du niveau, le milieu de cette bulle vient se placer au point où la tangente à la génératrice supérieure du tube est horizontale. Le tube est encastré dans une monture en cuivre, qui laisse voir une graduation partant d'une extrémité et croissant jusqu'à l'autre. Si les deux extrémités de la bulle sont aux divisions m et m', son milieu occupe la division $\frac{m + m'}{2} = M$.

Soit un fil à plomb ou un niveau fixé à un axe qu'on veut rendre vertical, AB la perpendiculaire à cet axe (*fig.* 18) fai-

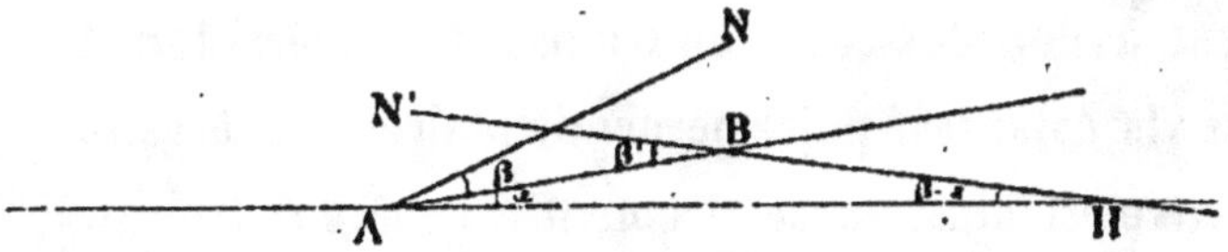

Fig. 18.

sant un angle α avec l'horizontale AH, et M la position de la bulle ou du fil. Si la tangente AN au zéro du niveau fait avec AB l'angle β, l'inclinaison du niveau sur l'horizontale AH est $\alpha + \beta$ et elle est mesurée en divisions du niveau par M. Si l'on fait alors tourner la ligne AB de 180° autour de l'axe qui lui est perpendiculaire, le fil ou le centre de la bulle vient en M'; la direction de l'horizontale n'a pas changé, non plus que la direction AB; mais la tangente au zéro du niveau est venue en BN' symétrique de AN par rapport à l'axe de rotation.

L'inclinaison du niveau sur l'horizontale est devenue $\beta - \alpha$ et elle est mesurée en divisions du niveau par M'. On a donc :

$$M = \alpha + \beta$$
$$M' = \beta - \alpha$$

d'où :

$$\alpha = \frac{M - M'}{2}$$

$$\beta = \frac{M + M'}{2}$$

Par conséquent, pour rendre la ligne AB horizontale, il faut la faire tourner de α, c'est-à-dire amener la bulle du niveau à moitié de l'intervalle M, M'. On fait cette opération sur le théodolite à l'aide du grand niveau qu'on place sur les tourillons de la lunette, et l'on fait tourner l'instrument tout d'une pièce de 180° autour de son axe. On place d'abord le niveau parallèlement à l'un des côtés du triangle équilatéral formé par les trois vis calantes, puis perpendiculairement à cette direction. L'axe est ainsi successivement amené à se trouver dans deux plans verticaux rectangulaires, il est donc vertical.

II. *La lunette, en tournant sur son axe, doit décrire un plan vertical.* — 1° La lunette doit décrire un plan. Il faut donc qu'elle soit perpendiculaire à son axe de rotation, c'est-à-dire que la ligne allant du second point nodal à la croisée des fils du réticule, ou l'axe optique, soit perpendiculaire à cet axe.

Pour s'assurer qu'il en est ainsi, on dirige la lunette vers une mire éloignée ou plutôt vers un collimateur O' (*fig.* 19) dont la distance focale O'F' soit très grande ; on amène l'image du foyer lumineux F' sur la croisée des fils du réticule, puis on retourne l'axe de la lunette bout pour bout sur les coussinets et l'image de F′ doit rester sur la croisée ; s'il n'en est pas ainsi, on déplace la croisée de la moitié de la distance qui sépare la deuxième image de la première, à l'aide de vis disposées à cet effet.

2° Le plan que décrit la lunette doit être vertical. Cela aura

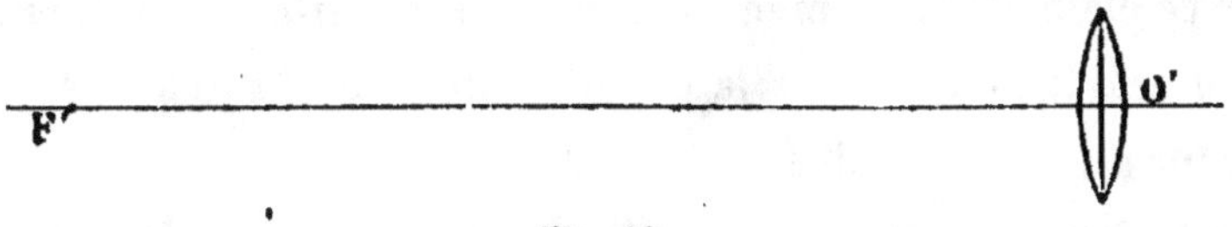

Fig. 19.

lieu si l'axe des tourillons est horizontal : on s'en assure en plaçant le grand niveau sur les tourillons, puis le retournant bout pour bout en laissant l'appareil immobile. La bulle ne doit pas se déplacer ; s'il n'en est pas ainsi, on corrige le mieux possible l'inclinaison de l'axe à l'aide de vis de réglage agissant sur les coussinets ; ou bien l'on mesure cette inclinaison par le déplacement de la bulle et l'on tient compte de la correction qui en résulte.

17. Mesure d'un angle azimutal. — 1° *Réglage préliminaire.* — Soit à mesurer avec un théodolite, l'angle azimutal de deux points S et S′ ; cet angle est la projection sur le plan horizontal de la distance angulaire des deux points, qui, en général, ne sont pas à la même hauteur au-dessus de l'horizon. La lunette, qui les vise successivement, doit donc décrire un plan vertical en tournant autour de l'axe des tourillons ; cette condition a été obtenue par le réglage précédent (**16**) ; de plus, comme il peut arriver qu'on ne vise pas dans les deux cas sous le même point du fil du réticule, ce fil doit être aussi vertical. Pour s'en assurer, on vise une mire située à grande distance et l'on fait mouvoir la lunette de bas en haut; dans ce mouvement, le fil du réticule doit toujours bissecter l'image de la mire; on le déplace, s'il est nécessaire, jusqu'à ce qu'il en soit ainsi.

2° *Mode de pointé.* — Ce nouveau réglage étant effectué, on vise les points S, S'. Pour cela, on imprime avec la main au cercle alidade un premier déplacement, qui amène à très peu près la lunette dans la direction de S; on fixe alors au cercle azimutal, à l'aide d'une pince à vis, une vis de rappel dont l'écrou est attaché au cercle alidade, et, à l'aide de cette vis de rappel, on communique au cercle alidade de très petits déplacements jusqu'à ce que le fil du réticule vienne bissecter l'image de S.

3° *Lecture de l'angle.* — On lit alors l'angle azimutal à l'aide du vernier porté par le cercle alidade. L'approximation donnée par le vernier est assez faible; pour un cercle de 16 centimètres de diamètre, par exemple, dont le limbe est divisé de 10' en 10', le vernier est au 60°, c'est-à-dire qu'il porte 60 divisions réparties sur un arc égal à 59 divisions du limbe. On lit alors les 10" et, par estime, les 5". Les cercles de plus grand diamètre, munis de microscopes micrométriques, permettent d'atteindre beaucoup plus de précision. Le microscope, avec lequel on lit les divisions, est muni d'un micromètre : celui-ci se compose d'un réticule formé de deux fils parallèles entre lesquels peut être vue l'image d'une division (*fig.* 20); ce réticule peut être déplacé à l'aide d'une vis micrométrique, dont les tours sont comptés au moyen d'un peigne métallique AB devant lequel se meut le fil du réticule. La largeur d'une dent de ce peigne correspond à un

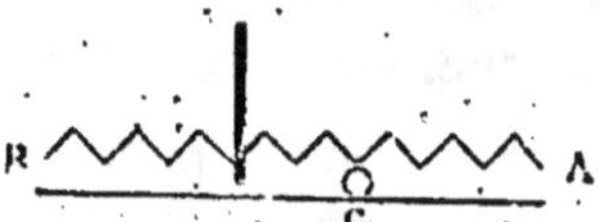

Fig. 20.

tour de la vis et la position initiale du fil du réticule, qui détermine l'axe optique du microscope, est indiquée par une cavité circulaire C. En amenant successivement les fils du réticule à comprendre entre eux les traits qui limitent un intervalle de deux ou trois divisions de la graduation, et notant le nombre de tours et de fractions de tour de la vis correspondant, on a pu déterminer le nombre de tours de vis correspondant à une division, et, par suite, la fraction de division correspondant à un tour ou à une fraction de tour de la vis. Pour faire la lecture, on pointe avec le réticule la division dont l'image est la plus rapprochée du zéro ; puis on compte le nombre de tours et fractions de tour de la vis nécessaires pour amener le réticule de cette division au zéro ; on en déduit la fraction de division qu'il faut ajouter à la division lue.

Mais la mesure d'un angle, ainsi effectuée à l'aide d'un cercle divisé, est affectée de deux sortes d'erreurs, les erreurs d'*excentricité* et de *division*, dont l'élimination est de la plus grande importance et qu'il convient d'étudier avec soin.

18. Erreurs d'excentricité. — I. CERCLE FIXE ET REPÈRES MOBILES. — Supposons d'abord le cercle divisé fixe. Quel que soit le soin apporté à la construction de l'instrument, le cercle alidade, qui porte la lunette et le vernier ou le microscope, ne tourne pas exactement autour du centre du cercle gradué, c'est-à-dire autour du centre de la graduation que porte ce cercle. Le constructeur eût-il obtenu ce centrage parfait dans une position de l'instrument, il ne subsisterait pas pendant la rotation, en raison du jeu qu'il faut laisser à l'axe pour lui permettre de tourner dans la gaine qui le contient. Il suit de là que le centre du cercle ou de la graduation étant en O (*fig.* 21), le centre de l'alidade est en O', de sorte que, l'angle dont la lunette et le vernier ont tourné étant AO'B, l'angle lu est AOB, qui n'a pas la même valeur. La différence,

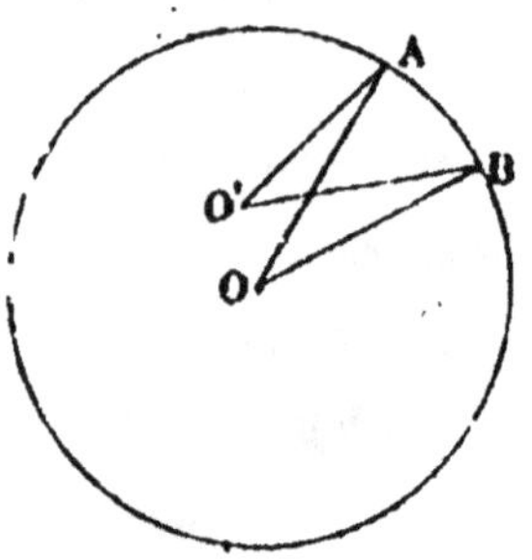

Fig. 21.

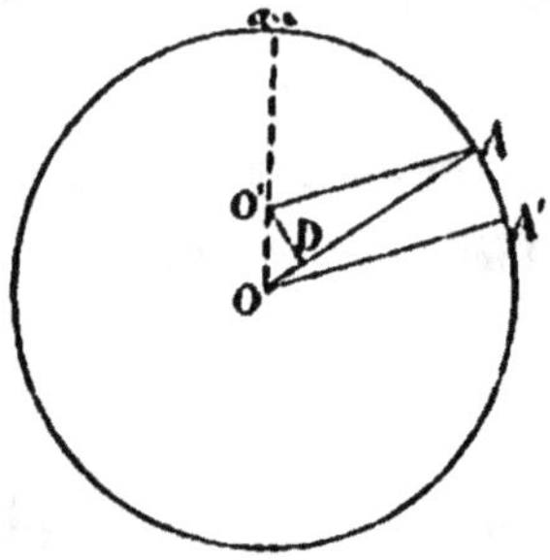

Fig. 22.

ou l'angle qu'il faut ajouter algébriquement à AOB pour obtenir AO'B, est *la correction d'excentricité.*

1° *Cercles munis d'un seul vernier.* — Supposons l'objet visé placé à une distance infinie dans la direction O'A (*fig.* 22). La direction de l'alidade, si elle était centrée sur la graduation, serait OA' parallèle à O'A ; la lecture serait A' au lieu de A. Dans une seule direction, la lecture se fait sans erreur ; c'est lorsque l'alidade est placée suivant la ligne OO' qui joint les deux centres. Prenons cette direction inconnue pour origine des angles, et soient α la lecture correspondante, e la distance OO', r le rayon OA'. Lorsque l'alidade est venue en O'A, la lecture est A, correspondant à un angle au centre $\alpha OA = A - \alpha$, plus petit que l'angle vrai $\alpha OA'$ de l'angle AOA' ou O'AO que nous désignerons par p : c'est la correction d'excentricité. Or, on a, en considérant le triangle OAO', l'égalité :

$$(1) \qquad \frac{\sin p}{e} = \frac{\sin(A - \alpha)}{O'A}.$$

Mais, en abaissant O'D perpendiculaire sur OA, on voit que l'on a aussi :

$$(2) \qquad r = \text{O'A} \cos p + e \cos(\text{A} - \alpha).$$

On déduit de ces deux équations la valeur suivante de $\operatorname{tg} p$:

$$\operatorname{tg} p = \frac{\frac{e}{r} \sin(\text{A} - \alpha)}{1 - \frac{e}{r} \cos(\text{A} - \alpha)}.$$

La valeur du petit angle p est alors donnée par la série très rapidement convergente, en raison de la petitesse de $\frac{e}{r}$:

$$(3) \quad p = \frac{e}{r} \sin(\text{A} - \alpha) + \frac{1}{2} \frac{e^2}{r^2} \sin 2(\text{A} - \alpha) + \frac{1}{3} \frac{e^3}{r^3} \sin 3(\text{A} - \alpha) + \dots$$

ou, en secondes d'arc :

$$p = \frac{e}{r \sin 1''} \sin(\text{A} - \alpha) + \frac{e^2}{r^2 \sin 2''} \sin 2(\text{A} - \alpha)$$
$$+ \frac{e^3}{r^3 \sin 3''} \sin 3(\text{A} - \alpha) + \dots$$

On peut se borner, en général, au premier terme, ce qui revient à faire O'A $= r$ dans l'équation (1) et à remplacer le sinus de p par l'arc.

Le cercle étant muni d'un seul vernier, que l'on suppose tourner autour d'un centre fixe O' différent de O, on obtiendra la correction qu'il faut ajouter à une lecture A pour la rapporter au centre de la graduation en déterminant les inconnues $\frac{e}{r}$ et α de la formule (3). A cet effet, on mesure un angle connu ω, l'angle de deux objets terrestres très éloignés, distants d'une quantité connue, ou l'angle de deux étoiles connues. Soient A et B les lectures : on aura pour la correction p de A :

$$p = \frac{e}{r} \sin(A - \alpha)$$

et pour la correction p' de B :

$$p' = \frac{e}{r} \sin(B - \alpha)$$

avec l'équation de condition :

$$\omega = A - B + p - p'.$$

On en déduit :

$$\omega = A - B + \frac{e}{r} [\sin(A - \alpha) - \sin(B - \alpha)]$$

ou, si l'on appelle L l'angle lu A — B, de telle sorte que B = A — L :

$$\omega = L + \frac{e}{r} [\sin(A - \alpha) - \sin(A - \alpha - L)]$$

ou :

$$\omega = L + \frac{e}{r} [\sin(A - \alpha)(1 - \cos L) + \sin L \cos(A - \alpha)]$$

équation qui contient trois inconnues,

$$\frac{e}{r}, \qquad \sin(A - \alpha), \qquad \cos(A - \alpha).$$

On observera donc au moins trois angles ω.

Ce procédé de correction suppose l'excentricité fixe ; si elle est *fluctuante*, suivant l'expression de M. Faye, en raison du jeu des axes, on multipliera les observations et l'on obtiendra un grand nombre d'équations de condition, d'où l'on déduira les meilleures valeurs des inconnues $\frac{e}{r}$, sin(A — α) et cos (A — α) par la méthode des moindres carrés. Les variations de l'excentricité sont alors considérées comme des erreurs accidentelles d'observation, qui s'éliminent les unes les autres par la répétition des mesures d'un même angle faites pour différentes positions de l'alidade. Il faudra donc aussi multiplier de la même manière la mesure de l'angle auquel on veut appliquer la correction d'excentricité. On corrigera chaque lecture en particulier d'après la formule, et l'on prendra la moyenne des diverses valeurs obtenues. Cette méthode est celle qu'on emploiera avec le sextant, qui n'a qu'un seul vernier.

2° *Cercles munis de plusieurs verniers.* — Dans les instruments d'astronomie ou de géodésie, on fait usage de plusieurs verniers ou microscopes, dont l'emploi permet l'*élimination complète* de l'erreur d'excentricité sous certaines conditions que nous allons étudier.

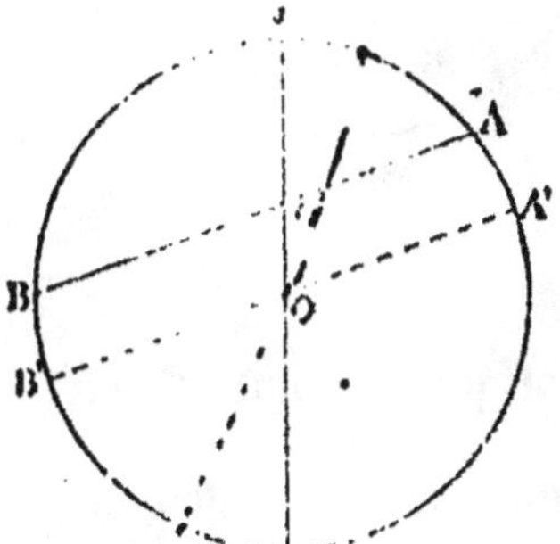

Fig. 23.

Prolongeons la direction O'A (*fig.* 23) de l'alidade au-delà de O' et soit B la lecture du cercle à l'autre extrémité de l'alidade ainsi prolongée. Faisons de même pour le rayon Oα de la graduation ; la lecture à l'extrémité du diamètre sera 180° + α. La lecture B sera trop forte de la même quantité p dont A est trop petit, donc

$$\frac{1}{2}[A - \alpha + B - (180^\circ + \alpha)]$$

sera la vraie mesure de l'angle dont a tourné l'alidade : l'angle inscrit est mesuré par la demi-somme des arcs compris entre ses côtés.

De plus, la différence à 180° de la différence des deux lectures A et B donne le double de la correction p. Il suffira donc de faire un certain nombre de pareilles lectures aux deux extrémités de l'alidade, pour déterminer α et $\frac{e}{r}$ (par la relation déjà employée. Mais la connaissance de ces quantités est un pur objet de curiosité et n'intervient pas dans la mesure exacte des angles. Si AB (*fig.* 24) est la direction de l'alidade quand la lunette est dirigée sur une étoile, A'B' sa direction quand on vise une autre étoile, l'angle dont a tourné la lunette est mesuré rigoureusement par la demi-somme des arcs AA' et BB' (¹).

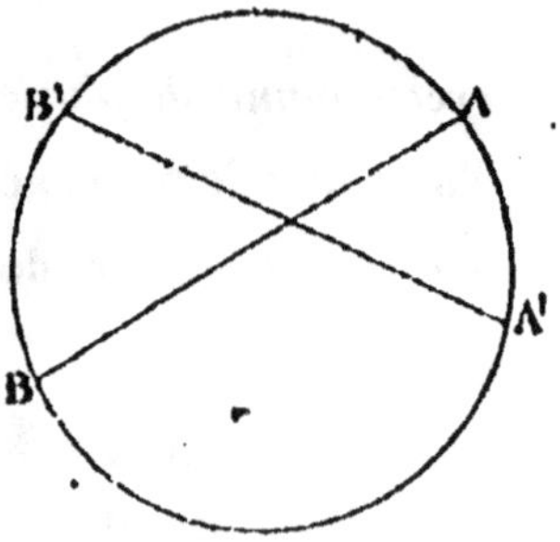

Fig. 24.

Ce mode de mesure n'exige nullement que le point O' soit fixe ; l'excentricité peut être fluctuante et $\frac{e}{r}$ atteindre des va-

(¹) Il est dit dans la plupart des traités d'astronomie que l'élimination de l'erreur d'excentricité s'obtient en faisant deux lectures à deux repères distants l'un de l'autre de 180°. On voit que cet énoncé n'est pas rigoureux, à moins qu'on n'entende par là que ces deux repères sont en ligne droite l'un avec l'autre.

leurs quelconques. Mais elle exige que AB soit une corde du cercle sur la circonférence duquel est tracée la graduation. L'alidade ordinaire, combinée avec une graduation formée de traits convergents vers un centre sur un limbe plan, ne remplit pas cette condition. Les verniers ne peuvent non plus être utilisés; car la théorie exige qu'ils soient centrés sur la graduation même. On remplirait les conditions voulues en faisant la graduation par points sur une circonférence du cercle fixe et en formant l'alidade d'une règle dont les extrémités présenteraient latéralement deux biseaux en ligne droite l'un avec l'autre, ou mieux deux fenêtres munies chacune d'un fil fin, les deux fils étant dans le prolongement l'un de l'autre.

Le mode de graduation adopté par Gambey dans le cercle mural de l'Observatoire de Paris, où les divisions sont tracées sur la couronne, se prêterait au contraire très bien à l'application du principe. Les repères seraient tracés sur la tranche des extrémités de l'alidade et, celle-ci étant à fort peu près centrée sur le cercle, on pourrait faire usage de deux verniers.

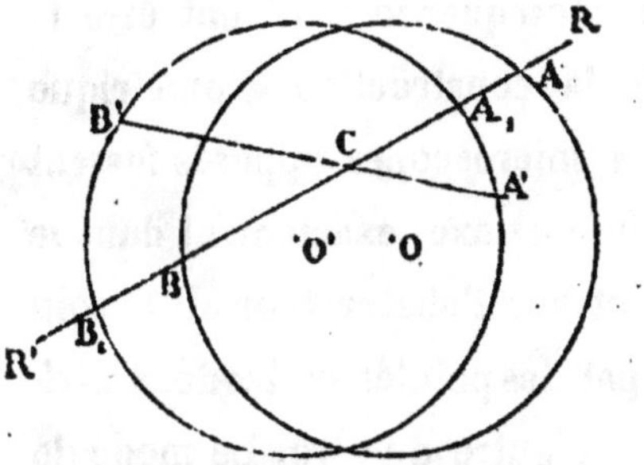

Fig. 25.

II. CERCLE MOBILE ET REPÈRES FIXES. — Supposons maintenant les repères fixes, et le cercle gradué tournant entre ces repères en entraînant avec lui la lunette. Soient R R' (*fig.* 25) la droite qui passe par les deux repères, O le centre du cercle c'est-à-dire de la graduation, dans une première position, A et B les lectures faites sur le cercle. Dans une deuxième position,

O' du cercle, la corde AB est venue en A'B', et les lectures suivant la ligne des repères fixes sont A_1 et B_1. L'angle dont a tourné le cercle, et en même temps la lunette, est A_1CA', qui a pour mesure exacte

$$\frac{1}{2}(A_1A' + B_1B').$$

Il est donc donné sans erreur par les lectures faites directement suivant la corde fixe RR', quelle que soit la distance au centre de cette corde et quel que soit le mode de rotation du cercle.

La graduation par traits sur limbe plan, avec verniers ou microscopes fixes, ne satisfait pas aux conditions de ce mode de mesure. Sur un tel limbe, la graduation devrait être faite par points distribués sur une circonférence de centre O; les repères pourraient être deux lames fixes percées de fenêtres sous lesquelles tournerait le cercle; deux fils tendus dans ces enêtres détermineraient la direction fixe RR'.

Le mode de graduation du cercle de Gambey et la position des microscopes qui en est la conséquence semblent être la réalisation la plus parfaite de la construction géométrique précédente. Il suffirait que les microscopes opposés fussent assujettis à la condition d'avoir leurs axes exactement dans le prolongement l'un de l'autre, et que l'observateur ait le soin de déterminer chaque lecture par des pointés sur les deux divisions qui se trouvent de part et d'autre du zéro. Le mode de construction de ce cercle lui assure donc un avantage réel sur les cercles gradués sur limbe plan; et, en effet, il est à remarquer que l'erreur d'excentricité est beaucoup plus faible à cet instrument, malgré la manière défectueuse dont est établi son axe de rotation, qu'aux cercles à limbe plan des deux autres instruments méridiens de l'Observatoire.

III. Conclusion. — L'erreur d'excentricité peut donc être éliminée sous certaines conditions, par l'emploi de deux microscopes opposés. En général, elle subsiste, au moins en partie, dans la plupart des cercles tels qu'on les construit, et elle est représentée par une série très convergente de la forme :

$$p = a \sin(\mathrm{A} - \alpha) + a^2 \sin 2(\mathrm{A} - \alpha) + a^3 \sin 3(\mathrm{A} - \alpha) + \dots$$

A cette erreur s'ajoutent les erreurs de division.

19. Erreurs de division. — Les cercles des grands instruments ont été parfois divisés directement ; tel est celui de Gambey. Mais, le plus souvent, quand le constructeur a tracé une division exacte sur un cercle de grand diamètre, il s'en sert comme de plateforme pour diviser les cercles égaux ou plus petits ([1]). Il centre le cercle à diviser sur le premier et, à l'aide d'un tracelet fixe, il reporte sur le limbe du plus petit les divisions du plus grand qu'il amène successivement sous un repère fixe. Ce mode de graduation laisse donc subsister les erreurs de la graduation type et il en introduit de nouvelles.

1° Le centrage du petit cercle sur la plateforme n'est pas parfait. Il en résulte que le centre de la graduation tracée ne coïncide pas avec le centre de rotation du petit cercle ; d'où une erreur d'excentricité dans les lectures, qui peut se représenter par une série de même forme que la précédente ;

2° Le plan du limbe à graduer n'est pas rigoureusement parallèle à celui de la plateforme. On projette sur le cercle AB

([1]) Sur la construction de cette plateforme, voir le *Traité d'astronomie pratique* de Brünnow-André, t. II, p. 44.

(*fig.* 26) la graduation tracée sur le cercle AC qui fait avec le premier un angle ε très petit. Le trait A n'a point d'erreur; le trait B est en erreur de la différence AC — AB. Or, on a :

$$\operatorname{tg} AB = \operatorname{tg} AC \cos \varepsilon.$$

Cette formule, en raison de la petitesse de ε, se développe

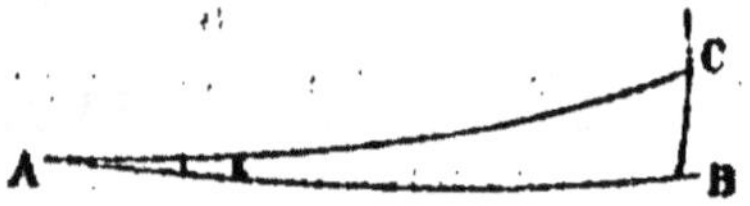

Fig. 26.

en série très rapidement convergente :

$$AB = AC - \operatorname{tg}^2 \varepsilon \sin 2AC + \frac{1}{2} \operatorname{tg}^4 \varepsilon \sin 4AC - \frac{1}{3} \operatorname{tg}^6 \varepsilon \sin 6AC + \ldots..$$

I. Élimination des erreurs d'excentricité et de division par l'emploi de plusieurs verniers. — L'influence totale des erreurs d'excentricité et de division sur une lecture au cercle, ou l'erreur E de cette lecture, abstraction faite des erreurs accidentelles, peut donc se représenter d'une manière générale, par la série de Fourier :

$$E = a_0 + a_1 \cos A + a_2 \cos 2A + \ldots.. + b_1 \sin A + b_2 \sin 2A + \ldots..$$

où l'on peut faire $a_0 = 0$.

De là un moyen de diminuer considérablement l'erreur systématique des lectures par l'emploi de plusieurs verniers ou microscopes.

Soient n microscopes équidistants sur le pourtour entier du cercle, de sorte que la distance de deux microscopes consécutifs soit $\frac{2\pi}{n}$. La lecture au premier étant A, les lectures aux autres sont :

$$A + \frac{2\pi}{n} \qquad A + 2\frac{2\pi}{n} \cdots\cdots A + (n-1)\frac{2\pi}{n}$$

et l'erreur de chacune des lectures est donnée par la série précédente dans laquelle on remplacera successivement A par chacune des lectures. L'erreur de la moyenne des lectures est le quotient par n de la somme de toutes les séries.

Le terme général d'ordre p dans la série relative au $(m+1)^e$ microscope est :

$$a_p \cos p\left(A + m\frac{2\pi}{n}\right) + b_p \sin p\left(A + m\frac{2\pi}{n}\right)$$

dans lequel p prend toutes les valeurs entières de zéro à l'infini, et m toutes les valeurs entières de 0 à $n-1$. Ce terme peut s'écrire :

$$(a_p \cos pA + b_p \sin pA)\cos pm\frac{2\pi}{n} + (b_p \cos pA - a_p \sin pA)\sin pm\frac{2\pi}{n}$$

et la somme des termes d'ordre p pour les n microscopes est :

$$(a_p \cos pA + b_p \sin pA)\sum_0^{n-1} \cos pm\frac{2\pi}{n}$$
$$+ (b_p \cos pA - a_p \sin pA)\sum_0^{n-1} \sin pm\frac{2\pi}{n}.$$

Or, $\sum_0^{n-1} \sin pm\frac{2\pi}{n}$ est toujours nul, il en est de même de

$\sum_{0}^{n-1} \cos pm \frac{2\pi}{n}$, sauf dans le cas où pm est un multiple de n, par conséquent ici lorsque $p = kn$, m étant plus petit que n; et la valeur de cette somme se réduit alors à n. La somme des erreurs sera donc la sommé d'un nombre infini de termes de la forme

$$(a_{kn} \cos knA + b_{kn} \sin knA)\, n$$

et l'erreur de la moyenne des lectures s'obtiendra en divisant par n.

On voit donc que, par l'emploi de n microscopes équidistants, l'erreur se réduit à la somme des termes dont l'indice est multiple du nombre des microscopes. Ainsi, avec six microscopes, il ne subsiste que les termes en 6A, 12A,... Si la division n'a pas d'erreurs grossières, si l'excentricité n'est pas très considérable, ces termes décroissent très rapidement et l'erreur devient insensible dès que n est suffisamment grand.

Il est indispensable, pour appliquer cette méthode, de faire des pointés très exacts ; pour y arriver, on se sert, dans les cercles géodésiques et astronomiques, d'une lunette munie d'un micromètre. Ce micromètre se compose d'un fil fixe et d'un fil mobile que l'on déplace à l'aide d'une vis; on amène le fil mobile à bissecter l'image de l'objet et l'on compte le nombre de tours et fractions de tour de vis nécessaires pour amener à cette position le fil mobile primitivement en coïncidence avec le fil fixe. On recommence une dizaine de fois cette opération et l'on prend la moyenne des pointés ainsi effectués.

II. Détermination directe des erreurs de division. — Elle se fait en mesurant avec le cercle une série d'arcs de longueur constante, représentant à peu près une partie aliquote de la circonférence. C'est le procédé de calibrage d'un tube à l'aide d'une bulle de mercure de volume constant [1].

III. Méthode de la répétition des angles. — Ce procédé d'élimination des erreurs de division, employé par les anciens astronomes, fut indiqué par Tobie Mayer (Göttingue, 1752). Il est nécessaire, pour l'appliquer, que le théodolite puisse avoir autour de son axe vertical deux mouvements : un mouvement général, dans lequel le cercle azimutal tourne en entraînant la lunette et l'alidade, et un mouvement particulier, dans lequel l'alidade et la lunette tournent seules, le cercle azimutal étant fixé à l'aide d'une pince et d'une vis de serrage.

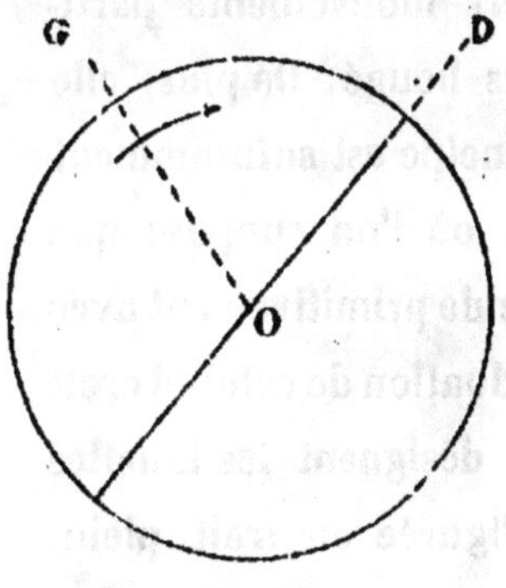

Fig. 27.

1° *Procédé de Tobie Mayer.* — Soit à mesurer la distance angulaire de deux points G et D (*fig.* 27). En faisant tourner le cercle dans le sens de la flèche, qui indique aussi le sens de la graduation, on effectue les opérations suivantes :

a) La lunette et l'alidade étant au zéro, on vise le point G par le mouvement général ;

b) On fixe le cercle et l'on amène la lunette sur le point D ;

c) On détache le cercle, et, par le mouvement général, on ramène la lunette sur G.

d) On fixe le cercle, et l'on amène la lunette sur D, etc.

On lit la position initiale et la position finale ; l'arc total

(1) Voir le *Traité d'astronomie pratique* de Brünnow-André.

parcouru, divisé par le nombre de pointés sur D, donne l'angle cherché. Cette méthode pourrait même s'appliquer à un cercle non gradué portant un seul repère; il suffirait de revenir à ce repère après avoir parcouru un nombre entier de circonférences. Par ce procédé, les erreurs de division et de lecture sont divisées par le même nombre; mais les erreurs de pointé s'ajoutent algébriquement.

2° *Procédé de Borda.* — Borda a modifié cette méthode en ajoutant au théodolite une lunette repère inférieure placée au-dessous du cercle azimutal (*fig.* 17); elle est liée à l'axe par un collier qui lui permet de prendre un mouvement particulier ou de participer au mouvement général. Elle permet de s'assurer que, pendant les divers mouvements particuliers, le pied de l'instrument n'a pas bougé. De plus, elle permet la répétition double dont le principe est suffisamment indiqué par les figures 28 et suivantes où l'on suppose que l'index porté par le cercle alidade coïncide primitivement avec le zéro du cercle azimutal et que la graduation de celui-ci croît de droite à gauche (les lettres S et I désignent les lunettes supérieure et inférieure; l'une est figurée en trait plein, l'autre en pointillé).

La distance de l'index au zéro mesure alors le double de l'angle cherché : en recommençant les mêmes opérations, on obtiendra deux fois, trois fois... le double de l'angle. Pendant chaque mouvement particulier, une des lunettes reste pointée sur un objet; s'il y a eu un dérangement de l'appareil, on peut le corriger par le mouvement général.

La méthode suppose que les arcs portés successivement sur le limbe s'ajoutent sans discontinuité ; il faut donc admettre que les procédés de serrage sont parfaits et qu'il n'y a point de jeu dans les colliers des axes; de plus, un seul

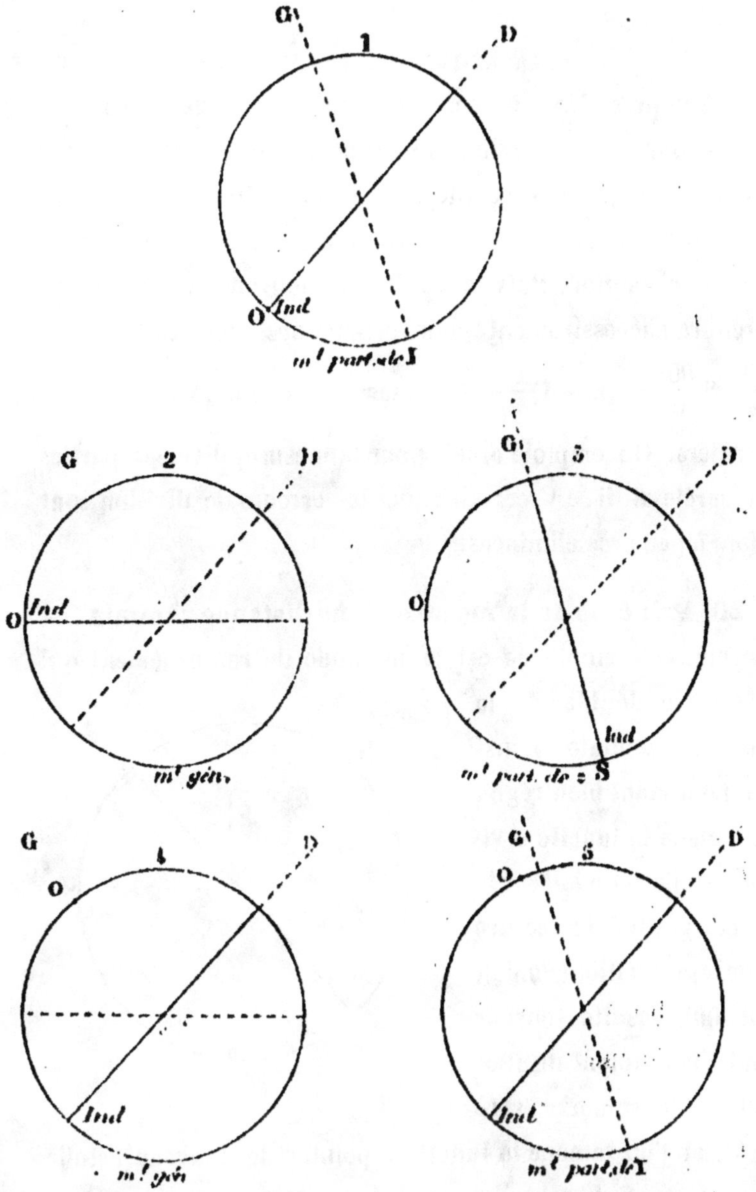

Fig. 28, 29, 30, 31, 32.

pointé étant possible, on n'obtiendra jamais une grande exactitude : toutes ces causes d'erreur ont fait abandonner cette méthode.

IV. Méthode de la réitération des angles. — On la préfère à la précédente parce qu'elle permet plusieurs pointés. Supposons que le cercle azimutal porte quatre verniers, par exemple, et que l'on veuille faire n réitérations ; on fera une première lecture avec les quatre verniers, en partant du zéro de la graduation. Puis, à l'aide du mouvement général, on prendra successivement pour origine des lectures les traits $\frac{90°}{n}, 2\frac{90°}{n}, \cdots (n-1)\frac{90°}{n}$, en se servant chaque fois des quatre verniers. On emploie ainsi, pour la mesure, diverses parties du cercle et il est certain que les erreurs de division sont alors à peu près éliminées.

20. Principe de la mesure d'une distance zénitale. — La méthode employée est la méthode du retournement qui donne le double de la distance zénitale. L'instrument étant bien réglé, on amène la lunette à viser l'étoile et on fait sur le cercle gradué la lecture L de la graduation (*fig.* 33). On fait ensuite tourner tout l'instrument de 180° autour de son axe vertical, et l'on ramène la lunette à pointer de nouveau l'étoile considérée. Si L′ est la lecture de la graduation correspondant à cette nouvelle position de la lunette, la différence $\frac{L'-L}{2}$ me-

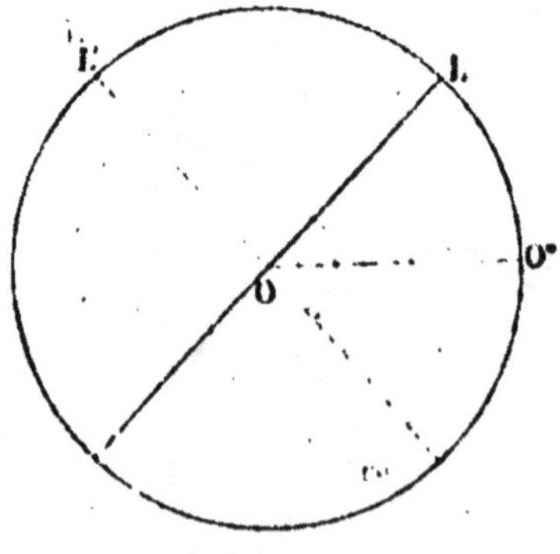

Fig. 33.

sure la distance zénitale cherchée. Le raisonnement que nous venons de faire suppose l'étoile immobile dans le ciel. En réalité, il n'en est pas ainsi. L'étoile dans l'intervalle de deux pointés se déplace relativement à la Terre.

Si l'intervalle est petit, on admet que la différence $\frac{L' - L}{2}$ donne la distance zénitale à l'époque moyenne $\frac{t' + t}{2}$ des deux pointés. S'il est un peu grand, il faut faire subir à la distance mesurée une correction sur laquelle nous reviendrons plus tard (**34**).

En opérant de la même manière sur un objet terrestre immobile, on a non seulement la distance zénitale de cet objet, mais aussi la lecture $\frac{L + L'}{2}$ qui correspond sur le cercle à la direction verticale de la lunette, c'est-à-dire l'origine des distances zénitales. On peut donc alors mesurer la distance zénitale simple d'une étoile à une époque t, le théodolite étant supposé stable dans l'intervalle des opérations.

L'emploi d'un bain de mercure sert aussi à déterminer cette origine. On pointe la lunette sur ce bain dans une direction telle que l'image de la croisée des fils donnée par réflexion sur la surface horizontale du mercure, vienne se faire sur la croisée elle-même. L'axe optique est alors vertical, et la lecture du cercle, diminuée de 180°, donne l'origine des distances zénitales. Ce procédé de détermination du nadir s'applique surtout aux grands instruments.

Enfin, on peut encore pointer la lunette d'abord directement sur l'objet, puis sur l'image de cet objet vu par réflexion sur un miroir plan horizontal. La demi-différence $\frac{L - L'}{2}$ des lectures donne la hauteur de l'objet au-dessus de l'horizon; si cet objet est très éloigné et immobile, la demi-somme $\frac{L+L'}{2}$ fait connaître la lecture qui correspond à la position horizontale de la lunette. On peut donc alors mesurer la hauteur d'une étoile au-dessus de l'horizon ou le complément de sa distance zénitale. On emploie comme miroir un bain de mercure ou quelquefois un plan de verre noir rendu aussi exactement que possible horizontal à l'aide d'un niveau à bulle d'air. Ce miroir porte le nom d'*horizon artificiel*.

21. Sextant. — Le théodolite est l'instrument de l'observateur à la surface de la terre. A la mer, il est impossible de s'en servir. L'instrument qui le remplace est le sextant.

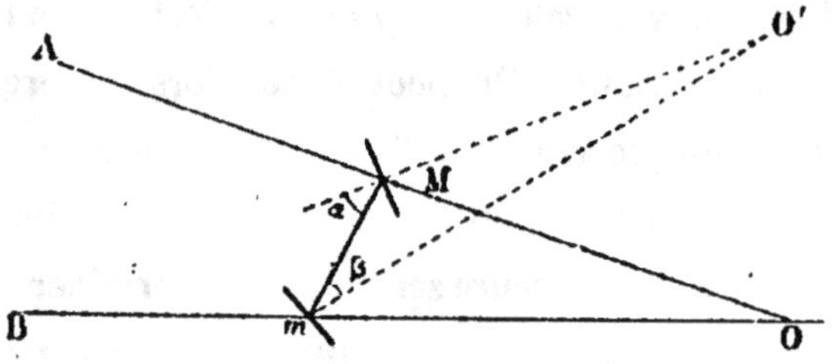

Fig. 34.

L'œil placé en O (*fig.* 34) voit directement le point B, et le point A par une double réflexion sur les miroirs M et *m*.

I. *Propriétés de ce système.* — 1° Le triangle MmO' donne :

$$\alpha - \beta = O'$$

Il suit de là que si les miroirs restant immobiles l'un par rapport à l'autre, leur ensemble tourne par rapport à O dans le plan de la figure, cette rotation n'altère pas la superposition des images de A et de B. Car α devenant $\alpha + \gamma$, il faut que β augmente aussi de γ:

$$\alpha + \gamma - (\beta + \gamma) = O'$$

L'angle $O'mO'$ devient donc $\beta + \gamma$, et comme la normale mO' a tourné du même angle γ, le rayon deux fois réfléchi coïncide toujours avec BO.

Si l'on place devant l'œil une lunette, la superposition des images de A et de B une fois établie par la rotation de M autour d'un axe perpendiculaire au plan de la figure persistera pendant les balancements du système dans le plan AOB.

2° Le triangle MmO donne :

$$2\alpha - 2\beta = O$$

D'ou l'on déduit :

$$O' = \frac{O}{2}$$

La distance angulaire AB, ou l'angle AOB, est mesurée par le double de l'angle des normales aux deux miroirs, quand la coïncidence est établie.

II. *Construction du sextant.* — Sur un châssis plan (le plan de la figure) on trace un arc gradué CD. Au centre de cet arc on fixe le centre d'une alidade et un miroir M (*fig.* 33) perpendiculaire au plan du limbe ; on place ensuite le miroir m et la lunette. Le point B est vu à travers la moitié de m non étamée.

Le zéro de la graduation répond au parallélisme des deux miroirs. On gradue le limbe en demi-degrés qu'on numérote comme des degrés.

III. *Conditions de réglage.* — 1° Perpendicularité des deux miroirs au plan du limbe ; 2° parallélisme de l'axe de la lunette à ce plan ; 3° le zéro de la graduation doit répondre au parallélisme des miroirs ; 4° le grand miroir doit tourner autour du

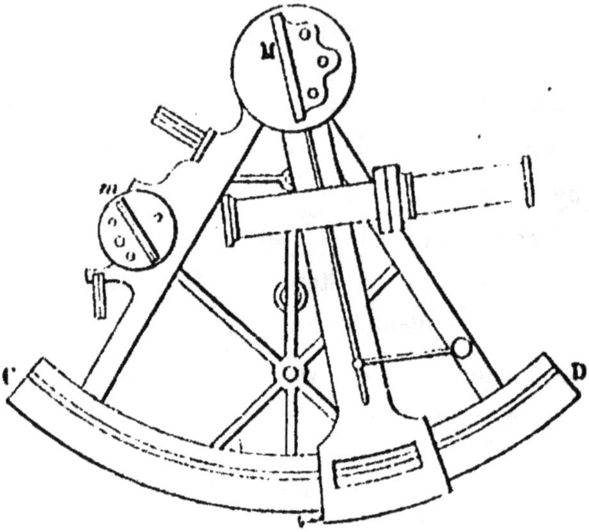

Fig. 35.

centre de l'arc gradué ; 5° les faces des miroirs et des verres colorés employés pour l'observation du Soleil doivent être planes et parallèles.

IV. *Mesure de la distance angulaire de deux points.* — Pour mesurer avec le sextant la distance angulaire de deux points S et S′, on vise directement S, puis on fait tourner le miroir M jusqu'à ce que l'image deux fois réfléchie de S′ se confonde avec l'image directe de S (*fig.* 36).

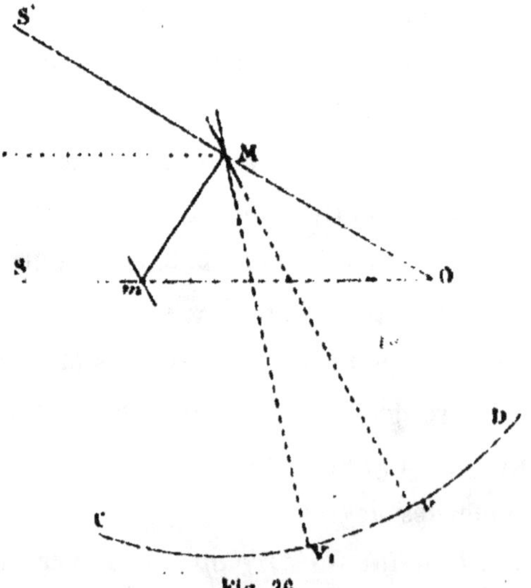

Fig. 36.

L'angle que fait alors l'alidade MV_1 avec sa position initiale MV qui correspond au parallélisme des deux miroirs, est égal à l'angle des normales à ces deux miroirs, et par suite, d'après la seconde propriété du sextant, il est égal à la moitié de la distance angulaire cherchée.

La mesure des distances angulaires de deux étoiles au moyen du sextant est une opération assez délicate. Il faut en effet obtenir la coïncidence de deux points, l'instrument se trouvant dans un plan déterminé. Cette condition n'est pas facile à réaliser. L'opération est sans difficulté si l'un des astres a un diamètre apparent. Dans ce cas, on amène successivement l'image de l'étoile à coïncider avec les deux bords de l'astre. La moyenne des deux lectures donne la distance angulaire cherchée.

V. *Mesure de la hauteur d'un astre au-dessus de l'horizon.* — Cette hauteur est le complément de la distance zénitale. Pour en effectuer la mesure, on vise directement dans la lunette à travers la partie non étamée du miroir *m* la ligne d'horizon, c'est-à-dire l'intersection apparente de la surface de la mer et de la voûte du ciel. Puis on amène par une rotation du miroir M, l'image de l'astre doublement réfléchie et vue dans la lunette à être tangente à cette ligne d'horizon. L'angle de rotation du miroir M est la moitié de la hauteur cherchée.

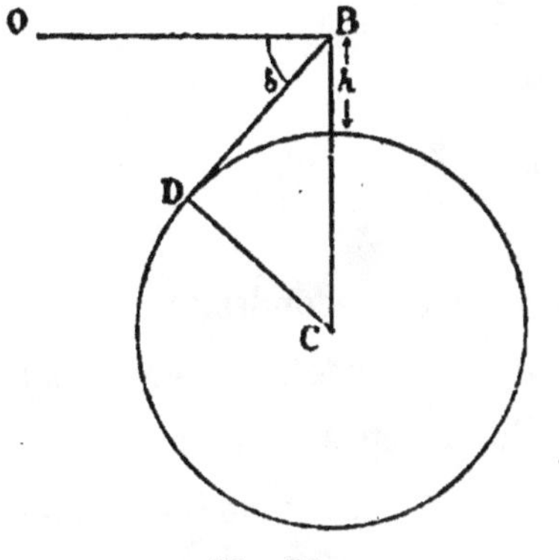

Fig. 37.

Ce que nous venons de dire suppose que l'observation est faite à la surface de la mer. En général, il n'en est pas ainsi. L'observateur se trouve en B, à une distance h au-dessus du niveau de la mer (*fig.* 37). Son horizon est alors BD, et la mesure qu'il a faite se trouve entachée d'une erreur due à la *dépression* DBO de l'horizon. Cet angle DBO $= \delta$ est facile à calculer. En effet, le triangle rectangle BDC donne:

$$\cos \delta = \frac{r}{r + h},$$

r étant le rayon de la Terre.

Or δ est toujours très petit; on peut donc sans erreur sensible confondre cos δ avec son développement en série réduit aux deux premiers termes, ce qui donne:

$$1 - \frac{\delta^2}{2} = \frac{r}{r + h}$$

$$\delta = \sqrt{\frac{2h}{r + h}}.$$

La formule:

$$\delta \sin 1'' = \sqrt{\frac{2h}{r + h}},$$

donnera alors la valeur de δ exprimée en secondes.

Malgré cette correction, la hauteur trouvée n'est pas tout à fait exacte. Cela tient à ce que, la présence de l'atmosphère relevant un peu la direction BD, ce n'est pas l'angle DBO qu'on calcule, mais un angle plus faible.

Nous avons au moyen du théodolite et du sextant déterminé les coordonnées d'un point. Pour connaître exactement la situation de ce point à différentes époques, il faut encore savoir à quel moment il occupe une position déterminée, c'est-à-dire savoir mesurer le temps.

22. Mesure du temps. — Les instruments propres à la mesure du temps sont de deux sortes. Suivant qu'on s'adresse au pendule sous sa forme ordinaire ou à un balancier annexé à un ressort élastique, pour obtenir des oscillations isochrones, on a des appareils qui, dans le premier cas, portent le nom d'horloges astronomiques, dans le second celui de chronomètres.

1. HORLOGE ASTRONOMIQUE. — La partie essentielle de l'horloge est un pendule qui, par l'intermédiaire d'un échappement, communique un mouvement régulier à un rouage. Ce rouage transmet le mouvement à des aiguilles mobiles(1).

Étant donné un pendule composé, nous savons que la longueur du pendule simple synchrone (qui oscille dans le même temps) est donnée par la formule :

$$l = a + \frac{K^2}{a}$$

dans laquelle a désigne la distance du centre d'oscillation au centre de gravité, et K le rayon de giration du système par rapport à un axe passant par le centre de gravité et parallèle à l'axe de suspension. La durée de l'oscillation de ce pendule est donnée par la formule suivante :

$$T = \pi \sqrt{\frac{l}{g}} \left(1 + \frac{\alpha^2}{16} + \cdots\cdot\right)$$

(1) Pour la description des organes d'une horloge ou d'un chronomètre, voir les traités spéciaux ou les traités de physique.

Elle sera donc constante si l, g et α le sont. Or les pendules sont en général métalliques ; la température a donc une influence considérable sur l. On remédie à cet inconvénient au moyen des pendules compensateurs dans lesquels on cherche à rendre constante la quantité a. Mais il est impossible de rendre K constant : la compensation qu'on obtient n'est qu'approchée.

Pour que α soit constant, il faut que l'échappement, dont le but est de restituer au balancier la force qu'il a perdue, soit à force constante. Cette condition n'est pas réalisée dans l'échappement à ancre de Graham. Elle l'est dans l'échappement à ressorts de Reed et de Winnerl, pourvu que la température reste constante.

Les recherches de Jürgensen, de Frodsham et de Winnerl ont montré que l'influence du ressort de suspension du pendule peut contrebalancer celle de la variation d'amplitude et rendre isochrones les grands et les petits arcs.

La quantité g qui figure dans la formule précédente varie d'un moment à l'autre par suite de la variation de poids qu'éprouve le balancier lorsqu'il se meut dans l'air ([1]). On peut cependant au moyen de certaines dispositions faire que les variations de l et g se compensent. On arrive à ce résultat au moyen des pendules compensateurs de Robinson et de Redier.

Pendule de Robinson. — Le pendule de Robinson est un pendule ordinaire aux côtés duquel sont fixés deux baromètres à siphon (*fig.* 38). Si la pression atmosphérique vient

([1]) D'après M. Airy, une variation d'un pouce anglais (25 mill.) dans la pression atmosphérique fait varier de 0",306 la marche diurne d'une horloge.

à augmenter, le niveau du mercure baisse dans la petite branche, tandis qu'il s'élève dans la grande, relevant ainsi le centre de gravité. On peut, en calculant convenablement les dimensions des deux branches du baromètre, faire en sorte que les variations de α et l se compensent.

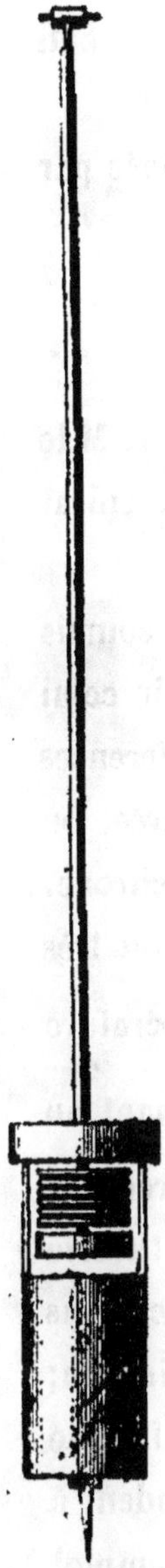

Fig. 38.

Pendule de Redier. — Le pendule compensateur de Redier (*fig.* 39) n'est autre qu'un pendule de Graham dans lequel le châssis qui porte la bouteille à mercure porte également un baromètre anéroïde fixé par sa base supérieure. A la base inférieure est suspendu le poids compensateur qui, lorsque la pression augmente, se relève et fait ainsi varier le centre de gravité. Si au contraire la pression diminue, le poids descend et abaisse le centre de gravité.

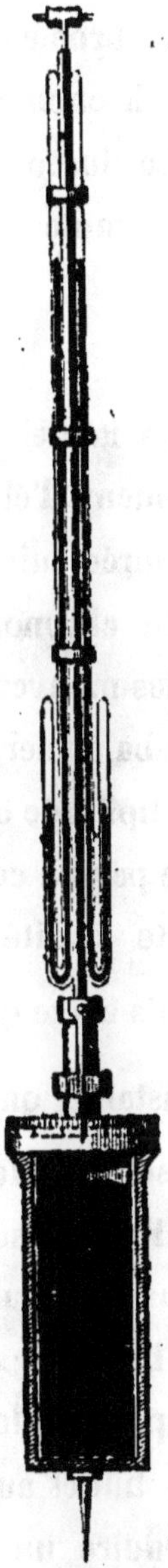

Fig. 39.

A ces différentes causes de variations de la durée des oscillations, il faut ajouter encore le degré de fluidité des huiles et le degré d'humidité de l'air.

II. Chronomètres. — Le régulateur des chronomètres est formé d'un *balancier* ou roue circulaire pouvant osciller autour de son axe sous l'influence d'un ressort appelé *spiral*; ce ressort est constitué par un ruban ou fil d'acier trempé contourné en hélice; une de ses extrémités s'attache au bâti du chronomètre, l'autre actionne le balancier.

La durée d'oscillation d'un pareil système est donnée par la formule

$$T = n\sqrt{\frac{AL}{M}}$$

dans laquelle A est le moment d'inertie du balancier, M le moment d'élasticité du spiral et L la longueur du spiral mesurée suivant l'hélice.

Un chronomètre, dans les transports qu'il subit, est soumis à des mouvements qui tendent à accélérer ou à ralentir celui du balancier. Il est donc indispensable que les différences d'amplitude des oscillations n'en affectent pas la durée, ou que par sa construction même, le régulateur soit isochrone. Cette égalité de durée pour des arcs très grands ou très petits exige que le rapport $\frac{AL}{M}$ reste invariable. A température constante, on peut obtenir la constance de $\frac{L}{M}$, en donnant au ressort une longueur convenable et déformant les extrémités de l'hélice suivant des courbes terminales dont la théorie donne la figure. Quand la température s'élève, les dimensions du balancier augmentent et par suite son moment d'inertie; le spiral s'allonge et son élasticité diminue: enfin la fluidité des huiles augmente. Ces causes, sauf la dernière, tendent à produire un retard. On a cherché à y remédier par l'emploi d'un balancier compensateur, formé de lames bimétalliques. La compensation ne doit pas se borner ici à conserver constantes les dimensions de l'appareil, comme dans le pendule;

elle doit faire que le balancier se rétrécisse sous l'action de la chaleur.

En portant successivement le chronomètre dans une glacière et dans une étuve à température constante, 30° par exemple et en agissant sur les masses réglantes du balancier, l'horloger arrive à obtenir l'égalité de durée des oscillations aux températures de 0° et de 30°. L'étude du chronomètre montrera ensuite si cette égalité se conserve aux autres températures.

III. Correction de la pendule. — Les instruments de mesure du temps, pendules ou chronomètres, ne pouvant nous donner une unité de temps absolument constante, nous empruntons celle-ci aux phénomènes astronomiques. Le jour sera défini par le retour périodique d'un même phénomène céleste. Les instruments chronométriques serviront à le subdiviser en heures, minutes et secondes.

Au commencement de ce jour, la pendule ou le chronomètre devra marquer $0^h\ 0^m\ 0^s$. Si la pendule marque un temps différent, la quantité qu'il faudra ajouter algébriquement à son indication pour avoir le temps exact, sera la correction de la pendule. Nous la désignerons par C_p. On l'appelle aussi *état de la pendule*. Cette correction a le signe + si la pendule est en retard, le signe — si elle est en avance.

Au commencement du jour suivant, la correction C'_p sera généralement différente de C_p; la différence $C'_p - C_p$ est la quantité dont la pendule a retardé ou avancé sur le temps astronomique dans l'intervalle d'un jour. On l'appelle marche diurne de la correction de la pendule, ou simplement *marche diurne* de la pendule.

La pendule serait parfaite si sa marche diurne conservait perpétuellement la même valeur. La correction varierait en effet proportionnellement au temps, et il serait facile de la calculer pour une époque quelconque. Dans les observatoires, on cherche à obtenir cette constance de marche en plaçant la pendule dans des conditions constantes de température, de pression et de degré d'humidité. C'est ce qui a été fait pour la pendule des caves de l'Observatoire de Paris, qui commande électriquement la marche de toutes les autres pendules des salles d'observation et leur communique sa propre constance. Cependant cette constance ne paraît pas encore absolue sans doute en raison des variations de l'élasticité des ressorts de l'échappement avec le temps.

IV. Correction du chronomètre. — Les chronomètres, transportés à bord des navires, y sont soumis à un grand nombre d'influences perturbatrices. Néanmoins, l'expérience a montré qu'il est possible de calculer la correction d'un chronomètre à une époque quelconque, si l'on a eu le soin de déterminer chaque jour la température à laquelle il a été soumis.

La marche m d'un chronomètre étant une fonction continue du temps et de la température, sa valeur m' à l'époque t' et à la température θ' pourra se déduire de sa valeur m à l'époque t et à la température θ par la formule de Taylor :

$$m' = m + \frac{\partial m}{\partial t}(t' - t) + \frac{\partial^2 m}{\partial t^2}\frac{(t' - t)^2}{1.2} + \frac{\partial m}{\partial \theta}(\theta' - \theta)$$
$$+ \frac{\partial^2 m}{\partial t \partial \theta}(t' - t)(\theta' - \theta) + \frac{\partial^2 m}{\partial \theta^2}\frac{(\theta' - \theta)^2}{1.2}.$$

Il faudra, par des observations préliminaires des corrections du chronomètre à diverses époques et à diverses températures, avoir déterminé les six coefficients de cette formule. On a trouvé ainsi que la marche d'un chronomètre peut être représentée par la formule plus simple :

$$M = a + bt + c(\theta - \tau)^2$$

1° A température constante, la marche croît proportionnellement au temps;

2° L'influence de la chaleur est proportionnelle au carré de la température comptée à partir d'une certaine température τ, dite température de réglage. Si la marche est la même pour deux températures θ et θ', elle subit en passant d'une de ces températures à l'autre, une accélération et elle atteint un maximum pour la température $\tau = \frac{\theta + \theta'}{2}$ moyenne entre les deux. Ainsi un chronomètre réglé dans la glacière et dans l'étuve de manière à avoir des marches égales à 0° et à 30°, avancera d'au moins deux secondes à la température de 15° et il retardera en dehors des limites 0° et 30°.

La connaissance des coefficients a, b, c et τ permet donc de calculer jour par jour la marche diurne d'un chronomètre dont on a observé la température, et par suite d'en déterminer l'état ou la correction à une époque quelconque. Le transport de l'heure d'un lieu dans un autre est donc un problème déterminé et nous l'utiliserons pour la détermination des longitudes (1).

(1) Voir pour plus de détails sur les chronomètres le *Cours d'Astronomie pratique* de M. Caspari. 2 vol. in-8°, Paris, Gauthier-Villars, 1888.

CHAPITRE III

MOUVEMENT DIURNE

23. Premières observations. — L'étude du mouvement diurne est la base de l'Astronomie d'observation. Elle fournit les systèmes de coordonnées dont nous ferons usage dans la suite pour déterminer les positions des astres.

Ligne d'horizon. — Les astres apparaissent à l'observateur comme situés sur une sphère d'un rayon très grand et limitée à la partie inférieure par un grand cercle qu'on appelle la *ligne d'horizon*. Si l'observateur est à la surface de la terre, le plan H de l'horizon (*fig.* 40) est le plan tangent à la surface des eaux tranquilles; on le désigne sous le nom d'*horizon géométrique* ou *horizon rationnel*. En général, l'observateur est en C à une distance h de la surface de la terre. Dans ce cas, la ligne d'horizon ou l'*horizon apparent* est l'intersection de la sphère

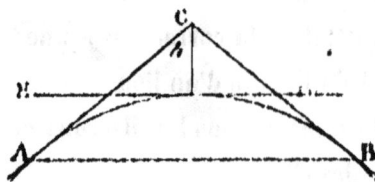

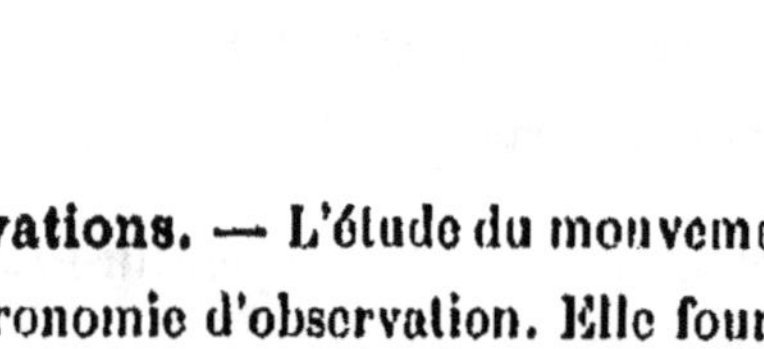

Fig. 40.

céleste par un cône tangent à la surface de la terre, et qui a pour sommet l'œil de l'observateur. L'horizon dont nous nous servirons dans cette étude est l'horizon rationnel. La droite qui lui est perpendiculaire a reçu le nom de *verticale*. Elle perce la sphère céleste en deux points qu'on appelle *zénit* et *nadir*.

Mouvement diurne. — Si l'on observe le ciel quelque temps avant le lever du Soleil, on voit ce dernier apparaître à l'horizon en un point qu'on nomme *est* ou *levant*. Il s'élève ensuite, et, après avoir atteint sa plus grande hauteur, redescend pour venir se coucher en un point qu'on appelle *ouest* ou *couchant*. L'observateur ayant l'est à sa droite, l'ouest à sa gauche, a devant lui le *nord* et derrière lui le *sud* (1). Les étoiles ont aussi un mouvement analogue à celui du Soleil ; elles se lèvent à l'est, montent dans le ciel suivant des courbes inclinées sur l'horizon, puis redescendent et se couchent à l'ouest.

Les mesures faites au théodolite ou au sextant montrent que leurs distances angulaires sont les mêmes à une époque quelconque de l'année et sont restées sensiblement constantes depuis le temps d'Hipparque ; les configurations qu'elles forment dans le ciel, ou les constellations, sont restées les mêmes.

24. Étude du mouvement diurne à l'aide du théodolite et de l'horloge. — Un théodolite et une horloge bien réglés vont nous permettre de déterminer les lois du mouvement diurne.

(1) Ce n'est là qu'une définition provisoire des points cardinaux.

I. — Une étoile décrit dans le ciel une courbe symétrique par rapport à un plan vertical déterminé. Ce plan est celui dans lequel l'étoile atteint sa *culmination*, c'est-à-dire le point le plus haut de sa course.

Pour constater ce fait, on observe l'étoile pendant qu'elle monte dans le ciel et l'on détermine les distances zénitales et les azimuts correspondants. Puis on recommence la même série d'observations pendant que l'étoile redescend vers l'horizon, en ayant soin de déterminer les azimuts correspondant à des distances zénitales égales à celles qu'on a précédemment observées. Soient A et A′ les azimuts de l'étoile qui correspondent à une même distance zénitale. L'observation montre que la demi-somme $\frac{A+A'}{2}$ est constante, c'est-à-dire qu'à des azimuts égaux de part et d'autre d'un plan fixe, répondent des distances zénitales égales. La courbe diurne de l'étoile est donc symétrique par rapport à ce plan ; et c'est dans ce plan qu'elle atteint sa plus grande hauteur au-dessus de l'horizon ou sa culmination.

Si l'on a déterminé en outre les temps où l'étoile a atteint des distances zénitales égales et des azimuts égaux de part et d'autre du plan de culmination, on constate que :

II. — Une étoile emploie le même temps à passer d'un vertical dans lequel elle a une certaine distance zénitale au plan de culmination, et à passer du plan de culmination au vertical symétrique dans lequel elle reprend la même distance zénitale.

III. — Le plan de culmination est le même pour toutes les étoiles.

On le nomme *plan méridien* du lieu, parce que c'est dans

ce plan que se trouve le centre du Soleil quand il est midi au lieu d'observation.

La trace du méridien sur le plan de l'horizon s'appelle la *méridienne du lieu.* La perpendiculaire à la méridienne détermine l'est et l'ouest, la méridienne elle-même le sud et le nord.

Tracé d'une méridienne au moyen du gnomon. — Le jour du solstice d'été, où le Soleil se meut comme une étoile, on effectue les opérations suivantes : un pieu vertical étant enfoncé dans le sol, on trace autour de sa base O des circonférences concentriques (*fig.* 41) : on joint par des cordes les ombres de l'extrémité supérieure du bâton marquées en A, B, C, C', B', A'... au moment où elles se forment sur les circonférences. La perpendiculaire OM à ces cordes est la méridienne.

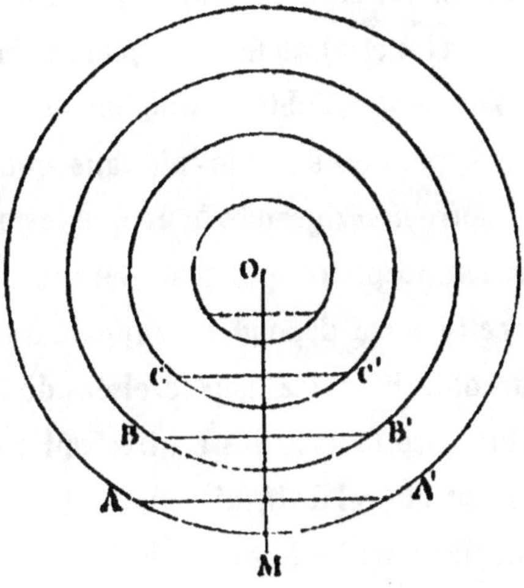

Fig. 41.

Détermination du méridien a moyen du théodolite. — 1° *Méthode des hauteurs correspondantes.* — On détermine les azimuts A et A' d'une étoile comptés à partir du zéro du cercle azimutal, qui répondent à des distances zénitales égales de part et d'autre du plan de culmination. La demi-somme $\frac{A + A'}{2}$ donne la lecture du cercle pour laquelle la lunette du théodolite est dans le plan méridien du lieu, sous la condition que l'instrument n'ait pas varié dans l'intervalle des deux observations.

Sur le prolongement de l'axe optique de la lunette fixée horizontalement dans ce plan, et à une grande distance, on place un repère fixe. On obtient ainsi une *mire méridienne*, qui sert à retrouver à chaque instant le plan du méridien.

Il vaut mieux employer, pour la construction de la mire, un objectif simple ou collimateur de très long foyer (100 ou 200 fois la distance focale de la lunette), au foyer duquel on place une croisée de fils. On a l'avantage d'obtenir une image nette de ces fils dans la lunette pointée sur l'infini, sans que la distance de la mire doive être assez grande pour que les ondulations produites par l'atmosphère puissent devenir gênantes. La *stabilité* de cette mire dépend du rapport *a* des distances focales des deux objectifs ; les deux croisées de fils étant primitivement en ligne droite avec les centres optiques des objectifs, un déplacement latéral de la mire ou du collimateur se traduira par un déplacement *a* fois moindre de l'image dans la lunette.

2° *Méthode des digressions d'une circompolaire.* — Parmi les différentes étoiles observées dans le ciel, il en est qui ne se lèvent ni ne se couchent. On les nomme *étoiles circompolaires.* Leurs trajectoires sont des courbes symétriques par rapport au méridien du lieu et leurs culminations inférieure et supérieure sont, par suite, situées dans ce plan méridien. Si l'on suit une circompolaire dans sa course diurne avec la lunette du théodolite, il faut, en général, donner à cette lunette un double mouvement en distance zénitale et en azimut. Mais il est deux positions où le mouvement en azimut devient nul; l'étoile est alors à sa plus grande *digression* orientale ou occidentale. Si l'on détermine les lectures du cercle azimutal qui leur correspondent, la moyenne donne la lecture correspondant au méridien du lieu.

L'observation montre que la moyenne des distances zénitales des points de culmination est constante pour toutes les étoiles circompolaires. Ces étoiles semblent donc tourner en restant à distance constante d'un même point, qu'on appelle *pôle du ciel*, et dont la distance zénitale est la même pour toutes ces étoiles. Cette distance zénitale est la *colatitude* du lieu. Nous allons voir que ce même point est aussi le pôle des courbes décrites par toutes les autres étoiles.

La détermination du méridien et de la colatitude sont les deux opérations préliminaires de la fondation d'un observatoire permanent ou temporaire. Pour l'Observatoire de Paris, ces déterminations ont été faites, le 21 juin 1667, jour du solstice d'été, par les astronomes de l'Académie, Auzout, Frenicle, Picard, Buot et Richer.

IV. — Toutes les étoiles décrivent des cercles sur la sphère céleste, en restant à distance constante du pôle déterminé par les circompolaires.

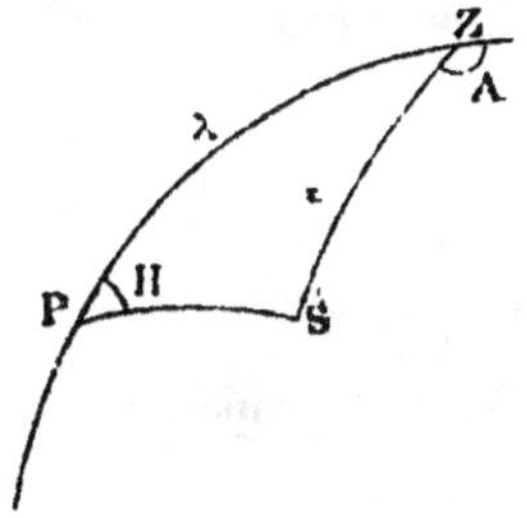

Fig. 42.

Pour le vérifier, la colatitude λ étant déterminée comme il vient d'être dit, on mesure au moyen d'un théodolite bien réglé sur le méridien du lieu, les distances zénitales et les azimuts correspondants d'une même étoile. Ces opérations faites, le triangle de position PZS (*fig.* 42) dont les sommets sont le pôle, le zénit et l'étoile, donne la relation :

$$\cos \mathrm{PS} = \cos z \cos \lambda + \sin z \sin \lambda \cos (180^\circ - \mathrm{A})$$

ou en appelant $\mathfrak{P}$, la distance PS de l'étoile au pôle :

$$\cos \mathfrak{P} = \cos z \cos \lambda - \sin z \sin \lambda \cos \mathrm{A}.$$

On constate que, quelles que soient les valeurs de z et de A, pourvu toutefois qu'elles se correspondent, $\mathfrak{P}$ a toujours la même valeur. Cette valeur est la *distance polaire* de l'étoile.

Il suit de là que toutes les étoiles décrivent sur la sphère céleste des courbes qui sont des petits cercles ayant le même pôle, donc parallèles entre eux, et ayant tous pour axe une droite qui passe par ce pôle et par l'œil de l'observateur. Cette droite est l'*axe du monde*.

Les étoiles dont la distance polaire est 90° décrivent un grand cercle de la sphère, qu'on appelle *équateur céleste*.

V. — L'angle au pôle H, ou *angle horaire* de l'étoile, varie proportionnellement au temps.

Dans les observations précédentes, on a observé de plus les temps de la pendule auxquels l'étoile a pour coordonnées z et A. On calcule par la relation

$$\frac{\sin \mathrm{H}}{\sin z} = \frac{\sin \mathrm{A}}{\sin \mathfrak{P}}$$

les valeurs de H et l'on constate qu'elles varient proportionnellement aux temps.

On pourra aussi déterminer H indépendamment de $\mathfrak{P}$ par la formule des cotangentes :

$$\cot \mathrm{H} = \frac{\sin \lambda}{\sin \mathrm{A}} \cot z + \cos \lambda \cot \mathrm{A}.$$

VI. — Enfin, si l'on mesure le temps qui s'écoule entre deux culminations supérieures consécutives d'une étoile, on trouve que ce temps a une durée constante. On l'appelle *jour sidéral*.

Vérification simultanée des lois du mouvement diurne. — Les lois du mouvement diurne pourraient s'établir toutes d'une fois par l'observation des distances zénitales et des azimuts provisoires à des instants déterminés en temps de la pendule.

En effet, dans le plan PZM du méridien (*fig.* 43), le pôle P

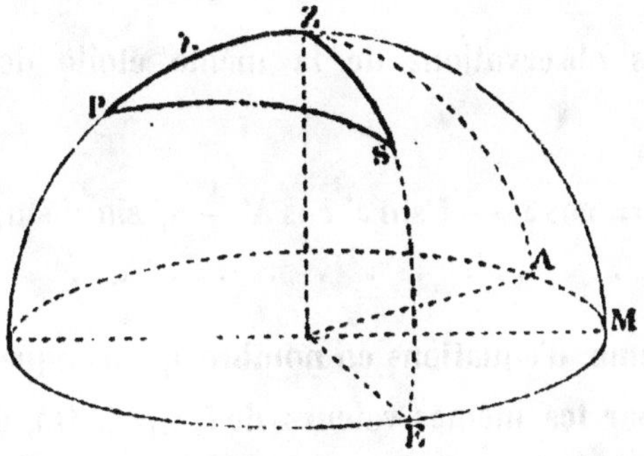

Fig. 43.

est déterminé par sa distance zénitale λ et par son azimut $A_0 = AM$ compté à partir de l'origine provisoire A des azimuts. Soient A et z les coordonnées d'une étoile S dont les valeurs sont :

$$z = ZS$$

$$A = AME.$$

On a, dans le triangle PZS :

$$\cos \mathfrak{P} = \cos z \cos \lambda - \sin z \sin \lambda \cos(A - A_0)$$

ou, en développant les deux membres et divisant par $\cos\lambda$:

$$\frac{\cos \varphi}{\cos\lambda} = \cos z - \sin z \operatorname{tg}\lambda \cos A \cos A_0 - \sin z \operatorname{tg}\lambda \sin A \sin A_0.$$

Posons :

$$\xi = \operatorname{tg}\lambda \cos A_0$$

$$\eta = \operatorname{tg}\lambda \sin A_0$$

$$\zeta = \frac{\cos \varphi}{\cos\lambda}$$

nous aurons :

$$\zeta = \cos z - \xi \sin z \cos A - \eta \sin z \sin A.$$

D'autres observations de la même étoile donneront de même :

$$\zeta = \cos z' - \xi \sin z' \cos A' - \eta' \sin z' \sin A'$$

. . . .

Ce système d'équations en nombre quelconque devra être satisfait par les mêmes valeurs de ξ, η, ζ. On déterminera donc les meilleures valeurs de ces inconnues par la méthode des moindres carrés, et la substitution de ces valeurs dans les équations devra donner des résidus qui seront de l'ordre des erreurs d'observation.

Une fois ξ, η, ζ connus, on en déduit :

$$\operatorname{tg} A_0 = \frac{\eta}{\xi}$$

$$\operatorname{tg}\lambda = \frac{\eta}{\sin A_0} = \frac{\xi}{\cos A_0}$$

$$\cos \varphi = \zeta \cos\lambda.$$

La relation des cotangentes donnera ensuite H et démontrera l'uniformité du mouvement.

Mais ce procédé est uniquement théorique. Il serait contraire à l'esprit des méthodes des sciences d'observation et de l'astronomie en particulier, de calculer ainsi d'un seul bloc la solution complète et la plus exacte possible du problème.

Au lieu de calculer définitivement $\mathfrak{L}$, λ, H et A_0 avec le plus de précision possible, on prendra seulement des valeurs approchées et provisoires de ces quantités et l'on calculera les corrections $\delta\mathfrak{L}$, $\delta\lambda$, δH, δA qu'il faut leur ajouter pour représenter le mieux possible les observations. Elles doivent vérifier les deux équations :

$$\cos(\mathfrak{L}+\delta\mathfrak{L}) = \cos z \cos(\lambda+\delta\lambda) - \sin z \sin(\lambda+\delta\lambda)\cos(A+\delta A)$$
$$\sin z \sin(A+\delta A) = \sin(\mathfrak{L}+\delta\mathfrak{L})\sin(H+\delta H)$$

ou, en traitant ces corrections, qui sont petites, comme des différentielles :

$$-\sin\mathfrak{L}.\delta\mathfrak{L} = -\cos z \sin\lambda.\delta\lambda - \sin z \cos\lambda \cos A.\delta\lambda$$
$$+\sin z \sin\lambda \sin A.\delta A$$

ou :

$$(1)\quad \sin\mathfrak{L}.\delta\mathfrak{L} = \sin\mathfrak{L}\cos H.\delta\lambda - \sin z \sin\lambda \sin A.\delta A$$

avec :

$$(2)\quad \sin z \cos A.\delta A = \cos\mathfrak{L}\sin H.\delta\mathfrak{L} + \sin\mathfrak{L}\cos H.\delta H$$

En observant un certain nombre de fois la même étoile, les azimuts étant comptés à partir du méridien du lieu provisoirement déterminé, on déduira de l'ensemble des équations telles que (1) et (2) les meilleures valeurs des quatre inconnues $\delta\mathfrak{L}$, $\delta\lambda$, δH, δA. Les valeurs des corrections en fonction de $\mathfrak{P}$, λ, H et A, calculées une fois pour toutes, seront ensuite ajoutées aux valeurs approchées de $\mathfrak{P}$, λ, H et A observées pour chaque étoile. Le calcul des corrections, au lieu des éléments eux-mêmes, permet de plus l'emploi de tables de logarithmes à quatre ou cinq décimales.

Cependant, ce procédé n'est pas encore celui que suit l'astronome. Au lieu de déterminer tout d'une fois, d'après les observations, les valeurs des corrections $\delta\mathfrak{P}$, $\delta\lambda$, δH et δA, il les détermine séparément, en ordonnant ses observations de telle sorte que chacune d'elles lui donne très exactement une des corrections inconnues, sans qu'il ait à tenir compte des corrections des autres éléments. Il lui faut donc connaître les conditions les plus avantageuses pour la détermination des corrections de chaque élément en particulier, conditions telles que la variation des autres éléments n'ait aucune influence sur l'élément qu'on cherche. Nous indiquerons plus loin comment on détermine ces conditions.

25. Remarques. — I. — En opérant ainsi, on trouve que la distance $\mathfrak{P}$ d'une étoile au pôle n'est pas rigoureusement constante, mais dépend de sa distance zénitale : $\mathfrak{P}$ diminue quand l'étoile se rapproche de l'horizon. Mais comme cette variation n'est pas la même pour une même étoile en tous les points de la terre, et qu'elle dépend de la pression barométrique et de la température, il est probable qu'elle tient à une cause étrangère au mouvement de la voûte céleste. Elle dépend, en effet, comme nous le verrons plus loin, de la réfraction atmosphérique.

II. — La démonstration de l'uniformité du mouvement diurne repose sur l'uniformité supposée de la marche de la pendule. Or, nous n'avons pas d'autre moyen d'assurer cette uniformité que de rendre constantes les conditions de température, de pression et d'humidité dans lesquelles se trouve la pendule; la pendule des caves de l'Observatoire de Paris est placée dans ces conditions. Mais l'élasticité des ressorts de suspension du balancier, l'état des huiles varient avec le temps. Une seule pendule ne peut donc subdiviser le temps d'une manière absolument constante. On obtiendrait une vérification précieuse en comparant les marches de plusieurs pendules, trois au moins, de construction différente. Cette proposition, émise depuis longtemps par Le Verrier et par Y. Villarceau, n'a pas encore été réalisée.

A plus forte raison, ne peut-on établir par l'observation directe la constance du jour sidéral; mais elle résulte

1° Des conditions mécaniques de la rotation de la Terre dont ce jour est la mesure, conditions qui restent constamment les mêmes. Toutefois une cause, déjà signalée par Kant en 1754, semble devoir modifier peu à peu ces conditions; c'est le frottement exercé par la mer à la surface de la terre pendant les marées, qui, agissant sur celle-ci comme un frein, doit retarder son mouvement, et, par suite, allonger le jour sidéral. Ce retard doit exister; mais aucun phénomène céleste n'a pu encore le révéler; à peine entrevoit-on son action dans l'étude du mouvement de la lune;

2° De ce fait que l'hypothèse de la constance du jour sidéral est le fondement sur lequel repose toute l'Astronomie d'observation, et que, jusqu'ici, il ne s'est produit aucun phénomène qui la contredise. Il faut donc admettre cette constance comme une hypothèse confirmée par tout l'ensemble des faits.

26. Réglage de l'horloge astronomique. — Le mouvement diurne sert alors à régler la pendule. Le jour sidéral est l'unité employée pour la mesure du temps et l'on règle la pendule de façon que son balancier batte 86400 secondes en un jour sidéral, c'est-à-dire entre deux culminations supérieures consécutives d'une étoile. Le commencement du jour sera défini provisoirement par le passage au méridien d'une belle étoile équatoriale, α de l'Aigle, par exemple : la pendule, le jour où on la règle, marque à ce moment $0^h0^m0^s$. L'heure qu'elle indique les jours suivants à l'instant du passage de α de l'Aigle donne la correction C_p de la pendule à ce moment, et permet de calculer sa marche diurne.

27. Variation des éléments du mouvement diurne aux différents points de la Terre. — Lorsqu'on passe d'un lieu à un autre, les conditions générales du mouvement diurne restent les mêmes ; mais la distance zénitale du pôle et la position du plan méridien dans l'espace varient.

On observe en effet que la colatitude λ diminue quand on se dirige vers le nord à la surface de la Terre ; elle serait nulle au pôle nord : elle augmente au contraire quand on s'approche de l'équateur terrestre, où elle est égale à 90°. Mais, en chaque lieu, la colatitude λ reste invariable. De plus, le pôle du ciel occupe toujours la même position par rapport aux étoiles, de sorte que la distance polaire de chacune d'elles reste invariable et devient une caractéristique de l'étoile.

Si l'on a déterminé le plan du méridien en deux stations, et qu'on y règle deux horloges par le passage au méridien de α de l'Aigle, on constate que les deux horloges marquent une différence d'heure constante ; c'est dire que les plans méridiens des deux stations forment entre eux un certain angle, que l'on appelle leur *différence de longitude*. La comparaison des deux horloges à l'aide de signaux télégraphiques instantanés permet d'établir leur différence d'heure, qui, convertie en degrés, donne la différence de longitude.

Un lieu est donc caractérisé par la distance zénitale du pôle du ciel en ce lieu, et par sa différence de longitude avec un lieu déterminé. Mais, en chaque lieu, le ciel paraît toujours tourner autour d'une droite qui passe par l'œil de l'observateur et le pôle céleste, et celui-ci occupe toujours la même position par rapport aux étoiles. On déduit de ces faits trois conséquences importantes :

1° L'axe autour duquel la sphère céleste tourne, ou paraît tourner, est exactement le même pour tous les observateurs. Cela prouve que le point de rencontre de cet axe avec la sphère céleste, ou le pôle du monde, est à une distance infiniment grande relativement à la distance des lieux d'observation ; par suite, les dimensions de la Terre, et même celles de son orbite, sont nulles comparativement aux distances qui la séparent des étoiles et du pôle du ciel.

2° Cette petitesse relative de la Terre et de son orbite rend infiniment probable l'hypothèse que le mouvement du ciel n'est qu'apparent et résulte de la rotation de la Terre en sens contraire. Cette rotation s'effectue autour d'un axe qui perce constamment la Terre aux mêmes points, puisque la colatitude reste constante en un lieu donné ; elle s'exécute de l'ouest à l'est, puisque le mouvement diurne se fait de l'est à l'ouest ; elle est uniforme, et sa durée constante est égale au jour sidéral [1].

[1] En réalité, elle en diffère légèrement, comme on le verra plus loin.

Cette hypothèse du mouvement de la Terre est aujourd'hui vérifiée par un grand nombre de preuves bien connues : les unes sont déduites de phénomènes terrestres, tels que la déviation vers l'est et le sud des corps tombant d'une grande hauteur dans le vide, la déviation du plan d'oscillation du pendule de L. Foucault et celle de l'axe de son gyroscope ; les autres résultent de phénomènes célestes tels que l'aberration diurne des étoiles.

3° L'observation du mouvement diurne permet de graduer la Terre, quelle que soit sa forme. Il suffit pour cela de tracer à sa surface les courbes d'égale colatitude et les courbes de même différence de longitude comptées à partir de la méridienne de Paris, par exemple. On tracera cette méridienne en réunissant par une ligne continue la série des points de la Terre où les horloges réglées sur le passage de α de l'Aigle au méridien du lieu, marquent, au même instant, la même heure que l'horloge de Paris. Cette comparaison des horloges se fera, comme il vient d'être indiqué, par des signaux télégraphiques. On pourra tracer de même le lieu des points où l'heure sidérale diffère de celle de Paris d'une heure, deux heures, etc., c'est-à-dire des lignes de 15°, 30°, etc., de longitude orientale ou occidentale.

Il est important de remarquer que ce mode de graduation de la Terre en longitude et latitude est absolument indépendant de sa forme, et pourra par conséquent, servir à la déterminer.

CHAPITRE IV

SYSTÈMES DE COORDONNÉES QUI SE DÉDUISENT DU MOUVEMENT DIURNE

Le système de coordonnées (azimut, distance zénitale) que nous avons défini (**14**) n'emprunte au mouvement diurne que le plan origine des azimuts: les coordonnées d'une étoile dans ce système varient à chaque instant et ne varient même pas proportionnellement au temps. Il convient pour fixer la position des étoiles, de définir des coordonnées indépendantes du temps et de la position de l'observateur.

28. Coordonnées horaires ou équatoriales. — L'axe indiqué est l'axe du monde et le plan fondamental le plan de l'équateur céleste. Si l'on choisit pour plan origine le plan du méridien, les coordonnées d'une étoile sont alors sa *distance au pôle* $\mathfrak{P}$, comptée à partir du pôle nord de 0° à 180° et l'*angle horaire* H compté à partir du plan méridien de 0° à 360° dans le sens du mouvement diurne. On remplace quelquefois la première coordonnée par son complément appelé *déclinai-*

son (ω) ; on a donc :

$$\omega = 90° - \mathfrak{D}$$

La déclinaison est comptée à partir de l'équateur de 0° à 90° et affectée du signe + ou du signe — suivant qu'elle est boréale ou australe.

Pour une étoile, la coordonnée $\mathfrak{D}$ est constante, mais H est encore variable ; il croît proportionnellement au temps puisque le mouvement diurne est uniforme.

Soient α l'heure de l'horloge sidérale à laquelle l'étoile a passé au méridien (culmination supérieure), θ l'heure actuelle ; la différence $\theta - \alpha$, augmentée au besoin de 24^h, mesure le nombre d'heures qui se sont écoulées depuis le passage de l'étoile au méridien ; l'angle horaire est proportionnel à ce temps, qui peut donc lui servir de mesure. Le mouvement de rotation de la sphère céleste s'effectuant à raison de 360° par 24^h ou 15° par heure, 15′ par minute de temps, 15″ par seconde de temps, il est facile de déduire la valeur de l'angle horaire en degrés de sa valeur en temps.

29. Conversion du temps en degrés. — Cette conversion du temps en degrés, se rencontre fréquemment en astronomie. On peut la faire en multipliant chaque espèce d'unité par 15 ; il est plus simple de multiplier d'abord par 60, ce qui change les secondes en minutes, les minutes en heures et les heures en unités appelées doubles signes [1], et de diviser ensuite par 4. Inversement, pour transformer les degrés en

[1] Le signe a pour valeur $\frac{1}{12}$ de la circonférence ou 30° ; le double signe vaut donc 60°.

temps, on divise par 15, ou mieux on multiplie par 4 ; puis on divise par 60 en commençant par les degrés, ce qui abaisse d'un rang chaque espèce d'unité.

Les astronomes n'effectuent pas ce calcul, mais se servent de tables de conversion donnant immédiatement les résultats (¹).

30. Équatorial. — L'instrument qui représente les coordonnées horaires est l'équatorial. Il se compose essentiellement d'un axe parallèle à l'axe du monde ou *axe polaire* portant à son extrémité un deuxième axe, *axe de déclinaison*, qui lui est perpendiculaire ; ce deuxième axe porte une lunette qui lui est perpendiculaire. Les rotations autour de ces deux axes sont mesurées sur deux cercles ; le premier, perpendiculaire à l'axe polaire, sert à mesurer les angles horaires ; il est divisé en heures, minutes et secondes de 0^h à 24^h ; il marque zéro quand la lunette se trouve dans le plan méridien du lieu et la graduation augmente quand la lunette se meut du sud vers l'ouest ; le second cercle, perpendiculaire à l'axe qui porte la lunette, sert à mesurer les distances polaires ; il est gradué de $0°$ à $180°$ dans les deux sens, le zéro correspondant à la position de la lunette quand elle vise le pôle.

Un tel instrument (machine parallactique des anciens astronomes) ne peut servir, comme on serait porté à le croire, à vérifier les lois du mouvement diurne. Il ne donne pas, en effet, une mesure très exacte des distances polaires ni des angles horaires. Il est d'abord impossible de diriger exactement l'axe polaire parallèlement à l'axe du monde ; fût-il même exactement dans cette direction à un moment donné,

(¹) Ces tables se trouvent dans la *Connaissance des Temps* et dans le *Nautical Almanac* il n'y resterait point par suite des flexions qu'il subit, étant inégalement chargé à ses extrémités. Il en est de même du deuxième axe, qui, de plus, n'est jamais rigoureusement perpendiculaire au premier. C'est, au contraire, en se fondant sur les lois du mouvement diurne, qu'on peut faire les corrections de l'instrument.

Mais on peut, avec l'équatorial, suivre une étoile dans le ciel par un simple mouvement de rotation de l'axe polaire; c'est là le principal avantage de cet appareil, et cette propriété, qui permet les observations prolongées, le rend fort utile pour les études de Physique Céleste. Un mouvement d'horlogerie, muni d'un régulateur de Foucault, est logé dans le pied de l'instrument; il communique à l'axe polaire un mouvement de rotation égal au mouvement diurne et l'étoile visée reste alors constamment dans le champ de la lunette.

Mais l'équatorial n'est pas un instrument propre à la détermination des positions absolues des étoiles.

31. Coordonnées uranographiques. — Les étoiles se mouvant tout d'une pièce avec la sphère céleste, elles auront des coordonnées absolument fixes par rapport à un système d'axes se déplaçant avec elle. Le système qui réalise ces conditions a encore pour axe l'axe polaire et pour plan fondamental le plan de l'équateur. Le plan origine est un cercle de déclinaison ou méridien céleste arbitraire; nous choisirons, par exemple, le méridien passant par α de l'Aigle. Les coordonnées de l'étoile sont alors sa *distance polaire* $\mathfrak{P}$ ou sa *déclinaison* $\mathfrak{D}$ et son *ascension droite* α, qui est l'angle du méridien de l'étoile avec le méridien origine, compté de 0° à 360° en sens contraire du mouvement diurne.

L'horloge sidérale marquant $0^h\ 0^m\ 0^s$ quand le méridien céleste origine coïncide avec le méridien du lieu, l'heure du passage d'une étoile à ce méridien est son ascension droite en temps. La détermination de l'ascension droite et de la déclinaison des étoiles fixera leur position dans le ciel d'une manière absolument indépendante du lieu de l'observation, et un Catalogue donnant ces coordonnées servira en tous les points de la terre.

32. Transformation des coordonnées. — On a fréquemment besoin de transformer les uns dans les autres les trois systèmes de coordonnées : azimut et distance zénitale, mesurés par le théodolite ; distance polaire et angle horaire mesurés par l'équatorial ; distance polaire et ascension droite données par les catalogues. Toutes ces transformations se ramènent à la résolution du triangle PZS (*fig.* 44) dit *triangle de position* ; ses sommets sont le pôle P, le zénit Z et l'étoile S ; ses côtés : la colatitude λ, la distance zénitale z, la distance polaire $\mathfrak{P}$; ses angles : l'angle horaire H, le supplément de l'azimut A et l'angle parallactique π.

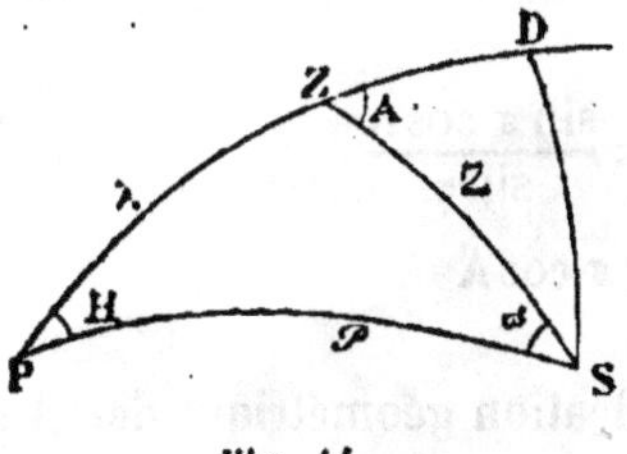

Fig. 44.

1° Étant donnés z et A, calculer $\mathfrak{P}$, H et α.

On a les trois formules :

$$\cos \mathfrak{P} = \cos z \cos \lambda - \sin z \sin \lambda \cos A$$
$$\sin \mathfrak{P} \cos H = \cos z \sin \lambda + \sin z \cos \lambda \cos A$$
$$\sin \mathfrak{P} \sin H = \sin z \sin A$$

On pose, comme nous l'avons déjà vu (6) :

$$\cos z = m \cos \varphi$$
$$\sin z \cos A = m \sin \varphi$$

et les formules deviennent :

$$\cos \mathfrak{P} = m \cos(\varphi + \lambda)$$
$$\sin \mathfrak{P} \cos H = m \sin(\varphi + \lambda)$$
$$\sin \mathfrak{P} \sin H = \sin z \sin A.$$

On en déduit :

$$\operatorname{tg} \mathfrak{P} = \frac{\operatorname{tg}(\varphi + \lambda)}{\cos H} = \frac{\sin z \sin A}{m \sin H \cos(\varphi + \lambda)}$$
$$\operatorname{tg} H = \frac{\sin z \sin A}{m \sin(\varphi + \lambda)}$$

avec :

$$m = \frac{\cos z}{\cos \varphi} = \frac{\sin z \cos A}{\sin \varphi}$$
$$\operatorname{tg} \varphi = \operatorname{tg} z \cos A$$

On connaît d'ailleurs la signification géométrique de φ et de m ; φ est la projection ZD de ZS sur PZ prolongé, et m est égal au cosinus de SD (6).

Le calcul ne présente aucune ambiguïté, car tous les éléments m, φ, $\mathfrak{P}$ et H sont donnés par leurs sinus et cosinus. D'ailleurs H a le même signe que A, puisqu'il est compté du même côté du méridien. Si l'on désigne par θ l'heure marquée par l'horloge sidérale au moment de l'observation, on a :

$$H = \theta - \alpha$$

d'où :

$$\alpha = \theta - H$$

formule qui permet de déduire α de H.

Ce problème sert, en astronomie, à trouver l'heure en un lieu de colatitude λ, le méridien étant connu. Il permet en effet de calculer H après avoir déterminé z et A au théodolite et avec un chronomètre non réglé sur l'heure du lieu; si l'ascension droite α de l'étoile est connue par les Catalogues, l'équation

$$\alpha = \theta - H$$

donne l'heure sidérale θ, au moyen de laquelle on peut régler le chronomètre.

2° Étant donnés α et $\mathfrak{P}$, lus dans un Catalogue, trouver les coordonnées équatoriales et azimutales en un lieu de colatitude λ à une heure sidérale donnée.

θ étant l'heure sidérale, on calcule d'abord H par la formule

$$H = \theta - \alpha$$

$\mathfrak{P}$ et H étant connus, on considère les trois équations :

$$\begin{aligned} \cos z &= \cos\lambda \cos\mathfrak{P} + \sin\lambda \sin\mathfrak{P} \cos H \\ -\sin z \cos A &= \cos\mathfrak{P} \sin\lambda - \sin\mathfrak{P} \cos\lambda \cos H \\ \sin z \sin A &= \sin\mathfrak{P} \sin H. \end{aligned}$$

On pose :

$$\begin{aligned} \cos\mathfrak{P} &= m \cos\varphi \\ \sin\mathfrak{P} \cos H &= m \sin\varphi. \end{aligned}$$

On a alors :

$$\begin{aligned} \cos z &= m \cos(\lambda - \varphi) \\ -\sin z \cos A &= m \sin(\lambda - \varphi) \\ \sin z \sin A &= \sin\mathfrak{P} \sin H \end{aligned}$$

d'où :

$$\operatorname{tg} z = -\frac{\operatorname{tg}(\lambda - \varphi)}{\cos A} = \frac{\sin \mathfrak{P} \sin H}{m \sin A \cos(\lambda - \varphi)}$$

$$\operatorname{tg} A = -\frac{\sin \mathfrak{P} \sin H}{m \sin(\lambda - \varphi)}$$

avec :

$$\operatorname{tg} \varphi = \operatorname{tg} \mathfrak{P} \cos H$$

$$m = \frac{\cos \mathfrak{P}}{\cos \varphi} = \frac{\sin \mathfrak{P} \cos H}{\sin \varphi}.$$

La signification géométrique de φ et m est simple ; puisqu'on a :

$$\operatorname{tg} \varphi = \operatorname{tg} \mathfrak{P} \cos H$$

φ est la projection PD de $\mathfrak{P}$ sur PZ. De plus, dans le triangle PDS, on a :

$$\cos \mathfrak{P} = \cos SD \cos \varphi$$

m est donc le cosinus de SD.

Le problème ne présente pas d'ambiguité.

Cette conversion de α et $\mathfrak{P}$ en z et A servira :

1° A préparer en un lieu donné, l'observation au théodolite d'un astre dont les Catalogues donnent l'ascension droite et la distance polaire ;

2° A calculer z pour un astre observé à l'équatorial dans un plan horaire connu. On en déduira la réfraction comme il sera dit plus loin. Il faut calculer z sans avoir recours à A. La formule

$$\cos z = m \cos(\lambda - \varphi)$$

servira à cette détermination.

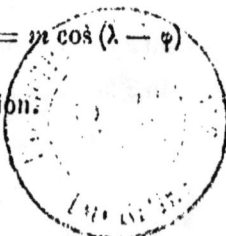

33. Application. — Un voyageur, muni d'un théodolite ou d'un sextant, veut déterminer l'heure et la latitude de sa station. Ce problème revient au suivant : Étant donnés α et $\mathfrak{P}$ pour un astre connu, on observe la distance zénitale et l'azimut de cet astre à des heures données par un chronomètre ; en déduire le méridien, la latitude du lieu et l'heure locale (sidérale) de chaque observation. Si le chronomètre donne l'heure du premier méridien (Paris), on conclut de là la longitude du lieu.

Première solution. — Méthode des hauteurs correspondantes. — On observe une étoile avant son passage au méridien et près de ce méridien. On lit l'azimut A compté à partir du zéro de l'instrument et l'heure h du chronomètre. On fait de même de l'autre côté du méridien quand la distance zénitale est redevenue la même. Soient A′ et h' les nouvelles lectures, $\frac{A+A'}{2}$ sera, sur le limbe, la direction du méridien, $\frac{h+h'}{2}$ l'heure du passage au méridien. Comme α serait l'heure du passage si le chronomètre marquait l'heure sidérale du lieu, $\alpha - \frac{h+h'}{2}$ sera la correction du chronomètre.

On détermine ensuite la distance zénitale z d'une étoile au moment de son passage au méridien. $\mathfrak{P} - z$ sera alors la colatitude du lieu, z étant affecté du signe + ou — suivant que l'étoile passera au nord ou au sud du zénit.

Deuxième solution. — On observe à une heure donnée du chronomètre la distance zénitale d'une étoile connue. Les trois équations relatives au triangle PZS (*fig.* 45) permettraient d'éliminer A et de calculer λ et H. Mais il vaut mieux calculer séparément chacune de ces deux inconnues en supposant l'autre approximativement connue, à la condition de faire l'observation de telle façon que l'erreur commise n'ait que l'influence la plus petite possible sur la valeur cherchée. Déterminons ces conditions. A cet effet différentions l'équation :

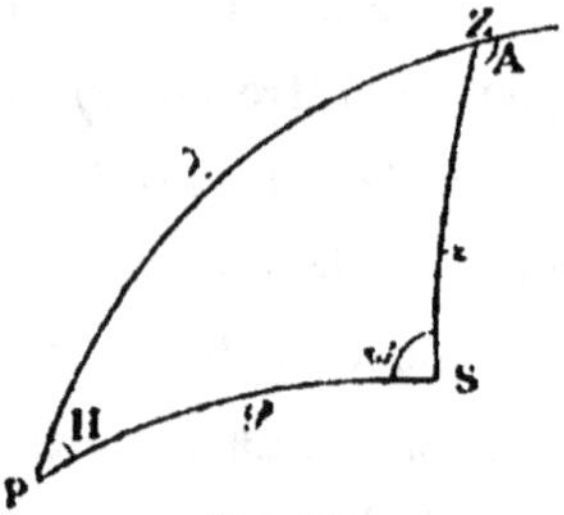

Fig. 45.

$$\cos z = \cos \varphi \cos \lambda + \sin \lambda \sin \varphi \cos H$$

il vient :

$$-\sin z.\delta z = -(\sin\lambda \cos\varphi \mp \cos\lambda \sin\varphi \cos H)\delta\lambda - \sin\lambda \sin\varphi \sin H.\delta H$$

$$-\sin z.\delta z = \sin z \cos A.\delta\lambda - \sin z \sin A \sin \lambda.\delta H$$

De cette dernière égalité on déduit :

1° $$\delta H = \frac{\delta z}{\sin\lambda \sin A} + \frac{\delta\lambda}{\sin\lambda \operatorname{tg} A}$$

L'influence sur H d'une erreur δλ sera nulle si A = 90° ou 270°. On doit donc observer l'étoile dans le premier vertical. L'influence de δz sera minima pour la même valeur de A.

2° $$\delta\lambda = \sin\lambda \operatorname{tg} A.\delta H + \frac{\delta z}{\cos A}$$

L'influence de δH sur δλ sera nulle si tg A = 0 ou A = 0°. On doit donc observer l'étoile dans le méridien du lieu ou très près de ce méridien.

En observant dans ces conditions, on aura :

$$\cos H = \frac{\cos z - \cos\lambda \cos\varphi}{\sin\lambda \sin\varphi}$$

Ou bien encore, en posant :

$$2p = \lambda + \mathfrak{L} + z$$

$$\operatorname{tg} \frac{H}{2} = \pm \sqrt{\frac{\sin(p - \lambda) \sin(p - \mathfrak{L})}{\sin p \sin(p - z)}}$$

De même, en posant :

$$\cos \mathfrak{L} = m \sin \varphi$$

$$\sin \mathfrak{L} \cos H = m \sin H$$

on obtient :

$$\cos z = m (\cos \lambda \sin \varphi + \sin \lambda \cos \varphi) = m \sin (\varphi + \lambda)$$

ou bien encore

$$\sin (\varphi + \lambda) = \frac{\cos z}{m}$$

On pourra donc calculer $\varphi + \lambda$ au moyen de cette formule et par suite λ.

Mais l'observation étant faite très près du méridien, H est très petit. S'il était nul, on aurait :

$$z_m = \mathfrak{L} - \lambda$$

z_m désignant la distance zénitale de l'étoile lors du passage au méridien.

Posons :

$$z = z_m + \varepsilon$$

La correction ε sera très petite. On aura donc :

$$\cos z = \cos z_m - \varepsilon \sin z_m = \cos \lambda \cos \mathfrak{L} + \sin \lambda \sin \mathfrak{L} \cos H$$

ou bien encore :

$$\cos z = \cos(\mathcal{L} - \lambda) - 2 \sin \lambda \sin \mathcal{L} \sin^2 \frac{H}{2}$$

$$\cos z = \cos z_m - 2 \sin \lambda \sin \mathcal{L} \sin^2 \frac{H}{2}$$

Donc :

$$\varepsilon \sin z_m = 2 \sin \lambda \sin \mathcal{L} \sin^2 \frac{H}{2}$$

$$\varepsilon = \frac{2 \sin \lambda \sin \mathcal{L}}{\sin z} \sin^2 \frac{H}{2}$$

La valeur de ε, exprimée en secondes, sera par suite :

$$\varepsilon = 206265'' \cdot \frac{2 \sin \lambda \sin \mathcal{L}}{\sin z} \sin^2 \frac{H}{2}$$

ε est la réduction au méridien. On la calcule avec trois ou quatre décimales au moyen des valeurs approchées de λ et de H, et, en la retranchant du z observé, on aura z_m qui donnera λ par la formule

$$z_m = \mathcal{L} - \lambda$$

On pourra ensuite si l'on veut, calculer de nouveau H avec cette valeur de λ, puis λ avec la nouvelle valeur de H, mais ce sera toujours inutile.

34. Mesure d'une distance zénitale. — Jusqu'à présent nous ne savons pas faire la mesure d'une distance zénitale. Nous avons vu que la méthode du retournement (**20**) supposait le point visé immobile. Mais une étoile se déplace et sa distance zénitale change. Les deux positions répondent donc à des hauteurs différentes. Le calcul va nous conduire au résultat.

Désignons par ζ et ζ' les deux lectures faites aux époques t et t', Z le point zénital du cercle, $z = \zeta - Z$ et $z' = Z - \zeta'$ les distances zénitales correspondantes, z_m la distance zénitale à l'époque moyenne $\frac{t + t'}{2} = t_m$. On aura :

$$z = \zeta - Z = z_m + \frac{dz}{dt}(t - t_m) + \frac{1}{2}\frac{d^2z}{dt^2}(t - t_m)^2$$

$$(1) \quad z_m = \zeta - Z - \frac{dz}{dt}(t - t_m) - \frac{1}{2}\frac{d^2z}{dt^2}(t - t_m)^2$$

De même pour la lecture faite après retournement :

$$(2) \quad z_m = Z - \zeta' - \frac{dz}{dt}(t' - t_m) - \frac{1}{2}\frac{d^2z}{dt^2}(t' - t_m)^2$$

Or :

$$t' - t_m = t_m - t = -(t - t_m).$$

Donc en ajoutant membre à membre les égalités (1) et (2), il vient :

$$z_m = \frac{1}{2}(\zeta - \zeta') - \frac{1}{8}\frac{d^2z}{dt^2}(t' - t)^2$$

La valeur de z_m en secondes sera par suite :

$$z_m = \frac{1}{2}(\zeta - \zeta') - \frac{1}{8}\frac{d^2z}{dt^2}(t' - t)^2 \frac{1}{\sin 1''}$$

Si donc on connaissait $\frac{d^2z}{dt^2}$, on pourrait calculer z_m.

Pour déterminer ce coefficient, considérons le triangle PZS (*fig.* 40); il donne :

$$\cos z = \cos \lambda \cos \mathfrak{P} + \sin \lambda \sin \mathfrak{P} \cos H.$$

En différentiant cette égalité par rapport au temps t, et remarquant que $d\text{H} = dt$, il vient :

$$\frac{dz}{dt} = \sin\lambda \sin \text{A} = \sin \mathcal{P} \sin \pi.$$

Par suite :

$$\frac{d^2 z}{dt^2} = \sin\lambda \cos \text{A} \frac{d\text{A}}{dt}.$$

Mais de la formule :

$$\sin z \sin \text{A} = \sin \mathcal{P} \sin \text{H}$$

on déduit :

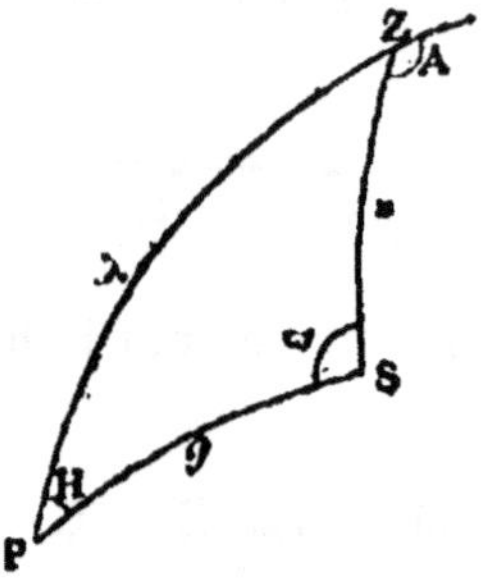

Fig. 46.

$$\cos \text{A} \frac{d\text{A}}{dt} = \frac{\sin \mathcal{P}}{\sin z} \cos \pi \cos \text{A}$$

Donc :

$$\frac{d^2 z}{dt^2} = \frac{\sin\lambda \sin \mathcal{P} \cos \pi \cos \text{A}}{\sin z}$$

En portant cette valeur de $\frac{d^2 z}{dt^2}$ dans l'expression de z_m, on conclut :

$$z_m = \frac{1}{2}(\zeta - \zeta') - \frac{1}{8} \frac{\sin\lambda \sin \mathcal{P} \cos \pi \cos \text{A}}{\sin z} (t - t')^2$$

On calcule A et π par les analogies des sinus, en prenant pour z la valeur moyenne $\frac{z + z'}{2}$ des deux distances zénitales.

$$\sin \text{A} = \frac{\sin t}{\sin z} \sin \mathcal{P} \qquad \sin \pi = \frac{\sin t}{\sin z} \sin \lambda$$

Mais $\left(\frac{t'-t}{2}\right)^2$ est une quantité très petite ; on peut donc la remplacer par son sinus (¹) et l'on obtient finalement pour valeur de z_m exprimée en secondes :

$$z_m = \frac{1}{2}(\zeta - \zeta') - \frac{1}{2}\frac{\sin\lambda \sin\mathfrak{D} \cos\pi \cos A}{\sin z} \cdot \frac{\sin^2\frac{1}{2}(t'-t)}{\sin 1''}$$

La distance zénitale z_m ainsi calculée est celle qui répond à l'époque moyenne $\frac{t+t'}{2}$.

Si l'on a observé plusieurs distances zénitales par retournements successifs, on calcule de la même manière la distance z_m correspondant à la moyenne t_m des temps t. Car on a :

$$t - t_m + t' - t_m + t'' - t_m + \ldots.. = 0.$$

Donc la somme des termes en $t - t_m$ dans le système des équations primitives disparaît encore et la somme des termes en $(t - t_m)^2$ devient :

$$\frac{1}{2}\frac{d^2 z}{dt^2}\frac{(t-t_m)^2 + (t'-t_m)^2 + \ldots}{n} = \frac{d^2 z}{dt^2}\sum\frac{2\sin^2\frac{1}{2}(t-t_m)}{n}$$

Mais ce procédé de calcul en bloc ne met pas en évidence les discordances qui peuvent se présenter dans les observations. Les observations étant équidistantes en temps, on les

(¹) Le but de ce remplacement est d'avoir ici le même facteur $\frac{\sin^2\frac{1}{2}(t'-t)}{\sin 1''}$ qui s'est présenté dans la formule de réduction au méridien (33) sous la forme $\frac{\sin^2\frac{1}{2}H}{\sin 1''}$ et pour lequel on a calculé des tables.

calcule par couple, en ramenant les distances zénitales de chaque couple à la moyenne de tous les temps, qui coïncide avec la moyenne des temps de chaque couple. Le même facteur $\dfrac{\sin \lambda \sin \mathrm{P} \cos \pi \cos \mathrm{A}}{\sin z}$ sert pour tous les calculs.

35. Observations à la mer. — Pour déterminer la longitude et la latitude en mer :

1° On observe une étoile connue au moment de sa culmination, ce qui donne immédiatement une valeur approchée de l'heure et de la latitude ;

2° On fait une observation de hauteur dans le premier vertical, ce qui donne l'heure exacte ;

3° Des observations circumméridiennes donnent la latitude exacte.

36. Problèmes. — 1° Calculer l'azimut et la distance zénitale d'un astre à une heure donnée. Ce problème que nous avons traité (**32**) revient à la conversion de α et $\mathcal{P}$ en A et z ;

2° Calculer l'heure à laquelle un astre a un azimut ou une distance zénitale donnés. Ce problème revient au suivant : Trouver l'heure en un lieu de latitude donnée, par l'observation de l'azimut ou de la distance zénitale d'un astre connu.

Nous avons traité (**33**) la question pour la distance zénitale ; nous allons la résoudre pour l'azimut. A cet effet, divisons membre à membre les deux équations :

$$- \sin z \cos \mathrm{A} = \cos \mathcal{P} \sin \lambda - \sin \mathcal{P} \cos \lambda \cos \mathrm{H}$$
$$\sin z \sin \mathrm{A} = \sin \mathcal{P} \sin \mathrm{H}$$

On obtient :

$$\cot A = -\cot \varphi \frac{\sin \lambda}{\sin H} + \cos\lambda \frac{\cos H}{\sin H}$$

Ou bien encore :

$$\cot A \sin H = \cos \lambda \cos H - \cot \varphi \sin \lambda$$

Cette formule peut être rendue calculable par logarithmes en posant :

$$\cot A = a \cos x$$

$$\cos \lambda = a \sin x$$

Il vient alors :

$$a \sin (x - H) = \cot \varphi \sin \lambda$$

D'où l'on déduit :

$$\sin(x-H) = \frac{\cot\varphi \sin\lambda}{a} = \cot \varphi \sin \lambda \cos x \operatorname{tg} A = \cot\varphi \operatorname{tg}\lambda \sin x$$

On peut encore traiter le problème en employant les analogies de Neper. On obtient alors en désignant par A_1 l'angle en Z du triangle PZS (*fig.* 46) :

$$\operatorname{tg}\frac{1}{2}(A_1 + \pi) = \frac{\cos\dfrac{\lambda - \varphi}{2}}{\cos\dfrac{\lambda + \varphi}{2}} \cot\frac{H}{2}$$

$$\operatorname{tg}\frac{1}{2}(A_1 - \pi) = \frac{\sin\dfrac{\lambda - \varphi}{2}}{\sin\dfrac{\lambda + \varphi}{2}} \cot\frac{H}{2}$$

Dans ces formules π désigne l'angle parallactique. On obtient sa valeur en fonction des données par l'équation :

$$\sin \pi = \sin\lambda \frac{\sin A_1}{\sin \varphi}$$

CHAPITRE V

INSTRUMENTS MÉRIDIENS

37. Il est possible de mesurer les ascensions droites et les distances polaires avec le théodolite ou avec des quarts de cercle comme le faisaient les anciens astronomes. Mais la détermination des coordonnées par ce procédé indirect est compliquée et toujours imparfaite. On y arrive plus vite et plus exactement à l'aide d'instruments spéciaux appelés *instruments méridiens*. Ils servent à observer l'heure du passage des étoiles au méridien sur une horloge réglée au temps sidéral, d'où l'on déduit, comme nous l'avons vu (**32**), l'ascension droite; ils servent aussi à déterminer la distance zénitale au moment du passage au méridien, d'où l'on déduit la distance polaire par la formule :

$$\mathfrak{P} = \lambda \pm z$$

Si l'instrument sert uniquement à la première de ces observations, on l'appelle *lunette méridienne* ou *lunette des passages;* le *cercle mural* est spécialement employé pour la seconde détermination; enfin, les appareils qui servent à la fois à la mesure des deux coordonnées sont désignés sous le nom de *cercles méridiens.*

38. Lunette méridienne. — La lunette est formée de deux tubes de métal tronc-coniques (*fig.* 47), boulonnés par leurs bases contre les deux faces opposées d'un cube. L'un de ces cônes porte l'objectif, l'autre le micromètre et l'oculaire. A deux autres faces opposées du cube sont fixés de même deux troncs de cône, dans les extrémités desquels on a encastré à chaud deux cylindres d'acier qui forment les tourillons sur lesquels tourne l'instrument.

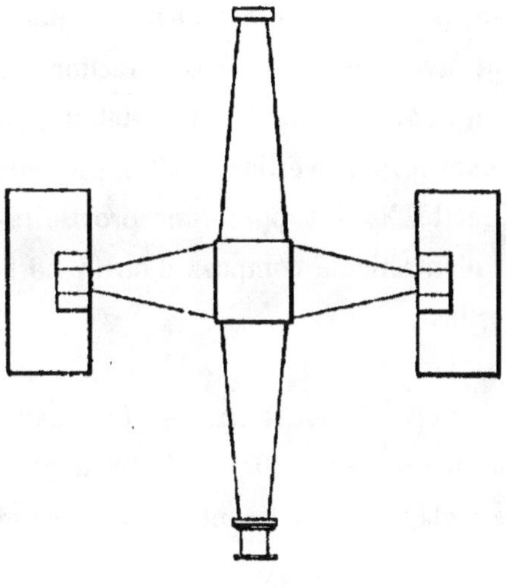

Fig. 47.

Ces tourillons reposent sur des coussinets en bronze, entaillés en forme de V, et qui sont portés par des piliers très solides, en maçonnerie dans les instruments des observatoires, en métal dans les instruments transportables. La condition essentielle dans la construction de la lunette des passages est la symétrie complète de ses parties par rapport à l'axe optique et par rapport à l'axe de rotation. Si cette condition est remplie, l'instrument reste toujours semblable à lui-même malgré les variations de température, pourvu que celles-ci en affectent simultanément toutes les parties, et le réglage une fois effectué se conserve; on dit que l'instrument est *stable*. Mais on voit en même temps combien il importe que l'uniformité de température subsiste dans tout l'appareil. Ce doit être une des préoccupations constantes de l'observateur d'éviter toute influence qui pourrait la troubler.

On dispose l'instrument de façon que la lunette décrive à peu près le plan méridien; pour cela, on installe sur les piliers un théodolite, et, après avoir déterminé la direction du méridien par les hauteurs correspondantes, on établit une mire méridienne. C'est dans le plan vertical défini par cette mire que l'on place la lunette. Nous supposerons provisoirement son oculaire muni d'un réticule composé d'un fil horizontal et d'un seul fil vertical.

39. Réglage de la lunette méridienne. — La lunette doit être placée de façon que son axe optique décrive le plan méridien du lieu. Trois réglages permettront d'assurer cette condition:

1° L'axe optique doit décrire un plan. Cela aura lieu si le point de croisée des fils du réticule, qui avec le second point nodal de l'objectif détermine cet axe, décrit un plan. Pour voir s'il en est ainsi, on vise avec la lunette la mire méridienne, et l'on emploie la méthode de retournement indiquée pour le théodolite (**16**). Ce réglage étant effectué, on dit que la lunette n'a plus d'*erreur de collimation*.

2° Il faut de plus que le plan décrit par la lunette soit vertical, c'est-à-dire que l'axe des tourillons soit horizontal. On le règle comme celui du théodolite (**16**); des vis sont placées à cet effet dans les coussinets et permettent, par une disposition spéciale, de les faire mouvoir légèrement tout en conservant à l'appareil sa stabilité.

3° Ce plan vertical doit passer par le pôle du ciel. La lunette n'est encore qu'approximativement située dans le plan méridien; l'observation d'une étoile circompolaire fournira un moyen de l'y placer rigoureusement. Soit, en effet, ZPH (*fig.* 48) le méridien, et SCI le parallèle décrit autour du pôle P par une circompolaire. Si la lunette est dans le plan méridien, les observations des deux passages de l'étoile en S et en I seront séparées par des intervalles de temps égaux; si, au

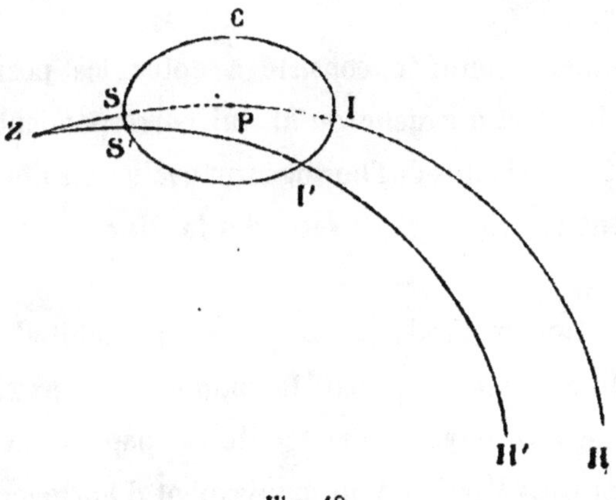

Fig. 48.

contraire, elle est dans un plan vertical voisin ZH', les intervalles des passages en S' et I' ne seront pas les mêmes; le sens de leur différence indiquera de quel côté la lunette doit être déplacée, et on la déplacera ainsi jusqu'à ce que les intervalles considérés deviennent égaux; il suffit d'ailleurs, pour mesurer ces intervalles, d'employer une horloge bien réglée, c'est-à-dire de marche uniforme, sans s'inquiéter de l'heure qu'elle marque. La lunette étant ainsi rectifiée, on rectifie aussi la mire qui définit alors exactement le plan méridien.

On place enfin le fil vertical tout entier dans le plan méridien en faisant mouvoir de bas en haut la lunette dirigée vers la mire dont l'image doit rester sur le fil.

40. Mode d'observation à la lunette méridienne. — La lunette une fois réglée, l'observation consiste à noter exactement l'instant du passage de l'étoile au fil vertical du réticule. A côté de la lunette est placée une horloge astronomique qui bat la seconde, et l'on détermine l'instant du passage soit par l'*œil et l'oreille*, soit par *enregistrement chronographique*.

La première méthode consiste à noter les positions de l'étoile à droite et à gauche du fil qui correspondent à deux battements consécutifs de l'horloge; on évalue ensuite approximativement en dixièmes de secondes la distance au fil de ces positions.

La deuxième méthode qui exige moins d'habitude, permet d'enregistrer automatiquement le moment du passage. Un gros cylindre, recouvert d'une feuille de papier, tourne uniformément sous l'action d'un mouvement d'horlogerie. Deux

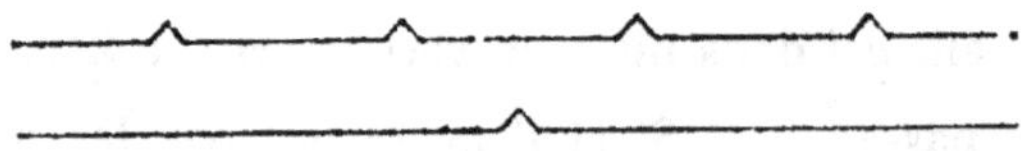

Fig. 49.

plumes, qui appuient sur sa surface, sont portées par des électro-aimants; le premier communique avec l'horloge, et chaque battement, faisant passer le courant, déplace la plume, qui trace alors une dent au lieu d'un trait continu (*fig.* 49); le deuxième communique avec une pile locale par l'intermédiaire d'une clé de Morse ; l'observateur appuie sur cette clé au moment où l'étoile passe sous le fil, et la deuxième plume marque à son tour une dent sur le papier ; on évalue aussi exactement que possible la distance de cette dent aux deux dents de l'autre tracé qui la comprennent.

Cette deuxième méthode ne donne pas des résultats meilleurs que la précédente ; les erreurs sont de même ordre dans les deux cas. De plus, l'*équation personnelle*, ou l'erreur d'estime du temps propre à chaque observateur, au lieu d'être régulière et parfaitement stable comme elle l'est pour un astronome bien exercé qui emploie la méthode de l'œil et l'oreille, est ici bien plus variable et soumise plus directement aux conditions physiologiques dans lesquelles se trouve l'observateur ; le mouvement de sa main appuyant sur la clé est, en effet, plus ou moins rapide suivant son état nerveux.

Pour corriger ces erreurs personnelles, il est nécessaire que les observations soient faites simultanément au même instrument par deux personnes. La lunette est munie, à cet effet, de deux oculaires sur lesquels un prisme envoie les rayons lumineux.

Emploi d'un réticule muni de plusieurs fils verticaux. — Toutefois les erreurs accidentelles atteignent encore à elles seules une valeur de $0^s,1$ et plus. On obtient une plus grande précision par l'observation des passages à plusieurs fils verticaux parallèles (*fig.* 50) : on déduit du passage de l'étoile à chacun de ces fils l'instant du passage au fil du milieu qui détermine le plan méridien. On

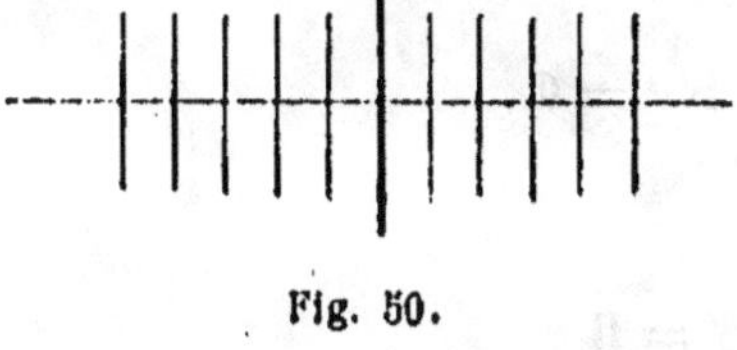

Fig. 50.

observe ainsi les passages d'une même étoile dans des plans déterminés par chaque fil et par le second point nodal de l'objectif; chacun de ces plans coupe la sphère céleste suivant un grand cercle dont l'intersection avec le méridien est une droite OA (*fig.* 51) perpendiculaire à l'axe optique de la lunette OS. Soit AS' un de ces cercles; il faut, du temps du passage en S' déduire le temps du passage en S; cette opération s'appelle la réduction au méridien de l'observation en S'.

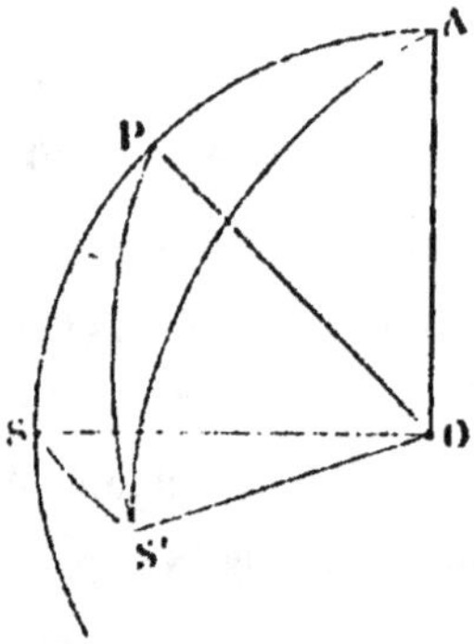

Fig. 51.

Pour une étoile équatoriale, OA se confond avec l'axe du monde OP, SPS est l'angle horaire de l'étoile, mesuré par l'arc d'équateur SS'. Soit f le nombre de secondes de temps employé par l'étoile pour passer de S' en S; l'angle horaire φ a alors pour valeur en secondes d'arc :

$$\varphi = 15f$$

f s'appelle la distance du fil au méridien : on la compte positivement à l'est.

Pour une étoile dont la distance polaire est

$$SP = S'P = \mathfrak{P}$$

l'angle horaire est

$$SPS' = H$$

L'arc de grand cercle SS' est égal à φ, et l'angle ASS' est droit; on a donc dans le triangle SPS':

$$\frac{\sin H}{\sin \varphi} = \frac{1}{\cos \mathcal{D}}$$

car la déclinaison $\mathcal{D}$ est le complément de $\mathcal{P}$. On en déduit:

$$\sin H = \sin \varphi \,\text{séc}\, \mathcal{D}$$

Ce qu'on peut écrire, l'angle φ étant petit (¹):

$$H - \frac{H^3}{6} = \left(\varphi - \frac{\varphi^3}{6}\right) \text{séc}\, \mathcal{D}$$

ou

$$H = \varphi \,\text{séc}\, \mathcal{D} - \frac{1}{6} (\varphi^3 \,\text{séc}\, \mathcal{D} - H^3)$$

ou, en remplaçant H^3, qui est petit, par la valeur approchée $\varphi^3 \,\text{séc}^3 \mathcal{D}$

$$H = \varphi \,\text{séc}\, \mathcal{D} - \frac{1}{6} \varphi^3 (\text{séc}\, \mathcal{D} - \text{séc}^3 \mathcal{D})$$

ou

$$H = \varphi \,\text{séc}\, \mathcal{D} + \frac{1}{6} \varphi^3 \,\text{séc}^3 \mathcal{D} \sin^2 \mathcal{D}$$

Ce qui donne pour valeur de H en secondes d'arc :

$$\sin 1''. H = \varphi \sin 1'' \,\text{séc}\, \mathcal{D} + \frac{1}{6} \varphi^3 \sin^3 1'' \,\text{séc}^3 \mathcal{D} \sin^2 \mathcal{D}$$

ou

$$H = \varphi \,\text{séc}\, \mathcal{D} + \frac{1}{6} \varphi^3 \sin^2 1'' \,\text{séc}^3 \mathcal{D} \sin^2 \mathcal{D}$$

(¹) Sa valeur peut varier de 10' à 1^m et plus; les termes cubes doivent donc être conservés.

La valeur θ de H en secondes de temps est, par suite :

$$\theta = f\,\text{séc}\,D + \frac{225}{6} f^3 \sin^2 1'' \,\text{séc}^3 D \sin^2 D$$

Pour une étoile assez distante du pôle, la réduction au méridien se borne au 1er terme :

$$\theta = f\,\text{séc}\,D = R$$

Si, au contraire l'étoile est circompolaire, il faut employer la formule complète :

$$\theta = R + \frac{225}{6} R^3 \sin^2 1'' \sin^2 D$$

On emploie donc un réticule à plusieurs fils dont on a déterminé la distance f au méridien par des passages d'étoiles équatoriales. S'il s'agit d'une étoile assez distante du pôle, et si les fils sont placés symétriquement de part et d'autre du fil méridien, on fait directement les moyennes des passages à deux fils symétriques. La moyenne générale donne le temps du passage au fil méridien (1). Pour une circompolaire, la réduction doit se faire fil à fil.

(1) Voici le résultat de l'observation de l'étoile 83 Lion faite le 3 avril 1866 à l'Observatoire de Paris avec une lunette munie de dix fils symétriques sans fil méridien.

	Heure du passage à chaque fil	Réduction	Heure du passage au méridien
	h m s	s	h m s
1er fil	11 18 45,1	+ 70,08	11 19 55,18
2e fil	19 1,1	+ 54,05	55,15
3e fil	16,1	+ 39,01	55,11
4e fil	30,0	+ 25,04	55,04
5e fil	43,1	+ 12,04	55,14
6e fil	20 7,1	— 12,03	55,07
7e fil	20,1	— 25,02	55,08
8e fil	33,9	— 39,03	54,87
9e fil	49,05	— 57,07	54,98
10e fil	21 4,95	— 76,06	54,89

Cas d'un astre ayant un diamètre sensible. — Pour l'observation d'un astre ayant un diamètre sensible, on détermine les passages au méridien de ses deux bords; la moyenne donne le passage du centre de l'astre indépendamment de son mouvement propre.

La valeur de la réduction au méridien du passage à un fil est un peu différente par suite du mouvement propre de l'astre; soit $\delta\alpha$ la quantité dont augmente son ascension droite en une heure; la réduction à un fil dont la distance au méridien est f, sera :

$$f \operatorname{séc} \omega \left(1 + \frac{\delta\alpha}{3600}\right)$$

La quantité $\delta\alpha$ est donnée par les Tables. Si l'on ne peut observer qu'un bord, le temps t du passage du centre se déduit de même du temps t' observé pour le bord par la formule :

$$t = t' \pm \frac{1}{15} \frac{D}{2} \operatorname{séc} \omega \left(1 + \frac{\delta\alpha}{3600}\right)$$

La moyenne des heures trouvées est :

$11^h\ 19^m\ 55^s,057$

En calculant directement les moyennes de deux fils symétriques, on aurait eu :

	h	m	s
1er et 10e fil	11	18	230,07
2e et 9e fil			230,13
3e et 8e fil			230,08
4e et 7e fil			230,12
5e et 6e fil			230,21

La moyenne est encore :

$11^h\ 19^m\ 55^s\ 051$

On voit par cet exemple, que l'erreur de chaque observation ne dépasse jamais $0^s,1$

D désignant le diamètre apparent de l'astre en secondes d'arc donné par les Tables.

L'intervalle de temps écoulé entre les passages des deux bords à un même fil donne la mesure du diamètre angulaire de l'astre. Soit t le temps du passage du 1er bord, t' celui du second bord ; la durée $t' - t$ du passage de l'astre sera

$$t' - t = \frac{D}{15} \sec \omega \left(1 + \frac{\delta\alpha}{3600}\right)$$

D'où :

$$D = 15\,(t' - t) \cos \omega \frac{1}{1 + \frac{\delta\alpha}{3600}},$$

ou

$$D = 15\,(t' - t) \cos \omega \left(1 - \frac{\delta\alpha}{3600}\right).$$

41. Corrections des observations à la lunette méridienne. — Si le réglage de la lunette était parfait et pouvait se conserver tel, la différence des heures des passages observés donnerait la différence des ascensions droites provisoires, en prenant comme origine le plan méridien céleste passant par α de l'Aigle.

Mais les variations de la température influent sur la marche de la pendule et sur la position de la lunette. Pour éviter les erreurs qui en résultent, on réglait autrefois la lunette avant chaque opération ; mais l'appareil y perdait beaucoup en stabilité et l'on a abandonné aujourd'hui l'emploi de ces réglages : on fait seulement en sorte que les variations soient petites et l'on en tient compte.

La lunette n'étant pas rigoureusement perpendiculaire

à son axe de rotation, on détermine par un retournement sur une mire à l'horizon, la correction c de collimation ; elle est positive si l'axe optique de la lunette horizontale est dévié vers l'est ; dans ce cas, en effet, l'étoile passe sous le fil avant de passer au méridien ; la correction de collimation interviendra dans la réduction par un terme dont la valeur sera :

$$\pm c \text{ séc } \mathcal{D}$$

En supposant cette erreur nulle ou corrigée comme il vient d'être dit, on peut considérer l'axe optique comme décrivant

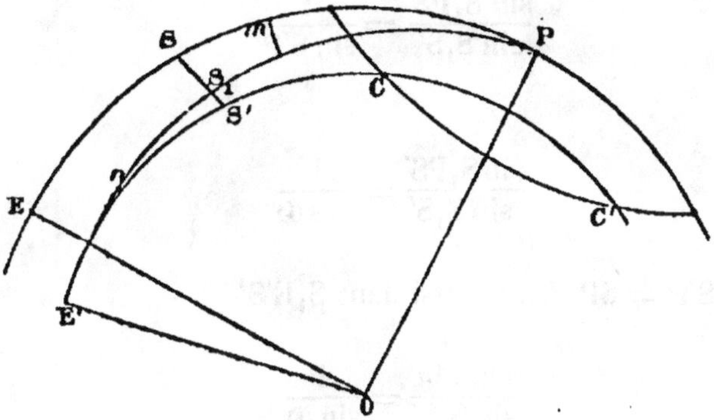

Fig. 52.

un plan ; ce plan n'est pas celui du méridien ; mais on peut passer de l'un à l'autre par deux rotations :

1° Le plan déterminé par le fil du milieu et par le centre optique de l'objectif tourne autour de l'axe du monde OP (*fig.* 52) et vient en PE'. Soit m l'angle E'PE qu'il fait avec le plan du méridien, compté positivement quand le plan de l'axe optique est dévié à l'est; m est exprimé en secondes de temps.

2° Le plan ainsi dévié tourne autour de son intersection OE' avec le plan de l'équateur et vient en E'S'CC'. Soit n, en secondes de temps, l'angle dont il tourne, compté positivement quand la partie supérieure à l'équateur est déviée vers l'est.

La réduction au méridien du temps du passage d'une étoile S' observée au fil ainsi dévié est la somme algébrique des angles horaires SPS_1 et S_1PS'. Le premier est constant pour toutes les étoiles et m est la valeur en temps de la réduction correspondante. Pour évaluer le second, menons par S' l'arc de grand cercle $S'S_1S$ perpendiculaire au méridien. Le triangle S_1PS' donne :

$$\frac{\sin S_1PS'}{\sin S_1S'} = \frac{1}{\sin S'P}$$

ou

$$\frac{\sin S_1PS'}{\sin S_1S'} = \frac{1}{\cos \mathcal{D}}$$

puisque $S'P = SP$. On a aussi dans $S_1E'S'$

$$\frac{\sin 15n}{\sin S_1S'} = \frac{1}{\sin \mathcal{D}}$$

d'où :

$$\sin S_1PS' = \operatorname{tg} \mathcal{D} \sin 15n.$$

L'angle $15n$ étant beaucoup plus petit que l'angle $15f$ de la réduction des fils au méridien, on peut prendre pour valeur de S_1PS', en négligeant les termes cubes, $15n \operatorname{tg} \mathcal{D}$ et en temps $n \operatorname{tg} \mathcal{D}$; cette approximation suffit même pour les étoiles circompolaires.

La réduction au méridien, exprimée en temps, est donc:

$$m \pm n \operatorname{tg} \omega \pm c \operatorname{séc} \omega$$

Le signe + convenant au passage supérieur, le signe — au passage inférieur.

Soient t le temps du passage observé donné par la pendule, C_p la correction de la pendule à cet instant; l'ascension droite de l'étoile sera

$$\alpha = t + C_p + m \pm n \operatorname{tg} \omega \pm c \operatorname{séc} \omega$$

Il faut déterminer les valeurs de C_p, m et n, c étant connue comme il a été dit plus haut.

Si ω est égal à 0°, c'est-à-dire si l'on observe des étoiles équatoriales, on a :

$$\alpha = t + C_p + m.$$

En particulier, pour α de l'Aigle, choisie comme origine des ascensions droites :

$$C_p + m = -t.$$

Si des observations antérieures ont déterminé les valeurs de α pour des étoiles équatoriales, on aura de même $C_p + m$ pour divers instants; en supposant la marche de la pendule uniforme, et m invariable dans l'intervalle des observations, on en déduit la marche de la pendule, et par suite $C_p + m$ à une heure quelconque. On appelle, pour ce motif, ces étoiles équatoriales des *étoiles horaires*. Ces étoiles ont été observées depuis longtemps (1) et leurs ascensions droites sont

(1) Les premières observations exactes remontent à Bradley (1750).

données très exactement dans les Catalogues; la correction $C_p + m$ sera par suite connue avec une grande approximation pour une étoile quelconque. Mais il est impossible d'obtenir séparément C_p et m par les seules observations des passages. Il faudrait pour cela des déterminations physiques dans le détail desquelles nous n'entrerons pas.

Si D est voisin de 90°, c'est-à-dire si l'on observe une étoile circompolaire, le terme en n prend une très grande importance. On déterminera donc n très exactement par les observations des passages supérieur et inférieur d'une circompolaire. On a pour le passage supérieur :

$$\alpha = t + C_p + m - n \operatorname{tg} \mathrm{D}$$

et pour le passage inférieur :

$$\alpha = t' + C'_p + m - n \operatorname{tg} \mathrm{D} - 12^h$$

On en déduit :

$$0 = t - t' + C_p - C'_p + 2n \operatorname{tg} \mathrm{D} + 12^h$$

ou :

$$12^h = t' - t + C'_p - C_p - 2n \operatorname{tg} \mathrm{D}$$

$C'_p - C_p$ est connu par l'observation des étoiles horaires. On a donc la valeur très exacte de n.

La signification du terme $2n \operatorname{tg} \mathrm{D}$ est facile à apercevoir, c'est la différence entre les intervalles de temps employés par l'étoile pour passer de C en C' et de C' en C (*fig.* 52), intervalles qui seraient égaux si l'on observait exactement dans le plan du méridien. Le principe de la correction est donc le même qui nous a servi (**39**, 3°) à placer la lunette très approximativement dans le plan du méridien. Mais le plan dans lequel on observe les deux passages n'est plus ici un plan vertical.

Pour une étoile voisine du pôle $\mathcal{D}$ diffère très peu de 90°. Il en résulte que la correction à effectuer pour une telle étoile devient infinie ; cela veut dire que l'étoile décrit son petit cercle dans le ciel sans venir passer sous le fil, en raison de la déviation de ce fil en dehors du méridien.

42. Cercle mural. — Cet instrument qui sert à la mesure des déclinaisons ou des distances polaires se compose (*fig.* 53)

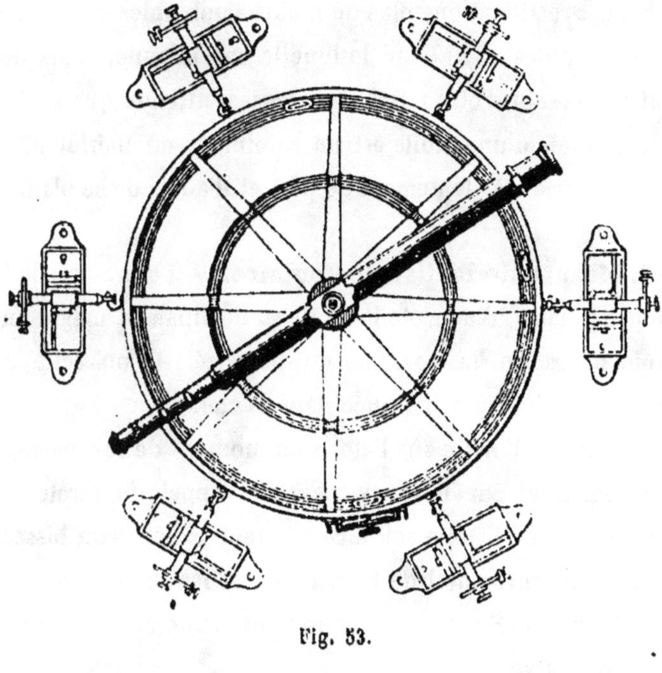

Fig. 53.

d'un cercle gradué fixé à un axe horizontal et portant une lunette dont la ligne de collimation doit être parallèle au plan du limbe. L'axe tourne sur deux coussinets placés dans l'intérieur d'un mur ou pilier, en sorte que le cercle se trouve presque appliqué contre ce mur; de là le nom de cercle mural. Les lectures de la graduation se font à l'aide de 4 ou 6 microscopes micrométriques fixés au mur au sommet d'un polygone régulier (Voir, § **18**, l'usage de ces microscopes).

L'instrument doit être placé dans le plan du méridien comme la lunette méridienne; par conséquent il faut que son axe de rotation soit horizontal et orienté dans le sens est-ouest. Il faut encore que l'axe optique de la lunette soit, comme le plan du cercle, perpendiculaire à l'axe de rotation. De là résultent des rectifications plus ou moins semblables à celles qui ont été décrites (**39**) pour la lunette méridienne, mais qui n'ont pas besoin d'être aussi rigoureuses, attendu que la distance zénitale d'une étoile est un minimum au méridien, et par suite varie très lentement de part et d'autre de ce plan.

43. Mesure de la distance polaire. — La mesure de la distance polaire d'une étoile ou de sa déclinaison exige une double opération, la position du pôle céleste ou celle de l'équateur n'étant pas marquée dans le ciel.

On pointe la lunette sur l'étoile au moment de son passage au méridien, et par le mouvement de rappel du cercle, on fait en sorte que l'étoile soit à ce moment exactement bissectée par le fil horizontal de la lunette. La lecture des microscopes donne l'angle de l'axe optique avec une direction arbitraire, mais fixe.

L'observation d'une circompolaire à son passage supérieur et à son passage inférieur fait connaître ensuite, comme nous l'avons dit (**24**), la lecture du cercle qui répond à la position de la lunette dirigée vers le pôle, ou la *collimation polaire* du cercle. La différence des deux lectures est la distance polaire cherchée.

Mais il n'est pas toujours possible de joindre la détermination directe de la collimation polaire à celle des positions des étoiles. Comme d'autre part, les variations de température du cercle, des microscopes et du mur font varier cette collimation, on rapporte provisoirement les positions des étoiles à une direction facile à retrouver en tout temps, celle de la verticale. On détermine donc, au moyen du bain de mercure et par le procédé que nous avons indiqué (**34**), la *collimation zénitale* du cercle, et l'on obtient ainsi les distances zénitales méridiennes des étoiles. On mesure ensuite, toutes les fois qu'on le peut, la distance zénitale du pôle ou la colatitude du lieu. La formule

$$\mathfrak{P} = \lambda \pm z$$

donne ensuite la valeur de $\mathfrak{P}$.

L'emploi du bain de mercure est souvent rendu impossible par les trépidations du sol. Yvon Villarceau a remarqué que l'effet en est beaucoup atténué si l'on fait reposer le bain, non pas directement sur le sol qui porte le cercle, mais sur un parquet dont les lames transmettent malaisément ces trépidations.

M. Périgaud évite complètement les vibrations du mercure en le réduisant à une mince pellicule recouvrant une large surface métallique et maintenue par une sorte d'anneau mercuriel formé par le liquide dans une rigole qui règne sur tout le pourtour du bain.

Les distances polaires et la colatitude ainsi déterminées doivent encore être corrigées de la réfraction comme il est dit plus loin.

Quand l'astre observé a un diamètre sensible (soleil, planètes), on détermine les distances polaires du bord supérieur et du bord inférieur ; la moyenne est la distance polaire du centre. Si l'on ne peut observer qu'un seul bord (lune), on ajoute à sa distance polaire, ou l'on en retranche le demi-diamètre angulaire de l'astre donné par les tables.

44. Cercle méridien. — Aujourd'hui les progrès de la construction ont permis de ne plus séparer les déterminations de α et $\mathfrak{P}$. L'appareil destiné à ces mesures porte le nom de *cercle méridien*. Ce n'est pas autre chose qu'une lunette méridienne dont l'axe de rotation porte concentriquement et à angle droit un grand cercle divisé qui fait corps avec lui. La théorie de l'appareil est donc la même que celle de la lunette méridienne, et l'on y fait simultanément les observations de passages et de distances zénitales méridiennes.

45. Étoiles fondamentales. — Lorsque, par une longue série d'observations, on a déterminé très exactement les différences d'ascension droite et les distances polaires d'un certain nombre d'étoiles, celles-ci sont employées pour la détermination des constantes de la lunette des passages et pour la détermination de la collimation polaire du cercle mural. Il n'est donc plus aussi nécessaire de recourir à des déterminations directes de ces constantes, et la réduction des observations en est beaucoup simplifiée. Ces étoiles sont dites *Étoiles fon-*

damentales. Les premières observations de celles dont on fait usage remontent au milieu du XVIIIe siècle ; elles ont été faites par Bradley, directeur de l'Observatoire de Greenwich. Ces observations ont été réduites d'abord par Bessel, dans les *Fundamenta Astronomiæ* (Kœnigsberg, 1818), puis par Le Verrier (*Annales de l'Observatoire de Paris*).

CHAPITRE VI

RÉFRACTION

46. Influence de la réfraction sur la mesure des distances zénitales. — La vérification des lois du mouvement diurne par la mesure des distances zénitales et des azimuts montre que la distance polaire d'une étoile n'est pas absolument constante et que l'angle horaire ne croît pas proportionnellement au temps. On en conclut ou que les lois du mouvement diurne ne sont pas exactes, ou qu'il intervient une cause de perturbation. On démontre que les écarts sont dus à une cause perturbatrice en remarquant :

1° Qu'en un même lieu les écarts sont presque nuls pour une petite distance zénitale et croissent avec cette distance;

2° Qu'en passant d'un lieu dans un autre la loi des écarts change pour une même étoile. Au pôle, la loi paraîtrait exacte, mais les distances polaires des étoiles ne seraient pas les mêmes qu'en tout autre lieu ;

3° Qu'en un même lieu les écarts pour une même étoile varient avec les circonstances atmosphériques.

Les écarts dépendent donc de la distance zénitale et de l'atmosphère.

La trajectoire d'un rayon dans l'atmosphère dépend de la constitution de celle-ci. La constitution de l'atmosphère dépend de celle de la terre. Si celle-ci est homogène et sphérique ou composée de couches concentriques, sphériques et homogènes, les surfaces de niveau de l'atmosphère seront sphériques et concentriques à la condition que la température du sol soit partout la même. Dans ce cas :

1° Un rayon incident normal à la première couche traverse sans déviation : un astre au zénit est vu en son lieu vrai ;

2° Un rayon oblique est dévié sans sortir du plan d'incidence ; la trajectoire est plane et comprise dans le vertical vrai de l'astre. Elle n'a pas d'inflexion et tourne sa concavité vers la terre.

La réfraction a donc pour effet de diminuer les distances zénitales sans changer les azimuts.

Mais les conditions supposées ne sont pas exactes : la Terre n'est pas sphérique et les diverses régions de sa surface ne sont pas à la même température. Ainsi l'isotherme de 0° est à la surface de la Terre au cercle polaire et à quatre mille mètres d'élévation à l'équateur. Les surfaces de niveau ne sont donc pas concentriques ni symétriques autour de la verticale d'un lieu. De plus, il faut tenir compte des courants atmosphériques. Il doit donc se produire des déviations ou réfractions latérales.

Mais il faut remarquer que l'effet principal est dû aux couches inférieures les plus denses. Par conséquent, sauf pour les rayons très voisins de l'horizon, la réfraction est produite par la région de l'atmosphère qui environne immédiatement le lieu de l'observation. De plus, l'atmosphère est très peu épaisse relativement au rayon de la Terre. Dès lors, ni la forme de la Terre, ni les variations de température à sa surface n'auront une grande influence et nous pouvons supposer remplies les conditions énoncées plus haut. L'accord des résultats de la théorie avec l'observation sera la preuve de la légitimité de l'hypothèse.

47. Calcul analytique de la correction de réfraction. — Soit un objet en S; du point O, il serait vu suivan OS. La réfraction le fera voir suivant OS' (*fig.* 54). Soit SN la direction initiale du rayon qui coupe OS' en M. La dis-

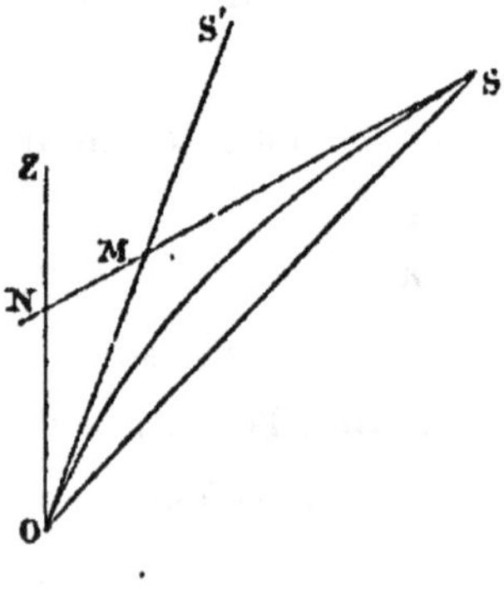

Fig. 54.

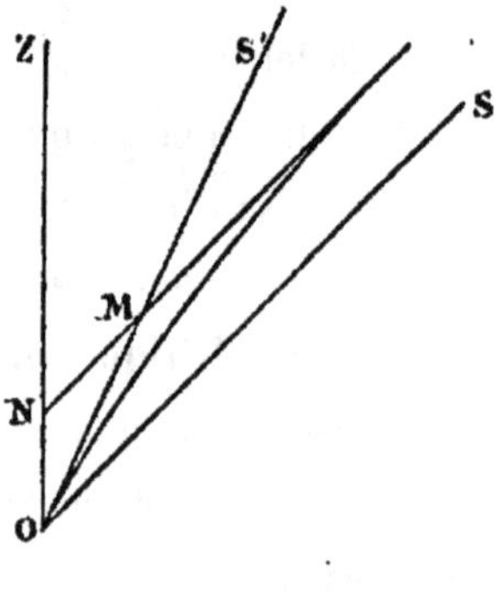

Fig. 55.

tance zénitale vraie ZOS est égale à la distance zénitale apparente ZOS' augmentée de S'OS. Dans ce cas, qui est celui d'un objet intra-atmosphérique, on a la formule:

$$S'OS = S'MS - NSO$$

NSO est l'angle sous lequel la trajectoire est vue du point S.

Si le point S est très éloigné, cet angle NSO devient nul [1]; SN est parallèle à OS et la correction de réfraction est égale à l'angle des tangentes extrêmes à la trajectoire (*fig.* 55). C'est cet angle qu'il s'agit de calculer. La Terre étant supposée sphérique et les surfaces de niveau sphériques et concentriques, désignons par z' la distance zénitale vraie et par z la distance zénitale observée ou apparente. Pour déterminer l'angle cherché $z' - z$, il faudra trouver l'équation différentielle à laquelle satisfait l'inclinaison ζ de la tangente en un point quelconque de la trajectoire sur la verticale OZ, puis l'intégrer depuis z jusqu'à z'. Soient MN cette tangente (*fig.* 56), O le lieu d'observation, C le centre de la Terre, r le rayon vecteur CM,

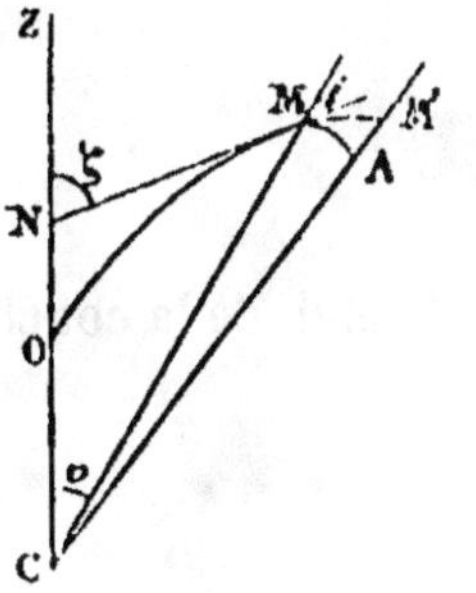

Fig. 56.

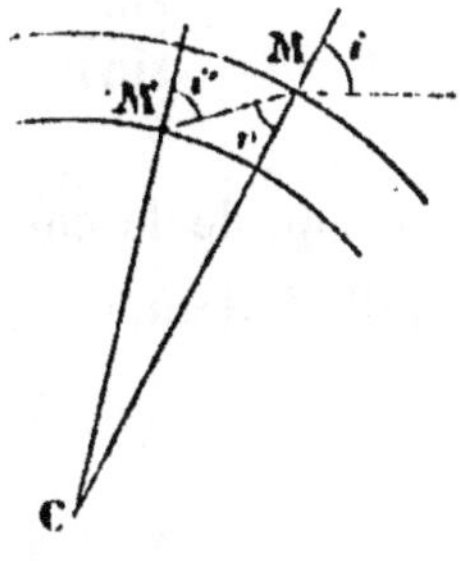

Fig. 57.

v l'angle MCO et i l'angle de MN avec le rayon vecteur CM qui n'est autre que l'angle d'incidence du rayon lumineux à son entrée dans la surface de niveau passant par M. On a dans le

[1] Pour la Lune il est au plus égal à une seconde.

triangle MNC :

$$\zeta = v + i$$

d'où :

$$(1) \qquad d\zeta = dv + di.$$

Mais on sait que :

$$\operatorname{tg} i = \frac{rdv}{dr}$$

ou :

$$(2) \qquad dv = \operatorname{tg} i \frac{dr}{r}$$

Au passage du rayon de la couche M (*fig.* 57) dans la suivante, on a :

$$\frac{\sin i}{\sin r} = \frac{n'}{n}$$

n étant l'indice absolu de la couche M, n' celui de la couche M' et le triangle CMM' donne

$$\frac{\sin r}{\sin i'} = \frac{r'}{r}$$

Donc :

$$\frac{\sin i}{\sin i'} = \frac{n'r'}{nr}$$

D'où :

$$(3) \qquad nr \sin i = n'r' \sin i' = C$$

C désignant une constante.

Soient a le rayon vecteur CO du point O, n_0 l'indice absolu de la dernière couche; la constante C sera donnée par l'égalité :

$$C = n_0 a \sin z$$

Différentions l'équation (3) après avoir pris les logarithmes des deux membres ; nous aurons :

$$\frac{dn}{n} + \frac{dr}{r} + \frac{\cos i . di}{\sin i} = 0$$

d'où :

$$di = -\operatorname{tg} i \left(\frac{dn}{n} + \frac{dr}{r}\right).$$

Par suite, d'après (1) et tenant compte de (2) :

$$d\zeta = -\operatorname{tg} i \frac{dn}{n}.$$

On a d'ailleurs :

$$\operatorname{tg} i = \frac{\sin i}{\sqrt{1 - \sin^2 i}} = \frac{nr \sin i}{\sqrt{n^2 r^2 - n^2 r^2 \sin^2 i}} = \frac{n_0 a \sin z}{\sqrt{n^2 r^2 - n_0^2 a^2 \sin^2 z}}$$

$$\operatorname{tg} i = \frac{\frac{a}{r} n_0 \sin z}{\sqrt{n^2 - \frac{a^2}{r^2} n_0^2 \sin^2 z}}$$

On a donc :

$$d\zeta = -\frac{\frac{a}{r} n_0 \sin z \, dn}{n \sqrt{n^2 - \frac{a^2}{r^2} n_0^2 \sin^2 z}}$$

et l'intégration doit être faite depuis $n = n_0$ jusqu'à $n = 1$, r étant considéré comme fonction de n.

Laplace a substitué à n une autre variable, la densité de l'air ρ. On sait que le pouvoir réfringent P d'un gaz est constant. Sa valeur est :

$$P = \frac{n^2 - 1}{\rho}$$

On en déduit :

$$1 + P\rho = n^2$$
$$1 + P\rho_0 = n_0^2$$

En différentiant, il vient :

$$\frac{dn}{n} = \frac{Pd\rho}{2(1 + P\rho)}$$

L'équation différentielle de la réfraction devient donc :

$$d\zeta = -\frac{\frac{a}{r}\sqrt{1 + P\rho_0} \sin z \, Pd\rho}{2(1 + P\rho)\left[1 + P\rho - (1 + P\rho_0)\frac{a^2}{r^2}\sin^2 z\right]^{\frac{1}{2}}}$$

et l'intégration doit être faite depuis $\rho = \rho_0$, jusqu'à $\rho = 0$, r étant considéré comme une fonction de ρ.

L'intégration exige donc que l'on connaisse la loi du décroissement de densité de l'air avec la hauteur, loi très complexe puisqu'elle dépend du décroissement de la température. Les hypothèses les plus diverses ont été faites à ce sujet : Cassini supposait la densité de l'air uniforme et ses surfaces de niveau sphériques. Newton considérait la densité comme décroissant en progression géométrique et la température uniforme. Bouguer admettait que la densité ainsi que la température décroissent en progression arithmétique. Laplace, Ivory, Bessel, Bruhns, Radau ont fait à leur tour de nouvelles hypothèses. Or, l'observation montre que toutes ces hypothèses, quelles qu'elles soient, sont également bonnes juqu'à 75° de distance zénitale. Il faut donc conclure de là que la réfraction jusqu'à cette limite est indépendante de la constitution de l'atmosphère, et que la supposition que nous avions faite est exacte.

48. Calcul empirique de la correction de réfraction. — Dans ces limites, le problème de la réfraction peut se traiter empiriquement d'une manière simple. Si l'on suppose la Terre sphérique et les couches de niveau de l'atmosphère également sphériques et homogènes, on a, comme nous venons de le voir :

$$nr \sin i = n_0 a \sin z$$

d'où :

$$\sin i = \frac{n_0}{n} \frac{a}{r} \sin z$$

n et i se rapportant à la couche de rayon r. En prenant pour r le rayon de la couche limite de l'atmosphère, n devient égal à 1 et i peut être remplacé, dans les limites considérées, par la distance zénitale vraie z'. On a donc :

$$\sin z' = n_0 \frac{a}{r} \sin z$$

équation générale de la réfraction où tout serait déterminé si l'on connaissait l'épaisseur $r - a$ de l'atmosphère.

On voit que, dans cette hypothèse, la constitution de l'atmosphère n'intervient pas dans la réfraction.

Cette équation, pour des distances zénitales qui ne sont pas trop grandes, peut donner l'expression de la correction de la réfraction

$$R = z' - z$$

sous une forme plus commode pour le calcul, en développant en série.

Posons :

$$n_0 \frac{a}{r} = N$$

L'équation devient :

$$\frac{\sin(z + R)}{\sin z} = N$$

d'où :

$$\frac{\sin(z + R) - \sin z}{\sin(z + R) + \sin z} = \frac{N - 1}{N + 1}$$

ou :

$$\frac{\operatorname{tg} \frac{1}{2} R}{\operatorname{tg}\left(z + \frac{1}{2} R\right)} = \frac{N - 1}{N + 1}$$

ou :

$$(N + 1) \operatorname{tg} z \operatorname{tg}^2 \frac{1}{2} R - 2 \operatorname{tg} \frac{1}{2} R + (N - 1) \operatorname{tg} z = 0$$

d'où :

$$\operatorname{tg} \frac{1}{2} R = \frac{1 \pm \sqrt{1 - (N^2 - 1) \operatorname{tg}^2 z}}{(N + 1) \operatorname{tg} z}$$

Pour $z = 0$, R est nul; il faut donc prendre le signe — devant le radical.

Tant que z n'est pas très grand, le terme $(N^2 - 1) \operatorname{tg}^2 z$ est toujours très petit. En effet, à la température de 0° et sous une pression de 760^{mm}, on a :

$$n_0 = 1{,}000293$$

Or :

$$a = 6400^{km}$$

$r - a$ ne dépasse pas 63^{km} et, par suite, $N^2 - 1$ est inférieur à

$$0{,}0004$$

On peut donc, tant que z est plus petit que 75°, développer le radical en série très convergente par la formule du binôme :

$$[1-(N^2-1)\operatorname{tg}^2 z]^{\frac{1}{2}} = 1 - \frac{1}{2}(N^2-1)\operatorname{tg}^2 z - \frac{1}{4}\cdot\frac{1}{2}(N^2-1)\operatorname{tg}^4 z - \frac{1}{8}\cdot\frac{1.3}{2.3}(N^2-1)^3\operatorname{tg}^6 z - \cdots$$

Donc :

$$\operatorname{tg}\frac{1}{2}R = \frac{1}{N+1}\left(m \operatorname{tg} z + \frac{1}{2} m^2 \operatorname{tg}^3 z + \frac{1.3}{2.3} m^3 \operatorname{tg}^5 z + \cdots\right)$$

en posant :

$$m = \frac{1}{2}(N^2 - 1)$$

N est fonction de l'épaisseur inconnue de l'atmosphère. On ne peut donc calculer les coefficients de ce développement.

Mais on peut les simplifier. Tant que z ne dépasse pas 60°, l'ouverture du cône qui a son sommet au centre de la Terre et embrasse toute la portion de l'atmosphère que traverse le rayon, est très petite ; et, dans cette étendue, on peut considérer les couches de niveau comme planes et horizontales.

Pour avoir la loi de réfraction dans ce cas, il faut faire croître a indéfiniment, $r - a$ restant constant ; à la limite

$$\frac{a}{r} = 1$$

et la loi devient :

$$\sin z' = n_0 \sin z$$

On le vérifie facilement en considérant la réfraction à travers une série de couches planes et parallèles. La réfraction finale est la même que si le rayon passait immédiatement de la première couche dans la dernière, quels que soient les indices des couches intermédiaires.

Dans ces limites, on calcule aisément les coefficients de la série pour une température et une pression donnée de la dernière couche.

On peut aussi demander à l'observation la valeur de ces coefficients.

Écrivons la formule de la correction de la manière suivante :

$$R = a \operatorname{tg} z + b \operatorname{tg}^3 z + c \operatorname{tg}^5 z + \ldots..$$

a, b, c étant exprimés en secondes d'arc. Pour calculer ces coefficients, on peut employer les formules générales déduites du triangle de position PZS en y remplaçant z par $z + R$ et déterminant R par la condition que $\mathfrak{L}$ soit constant, H proportionnel au temps et λ constant.

Delambre a indiqué un procédé plus simple fondé sur l'observation des circompolaires à leurs passages supérieur et inférieur au méridien. Si les distances zénitales z et z_1 à ces deux passages étaient rigoureusement exactes, on aurait :

$$2\lambda = z + z_1$$

On doit ajouter à ces valeurs de z et z_1 la correction de la réfraction et l'on a :

$$2\lambda = z + z_1 + a(\operatorname{tg} z + \operatorname{tg} z_1) + b(\operatorname{tg}^3 z + \operatorname{tg}^3 z_1) + c(\operatorname{tg}^5 z + \operatorname{tg}^5 z_1)$$

en se bornant aux trois premiers termes de R. L'observation de plusieurs étoiles circompolaires [1] donne un certain nombre d'équations analogues d'où l'on déduit les valeurs des quatre inconnues λ, a, b, c par les méthodes ordinaires d'élimination. Les coefficients calculés par Delambre donnent la formule :

$$R = 61'',1766 \operatorname{tg} z - 0'',2648 \operatorname{tg}^3 z + 0'',002485 \operatorname{tg}^5 z$$

et la valeur suivante de la colatitude du lieu d'observation :

$$\lambda = 48°38'16'',98$$

L'application à la formule théorique des coefficients de Regnault donnerait à 0° et sous la pression de 760 millimètres

$$R = 60'',567 \operatorname{tg} z - 0'',067 \operatorname{tg}^3 z + \ldots..$$

Les coefficients de la formule doivent différer de ceux

(1) Méchain s'était borné à observer quatre étoiles. Voici le résultat de ses observations à Montjouy :

α Petite Ourse	$2\lambda = 97°14'21'',47 + 2,27634a + 2,98440b + 3,9740c$
β Petite Ourse	$2\lambda = 97°13'58'',17 + 2,67976a + 3,47044b + 33,31284c$
α Dragon	$2\lambda = 97°12'58'',60 + 3,75944a + 36,50251b + 400,070c$
ζ Grande Ourse	$2\lambda = 97°\ 9'31'',63 + 3,8633a + 439,26963b + 25581,807c$

de Delambre, en raison des variations de la température et de la pression. Deux sortes de tables permettent de calculer la réfraction moyenne : les unes donnent les différentes valeurs de R, à la température de 0° et sous la pression de 760 millimètres, pour des distances zénitales comprises entre 0° et 80°; les autres donnent les variations de R pour des variations déterminées de pression et de température. Cette température et cette pression sont celles de la couche atmosphérique dans laquelle se trouve l'objectif de la lunette.

49. Remarque. — Cette variation de la réfraction avec le thermomètre et le baromètre permet de déterminer le coefficient de dilatation de l'air par l'observation nes réfractions à deux températures différentes. T. Mayer trouve que la réfraction étant 60″,8 à 0°, se réduit à 59″,69 à 20°. D'où l'on déduit en remplaçant R_0 et R_t par leurs valeurs dans la formule :

$$R_t = R_0 \frac{1}{1 + \alpha t},$$

$$\alpha = 0{,}00362$$

50. Corrections dues à la réfraction. — 1° A et z. — Les azimuts ne sont pas altérés ; les distances zénitales observées sont corrigées directement d'après les tables.

Inversement, étant donnée la distance zénitale vraie d'une étoile, calculer la distance zénitale affectée de la réfraction. On procède par approximations successives, en prenant dans les tables la réfraction R qui répond à la valeur vraie de z. $z - R$ est une valeur approchée de la distance zénitale apparente, pour laquelle on prend la réfraction tabulaire R′; $z - R'$ sera une valeur plus approchée et généralement suffisamment exacte.

2° H et $\mathfrak{P}$; α et $\mathfrak{P}$. — On ramène d'abord α à H par la formule :

$$\theta - \alpha = H$$

On transforme en A et z, on calcule la correction de z comme il vient d'être dit et l'on remonte aux nouvelles valeurs de $\mathfrak{P}$ et de H.

Dans le cas où l'astre a été observé au méridien,

$$\mathfrak{P} = \lambda \pm z$$

suivant que l'astre passe au sud du zénit ou entre le zénit et le pôle. $\mathfrak{P}$ étant la distance polaire observée, z est la distance apparente avec laquelle on entre dans la table.

On obtient directement les corrections de $\mathfrak{P}$ et de H, la réfraction étant petite, en différentiant les formules de transformation.

On a, en considérant le triangle de position PZS (**32**) :

$$\cos \mathfrak{P} = \cos z \cos \lambda - \sin z \sin \lambda \cos A$$
$$\sin \mathfrak{P} \cos \pi = \sin z \cos \lambda + \cos z \sin \lambda \cos A$$
$$\sin \mathfrak{P} \sin \pi = \sin \lambda \sin A$$

En différentiant, il vient :

$$-\sin \mathfrak{P} . \delta \mathfrak{P} = -\delta z (\sin z \cos \lambda + \cos z \sin \lambda \cos A) = -\sin \mathfrak{P} \cos \pi . \delta z$$

Donc :

$$\delta \mathfrak{P} = \cos \pi . \delta z$$

ou bien encore, en remplaçant $\cos \pi$ par sa valeur tirée de l'équation

$$\sin z \cos \pi = \cos \lambda \sin \mathfrak{P} - \sin \lambda \cos \mathfrak{P} \cos H$$
$$\delta \mathfrak{P} = \frac{1}{\sin z} (\cos \lambda \sin \mathfrak{P} - \sin \lambda \cos \mathfrak{P} \cos H) \delta z.$$

On a de même :

$$\cos z = \cos \mathfrak{D} \cos \lambda + \sin \mathfrak{D} \sin \lambda \cos H$$

$$-\sin z . \delta z = -\delta \mathfrak{D} (\sin \mathfrak{D} \cos \lambda - \cos \mathfrak{D} \sin \lambda \cos H) - \sin \mathfrak{D} \sin \lambda \sin H . \delta H$$

ou bien, en remplaçant $\sin \lambda \sin H$ par $\sin z \sin \pi$ et divisant les deux membres par $\sin z$:

$$\delta H = \frac{\delta z - \cos \pi . \delta \mathfrak{D}}{\sin \mathfrak{D} \sin \pi} = \delta z \frac{1 - \cos^2 \pi}{\sin \mathfrak{D} \sin \pi} = \delta z \frac{\sin \pi}{\sin \mathfrak{D}}$$

$$\delta H = \delta z \frac{\sin \lambda \sin H}{\sin z \sin \mathfrak{D}}$$

On peut calculer directement $\delta \mathfrak{D}$ et δH. En effet, soient S et S′ la position vraie et la position apparente d'un astre (*fig.* 58). En appliquant au triangle PSS′ la proportionnalité des sinus, il vient :

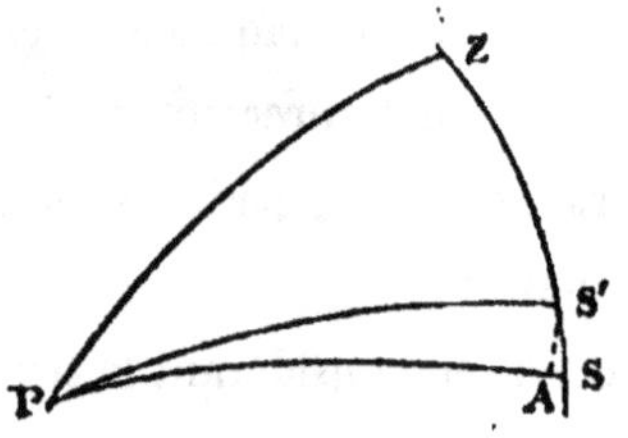

Fig. 58.

$$\frac{\sin \delta H}{\sin \delta z} = \frac{\sin \pi}{\sin \mathfrak{D}}$$

D'où :

$$\delta H = \delta z \frac{\sin \pi}{\sin \mathfrak{D}} = \delta z \sin \pi \sec \mathfrak{D}$$

Le triangle SS′A, dont un côté S′A est l'arc de cercle décrit de P comme centre avec S′P comme rayon donne de même :

$$SA = \delta \mathfrak{D} = \delta z \cos \pi$$

On n'a ainsi qu'à calculer z pour les valeurs de $\mathfrak{D}$ et de H (sans s'occuper de A), prendre R ou δz dans les tables et en déduire $\delta \mathfrak{D}$ et δH qui est égal à $-\delta x$.

51. Influence de la réfraction sur le lever et le coucher des astres. — Théoriquement un astre se lève ou se couche quand $z = 90°$. La réfraction diminue la distance zénitale vraie. Donc le lever a lieu plus tôt et le coucher plus tard, quand :

$$Z = z' - R_H = 90°$$

La valeur de R_H ou réfraction horizontale est de $35'6'' = 2106'' = 140^s$.

L'heure du lever ou du coucher d'un astre se calculera donc par la formule :

$$\cos z = \cos \mathfrak{L} \cos \lambda + \sin \mathfrak{L} \sin \lambda \cos H$$

où l'on fera :

$$z = 90°35'6''$$

De cette formule on déduit :

$$\cos H = \frac{\cos z - \cos \mathfrak{L} \cos \lambda}{\sin \mathfrak{L} \sin \lambda}$$

ou par une transformation connue :

$$\operatorname{tg} \frac{H}{2} = \sqrt{\frac{\sin(p - \mathfrak{L}) \sin(p - \lambda)}{\sin p \sin(p - z)}}$$

On obtient plus aisément, et avec une exactitude suffisante, la correction de l'heure du lever ou du coucher d'un astre, en considérant la réfraction comme une différentielle. La formule du paragraphe **50** devient, quand on y fait $z = 90°$:

$$\partial H = \partial z \frac{\sin \lambda \sin H}{\sin \mathfrak{L}}$$

et la valeur de $\mathfrak{M}$ en secondes de temps est :

$$\mathfrak{M} = 140^s \frac{\sin\lambda \sin H}{\sin \mathfrak{L}}.$$

52. Déformation du Soleil et de la Lune. — La réfraction relève plus le bord inférieur que le bord supérieur. Le demi-diamètre étant petit (16′), on peut prendre pour les deux bords les réfractions $r + \alpha$ et $r - \alpha$, r étant celle du centre. Donc en apparence, les distances du centre seront, au bord supérieur :

$$\frac{1}{2}\Delta - r + (r - \alpha) = \frac{1}{2}\Delta - \alpha$$

au bord inférieur :

$$\frac{1}{2}\Delta + r - (r + \alpha) = \frac{1}{2}\Delta - \alpha$$

Elles sont donc égales.

On peut considérer la figure déformée comme une ellipse. Les ordonnées verticales du cercle sont en effet réduites dans un rapport constant par leur différence de réfraction qui leur est proportionnelle. L'observation donne les résultats suivants :

	z apparent	réfraction	z réel	Diamètre appar. observé
Soleil bord inférieur	90° 0′0″	35′ 6″,0	90°35′ 6″,0	26′ 0″
				Diamètre corrigé
Soleil bord supérieur	89°34′0″	30′18″,7	90° 4′18″,7	30′47″,3

Le diamètre horizontal est aussi contracté puisqu'il est relevé entre les deux verticaux du diamètre réel. La contraction est à peine sensible.

53. Crépuscule. — Dès que le Soleil s'est couché, il cesse d'éclairer directement les objets placés à la surface de la Terre, mais il éclaire, pendant un certain temps encore, la portion visible de l'atmosphère. La partie éclairée de l'atmosphère est séparée de la partie non éclairée par une courbe dont le plan est perpendiculaire à la direction ouest-est, et que l'on peut considérer comme l'intersection avec la surface limite de l'atmosphère du cône de rayons lumineux circonscrit à la Terre et ayant le Soleil pour sommet.

Cette courbe apparaît d'abord à l'orient, sitôt après le coucher du Soleil ; elle s'élève au-dessus de l'horizon, atteint le zénit, puis redescend et disparaît à l'occident.

Le crépuscule astronomique du Soleil dure jusqu'à ce qu'il ait atteint une distance zénitale égale à :

$$90° + 18° = 108°$$

Le crépuscule civil se termine quand la distance zénitale du Soleil est d'environ :

$$96°30'$$

CHAPITRE VII

OBSERVATIONS DU SOLEIL

Les lois du mouvement du Soleil se déduisent de l'observation méridienne de cet astre, répétée chaque jour pendant un temps suffisamment long.

54. Mesure de l'ascension droite, de la distance polaire et du diamètre apparent du Soleil. — Cette observation comprend trois parties : la mesure de l'ascension droite provisoire du centre du Soleil, la mesure de la distance polaire de ce centre, et celle du diamètre apparent.

1° *Ascension droite du centre du Soleil.* — Si l'on peut observer les deux bords de l'astre, la moyenne des temps t et t' des passages de ces deux bords donne l'heure du passage du centre dont l'ascension droite est :

$$\alpha = \frac{t + t'}{2}$$

Si l'on ne peut observer qu'un seul bord, il faut, comme

nous l'avons vu (40), tenir compte dans la correction du mouvement propre du Soleil. On déduit de l'observation, ou l'on cherche dans la Connaissance des Temps l'accroissement $\delta\alpha$ de l'ascension droite en une heure et le diamètre apparent Δ exprimé en secondes d'arc. L'angle horaire du centre à l'instant t du passage du bord est $\frac{\Delta}{2}$ séc $\mathcal{D}$; le temps employé par le Soleil à parcourir cet angle est :

$$\theta = \frac{1}{15}\,\frac{\Delta}{2}\,\text{séc}\,\mathcal{D}\left(1 + \frac{\delta\alpha}{3600}\right)$$

et le temps du passage du centre est $t \pm \theta$ suivant que l'on a observé le premier ou le deuxième bord.

2° *Distance polaire du centre du Soleil.* — On mesure au moment du passage au méridien les distances polaires $\mathcal{P}_s$ et $\mathcal{P}_i$ du bord supérieur et du bord inférieur; on effectue les corrections R_s, R_i de réfraction; la distance $\mathcal{P}_c$ du centre est :

$$\mathcal{P}_c = \frac{\mathcal{P}_s + R_s + \mathcal{P}_i + R_i}{2}$$

3° *Diamètre apparent du Soleil.* — Le diamètre vertical a pour mesure :

$$\mathcal{P}_i + R_i - (\mathcal{P}_s + R_s)$$

Le diamètre horizontal se déduit de la différence des temps t' et t des passages des deux bords est et ouest. On a :

$$t + \theta = t' - \theta$$

d'où :

$$t' - t = 2\theta = \frac{1}{15} \Delta \operatorname{séc} \mathcal{D} \left(1 + \frac{\delta\alpha}{3600}\right)$$

$$\Delta = \frac{15 (t' - t) \cos \mathcal{D}}{1 + \frac{\delta\alpha}{3600}}$$

ou, avec une approximation suffisante :

$$\Delta = 15 (t' - t) \cos \mathcal{D} \left(1 - \frac{\delta\alpha}{3600}\right)$$

55. Distance polaire et diamètre géocentriques. Parallaxe. — Les coordonnées et le diamètre du Soleil ont été observés d'un point de la surface de la Terre ; il faut déduire

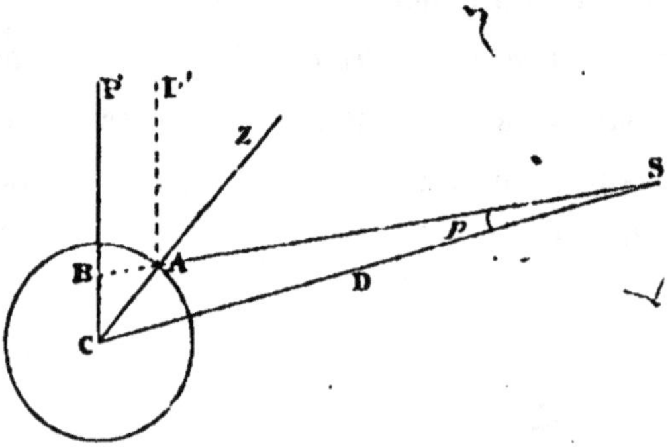

Fig. 59.

de ces observations la valeur de ces éléments tels qu'ils seraient vus du centre de la Terre. Cette réduction, inutile pour les étoiles, est nécessaire pour le Soleil dont la distance n'est pas infiniment grande par rapport au rayon terrestre.

Soit A (*fig.* 59) la position de l'observateur à la surface de la Terre *supposée sphérique*, CP l'axe de la terre, CZ la verticale, S le Soleil qui est à l'instant de l'observation dans le plan de ces deux droites.

1° Le plan de la figure étant le plan méridien du lieu, l'ascension droite n'est pas altérée ;

2° La distance polaire géocentrique $\mathcal{P}_g$ a pour mesure PCS, la distance observée $\mathcal{P}_0$ a pour mesure PBS, et l'on a, en désignant par p l'angle ASB :

$$\mathcal{P}_g = \mathcal{P}_o - p$$

Cet angle p est la *parallaxe* du Soleil au moment de l'observation : c'est l'angle sous lequel est vu du Soleil le rayon terrestre allant au lieu de l'observation. L'effet de cette parallaxe qui abaisse les astres est contraire à celui de la réfraction.

En appelant r le rayon terrestre, D la distance CS du Soleil au centre de la Terre, λ la colatitude P'AZ du lieu, on a dans le triangle CAS :

$$\frac{r}{\sin p} = \frac{D}{\sin(\mathcal{P}_o - \lambda)}$$

L'angle p étant très petit, on en déduit pour valeur de p :

$$p \sin 1'' = \frac{r}{D} \sin(\mathcal{P}_o - \lambda)$$

ou :

$$p = 206265'' \frac{r}{D} \sin(\mathcal{P}_o - \lambda)$$

$\mathcal{P}_0 - \lambda$ est la distance zénitale du Soleil : elle est égale à 90° si le Soleil est à l'horizon, et l'on a alors, en appelant π la *parallaxe horizontale* du Soleil, c'est-à-dire le demi-diamètre apparent de la Terre vue du Soleil :

$$\pi = 206265'' \frac{r}{D}$$

On en déduit en remplaçant r et D par leurs valeurs :

$$\pi = 8'',86$$

On a donc :

$$p = 8'',86 \sin(\mathfrak{P}_o - \lambda)$$

ou :

$$p = 8'',86 \sin(\varphi - \mathcal{D})$$

en appelant φ la latitude du lieu.

3° Le diamètre géocentrique Δ_g se déduit des distances polaires géocentriques. Sa valeur est :

$$\Delta_g = \mathfrak{P}_i + R_i - p - (\mathfrak{P}_s + R_s - p')$$
$$\Delta_g = \mathfrak{P}_i - \mathfrak{P}_s - (p - p') + (R_i - R_s)$$

56. Résultat des observations. — Ces observations apprennent les faits suivants :

I. — L'ascension droite du Soleil augmente constamment, pendant le cours d'une année, d'une quantité variable chaque jour, égale en moyenne à $3^m\ 56^s$.

Année sidérale. — Quand l'ascension droite du Soleil, rapportée à α de l'Aigle, a augmenté de 360° ou 24^h, le Soleil a fait le tour entier du ciel en sens contraire du mouvement diurne. On dit alors qu'il s'est écoulé une année sidérale : c'est la durée de la révolution vraie du Soleil par rapport à un point fixe du ciel.

L'observation donne pour durée de l'année sidérale

366,2564

jours sidéraux.

Jour solaire vrai. — C'est le temps qui s'écoule entre deux passages du Soleil au méridien. Sa durée varie constamment.

Il est *midi vrai* en un lieu quand le centre du Soleil passe au méridien de ce lieu ; cet instant est l'origine du jour astronomique que l'on compte de 0^h à 24^h. Le jour civil commence au contraire à minuit. L'*heure vraie* se calcule d'après l'angle horaire du Soleil ; elle ne peut servir à mesurer le temps.

Jour solaire moyen. — Nous définirons provisoirement le jour moyen comme étant égal à la moyenne des durées variables du jour vrai. Sa durée sera donc égale à la durée de l'année sidérale divisée par le nombre de jours vrais qu'elle contient. Pendant une année sidérale, les étoiles ayant fait n tours, le soleil en a fait $n - 1$; n jours sidéraux correspondent donc à $n - 1$ jours solaires vrais ou moyens, et l'on a :

$$366^{\text{j. sid.}},2564 = 365^{\text{j. sol. m.}},2564$$

$$1^{\text{j. sol. m.}} = \frac{366,2564}{365,2564} = 1^{\text{j. sid.}} + \frac{1}{365,2564}$$

$$1^{\text{j. sol. m.}} = 1^{\text{j. sid.}}\ 3^{\text{m}}\ 56^{\text{s}},55$$

Ce jour étant uniforme peut servir à mesurer le temps; nous en fixerons plus tard l'origine (¹).

II. — La distance polaire du Soleil varie dans le cours de l'année de $90° - 23°27'$ à $90° + 23°27'$; ou, plus simplement, sa déclinaison varie de $-23°27'$ à $+23°27'$. A deux époques de l'année, appelées *équinoxes*, la distance polaire est de 90°, c'est-à-dire que le Soleil est sur l'équateur céleste ; les époques où la distance polaire est maximum ou minimum sont appelées *solstices*.

On appelle *points équinoxiaux* les deux points de l'équateur

(¹) Toutes ces définitions de jours et d'années, ainsi que celles qui vont suivre, sont provisoires ; elles seront précisées plus loin (chapitre x).

céleste où le centre du Soleil rencontre ce grand cercle dans sa course annuelle.

Année tropique. — Elle est mesurée par l'intervalle de temps qui sépare deux retours consécutifs du Soleil à un même équinoxe. Si le point équinoxial est fixe sur l'équateur céleste, la durée de l'année tropique est la même que celle de l'année sidérale. Nous verrons qu'il n'en est pas ainsi.

Inégalité des jours et des nuits. — En un lieu de colatitude λ, la durée de la journée est variable. L'heure du lever ou du coucher du Soleil se déduit de la formule fondamentale, donnée par le triangle de position

$$\cos z = \cos \mathfrak{P} \cos \lambda + \sin \mathfrak{P} \sin \lambda \cos H$$

en faisant $z = 90°$. On a alors :

$$(1) \qquad \cos H = - \cot \mathfrak{P} \cos \lambda$$

Cette formule, jointe à la suivante :

$$(2) \qquad z = \mathfrak{P} - \lambda$$

permet d'expliquer tous les phénomènes résultant de la variation de la distance polaire du Soleil.

Si l'on compte le temps à partir du passage du Soleil au méridien, et de 0^h à 24^h, les deux valeurs de H converties en temps seront les heures du coucher et du lever du Soleil.

En un lieu de colatitude $\lambda < 90°$, lorsque $\mathfrak{P} = 90°$, c'est à-dire aux deux équinoxes, H a les valeurs 90° et 270° ou 6^h et 18^h ; le jour est donc égal à la nuit. Si $\mathfrak{P}$ augmente, la durée du jour diminue ; elle est minimum pour le solstice inférieur, ou solstice d'hiver, lorsque

$$\mathfrak{P} = 90° + 23°27'$$

Si $\mathcal{P}$ diminue, la durée du jour augmente; elle est maximum pour

$$\mathcal{P} = 90° - 23°27'$$

au solstice d'été.

Les quatre époques des équinoxes et des solstices partagent l'année en quatre saisons, le *printemps*, l'*été*, l'*automne* et l'*hiver*.

En un lieu de colatitude 180° — λ, les phénomènes se présentent dans l'ordre inverse.

Lorsqu'on se déplace à la surface de la Terre, l'inégalité des jours et des nuits varie.

1° A l'équateur, on a :

$$\lambda = 90°$$
$$\cot \lambda = 0$$
$$\cos \text{II} = 0$$

quel que soit $\mathcal{P}$. Le jour est donc constamment égal à la nuit. Le Soleil passe au zénit deux fois par an, aux équinoxes, lorsque $\mathcal{P} = 90°$.

2° Pour tous les lieux dont la colatitude est comprise entre 90° et 90° $\pm$ 23° 27', le Soleil passe de même deux fois par an au zénit puisque $\mathcal{P} - \lambda$ s'annule deux fois. Ces lieux sont compris dans la *zone torride*.

3° Si λ = 90° $\pm$ 23°.27', le Soleil passe au zénit une seule fois à l'époque d'un des solstices, lorsque $\mathcal{P}$ atteint la valeur 90° $\pm$ 23° 27'. Ces lieux sont sur deux parallèles terrestres, appelés *Tropique du Cancer* dans l'hémisphère boréal, *Tropique du Capricorne* dans l'hémisphère austral.

4° Pour tous les lieux des deux *zones tempérées* dont la

colatitude est comprise entre 90° — 23° 27′ et 23° 27′ ou entre 90° + 23° 27′ et 180° — 23° 27′, le Soleil ne passe jamais au zénit.

5° Si $\lambda = 23°27'$ ou $180° - 23°27'$

on a :

$$\cos H = 1$$

c'est-à-dire :

$$H = 0^h \qquad \text{et} \qquad H = 24^h$$

pour

$$\mathfrak{L} = 90° - 23°27'$$

ou

$$\mathfrak{L} = 90° + 23°27$$

Par conséquent, le jour du solstice, le Soleil ne se couche pas ou ne se lève pas, et rase l'horizon à minuit ou à midi. Ces lieux sont sur deux parallèles terrestres appelés *Cercles Polaires*.

6° Si $\lambda < 23°\ 27'$ ou $\lambda > 180° - 23°\ 27'$, c'est-à-dire dans les deux *zones glaciales*, l'équation (1) donne des valeurs de cos H plus grandes que l'unité pour :

$$\mathfrak{L} > 90° - \lambda \qquad \text{ou} \qquad \mathfrak{L} < 90° + \lambda .$$

Le Soleil devient donc circompolaire à partir de l'époque laquelle $\mathfrak{L} = 90° - \lambda$ ou $\mathfrak{L} = 90° + \lambda$.

Il n'y a plus alors ni lever ni coucher du Soleil.

7° Aux pôles, on a :

$$\lambda = 0° \qquad \text{ou} \qquad \lambda = 180°$$

d'où :

$$\cot \lambda = \pm \infty$$

Il n'y a ni lever, ni coucher à aucune époque de l'année. Le Soleil décrit des parallèles au-dessus ou au-dessous de l'horizon, suivant que ℒ, qui est égal à z, est inférieur ou supérieur à 90°.

III. — Le diamètre apparent du Soleil varie, dans le cours de l'année, de

31′31″,0 à 32′35″,6

Le diamètre moyen est de :

32′3″,3

La distance de la Terre au Soleil est donc variable.

Forme du Soleil. — L'examen des taches démontre que le Soleil tourne sur lui-même ; et comme son disque est toujours circulaire, on en conclut qu'il est sphérique.

Cependant les observations méridiennes donnent pour valeurs

du diamètre vertical. . . . . 32′3″,49
du diamètre horizontal . . . . 32′3″,31

Cette inégalité tient à ce que les deux diamètres sont obtenus par deux procédés différents : l'un déduit d'une mesure de déclinaison, l'autre d'une détermination d'heure. Si l'on mesure le diamètre solaire à l'aide d'un micromètre adapté à un équatorial et muni de deux fils parallèles que l'on amène en contact avec les deux bords du disque, on peut faire tourner le micromètre, sans détruire le contact. De même, l'héliomètre de Bouguer, formé d'un objectif coupé en deux moitiés, donne, pour une position convenable de ces deux parties, deux images du Soleil en contact (*fig.* 60); une rotation autour du centre d'un des demi-objectifs déplace l'une des images en la laissant en contact avec la première.

Le Soleil est donc bien rigoureusement sphérique. Son diamètre n'est pas exactement connu; les mesures diffèrent suivant les observatoires. Peut-être n'est-il pas constant; cette hypothèse, émise par le P. Secchi, est justifiée par la constitution du Soleil : la photosphère est, en effet, entourée d'une couche de vapeurs métalliques, qui, suivant son éclat, peut augmenter ou diminuer le diamètre de l'astre. La photographie ne donne d'ailleurs aucun résultat pour la mesure de ce diamètre; l'illumination des bords du Soleil ne cessant pas brusquement, la grandeur des images varie avec le temps de pose.

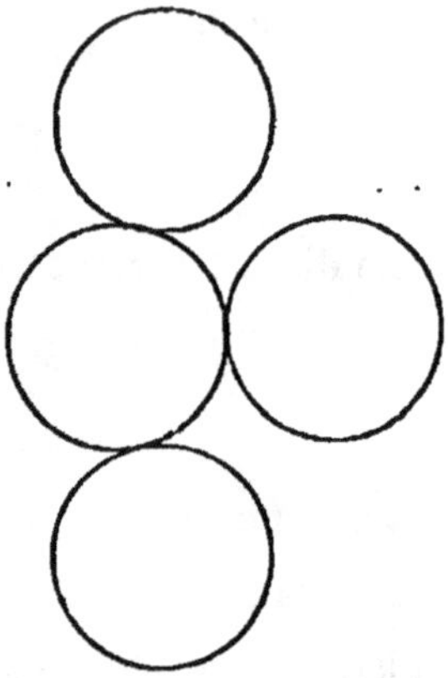

Fig. 60.

Rapport des rayons du Soleil et de la Terre. — Soient T

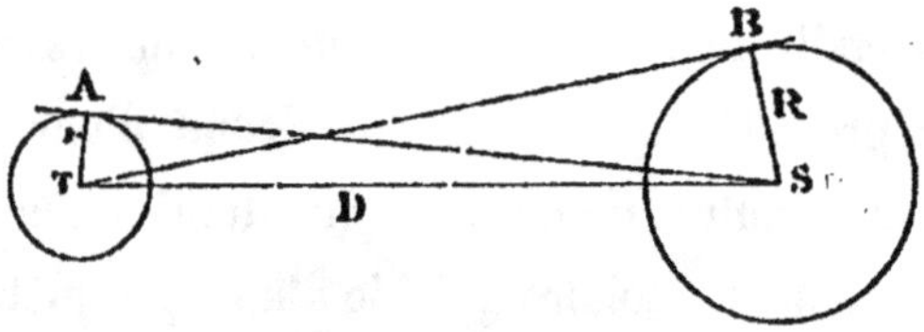

Fig. 61.

et S (*fig.* 61) deux circonférences représentant la Terre et le Soleil, SA, TB des tangentes à ces circonférences. En désignant par π la parallaxe horizontale AST du Soleil, par Δ son diamètre apparent, par D la distance ST, par R et r les rayons SB, TA, on a, dans les triangles ATS, BTS :

$$\frac{\sin \frac{1}{2} \Delta}{R} = \frac{1}{D}$$

$$\frac{\sin \pi}{r} = \frac{1}{D}$$

d'où, avec une approximation suffisante :

$$\frac{R}{r} = \frac{\frac{1}{2} \Delta}{\pi}$$

$$R = \frac{16'1'',7}{8'',86} r$$

$$R = 108,5 \, r$$

en supposant la parallaxe π calculée comme nous le verrons plus loin.

Il faut revenir maintenant sur l'étude détaillée des phénomènes que nous venons de constater dans le mouvement apparent du Soleil. Nous diviserons cette étude en deux parties :

1° Étude du mouvement du Soleil sur la sphère céleste, en faisant abstraction de la variation de distance ;

2° Théorie du Soleil, établie en tenant compte de ces variations.

CHAPITRE VIII

MOUVEMENT DU SOLEIL SUR LA SPHÈRE CÉLESTE

57. Le Soleil décrit dans sa course annuelle un grand cercle de la sphère céleste. Le plan de ce grand cercle appelé *écliptique* est défini par ses *nœuds* ou points d'intersection avec l'équateur céleste et par son *inclinaison* sur cet équateur. Il sera prouvé qu'il en est ainsi si toutes les observations donnent la même inclinaison de l'écliptique sur l'équateur et la même position des nœuds ou points équinoxiaux.

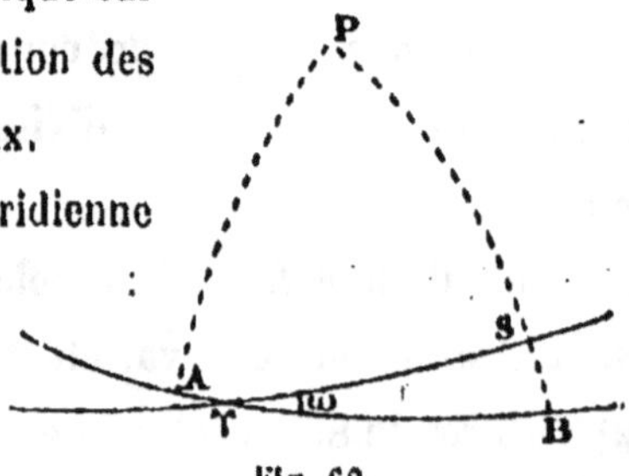

Fig. 62.

Chaque observation méridienne du Soleil donne son ascension droite $\alpha = AB$ comptée à partir du méridien céleste PA de l'étoile origine et sa distance polaire $\mathfrak{P} = PS$ (*fig.* 62). Soit A l'arc γA qui mesure l'ascension droite du point équinoxial γ par rapport à la même étoile. On a dans le triangle γSB :

$$\operatorname{tg} \mathfrak{D} = \cot \mathfrak{P} = \operatorname{tg} \omega \sin(\alpha - A)$$

relation qui permettra de déterminer les inconnues ω et A. Les mêmes valeurs de ω et A devront satisfaire à toutes les équations semblables. On pose pour les résoudre :

$$x = \operatorname{tg} \omega \sin A \qquad y = \operatorname{tg} \omega \cos A$$

d'où :

$$\frac{x}{y} = \operatorname{tg} A \qquad x^2 + y^2 = \operatorname{tg}^2 \omega$$

Par suite les équations deviennent :

$$\cot \mathcal{L} = - x \cos \alpha + y \sin \alpha$$
$$\cot \mathcal{L}' = - x \cos \alpha' + y \sin \alpha'$$
$$\cdots\cdots\cdots\cdots\cdots$$

On les résout par la méthode des moindres carrés ou par la méthode de Cauchy.

Les résidus sont de l'ordre des erreurs d'observation ; donc la trajectoire apparente du Soleil est dans un plan incliné d'un angle constant ω sur l'équateur et qui coupe celui-ci suivant une droite passant par deux points fixes du ciel.

Si l'on ne prend que deux de ces équations, le dénominateur commun des valeurs de x et de y est $\sin (\alpha - \alpha')$; pour qu'il soit maximum il faut que :

$$\alpha - \alpha' = 90°$$

c'est-à-dire qu'il faut prendre deux observations à trois mois de distance. Si l'une est faite près du solstice où l'on a :

$$\alpha - A = 90°$$

elle donne :

$$\cot \mathcal{L} = \operatorname{tg} \omega$$

d'où :

$$\omega = 90° - \mathfrak{P} = \Omega$$

L'autre se fera alors près de l'équinoxe où l'on a sensiblement $\mathfrak{P} = 90°$ et donnera :

$$A = \alpha'$$

Donc au lieu de prendre des observations uniformément réparties sur tout le ciel, il vaudra mieux prendre deux groupes d'observations, l'un comprenant des positions voisines du solstice, l'autre des positions voisines des équinoxes.

58. Détermination de ω. — Soient une observation faite près du solstice, $\alpha - A$ la valeur approchée de la différence d'ascension droite du Soleil et du point équinoxial du printemps. La distance au solstice sera :

$$90° - (\alpha - A) = \varpi$$

L'équation qui détermine ω est :

$$\cos \varpi \operatorname{tg} \omega = \cot \mathfrak{P} = \operatorname{tg} \Omega$$

ϖ étant petit, la variation de son cosinus est très lente et une erreur sur ϖ est sans influence. La valeur de ω développée en série est :

$$\omega'' = \Omega - \frac{1}{\sin^2 1''} \operatorname{tg}^2 \frac{\varpi}{2} \sin 2\Omega + \frac{1}{\sin 2''} \operatorname{tg}^4 \frac{2}{\varpi} \sin 4\Omega + \ldots$$

en remplaçant $2 \sin 1''$ par $\sin 2''$. On prendra la moyenne des valeurs de ω données par plusieurs observations. En comparant les moyennes obtenues dans des années différentes on reconnaîtra si ω est constant ; s'il est variable on en déduira la loi de variation.

Les erreurs de la valeur ainsi calculée proviennent de la mesure de $\mathfrak{D}$. Si l'on opère au solstice, on a :

$$\omega = 90° - \mathfrak{L}$$

D'où :

$$\delta\omega = -\delta\mathfrak{L} = -\delta\lambda$$

On aura donc :

au solstice d'été	$\omega = \mathfrak{D} - \delta\lambda$
au solstice d'hiver	$\omega = \mathfrak{D} + \delta\lambda$

et l'erreur sera éliminée en prenant la moyenne. Quant à l'erreur de réfraction, elle ne s'élimine qu'en partie par suite de la différence des températures de l'atmosphère et surtout de la variation d'échauffement produite en été et en hiver par le soleil dans le tube de la lunette.

Les anciens astronomes mesuraient ω à l'aide du gnomon [1]. Dans un mur vertical est percé à une certaine hauteur un trou muni d'un objectif à long foyer. Le sol qui se trouve derrière ce mur est horizontal. A midi l'image du Soleil se forme sur la méridienne du lieu. On mesure une fois pour toutes la distance verticale du centre de l'objectif au sol et à midi la distance de l'image du Soleil au pied du mur. On en déduit la valeur de ω en considérant les triangles SAE, S'AE (*fig.* 63), S, S', E désignant les images du Soleil aux solstices et à l'équinoxe.

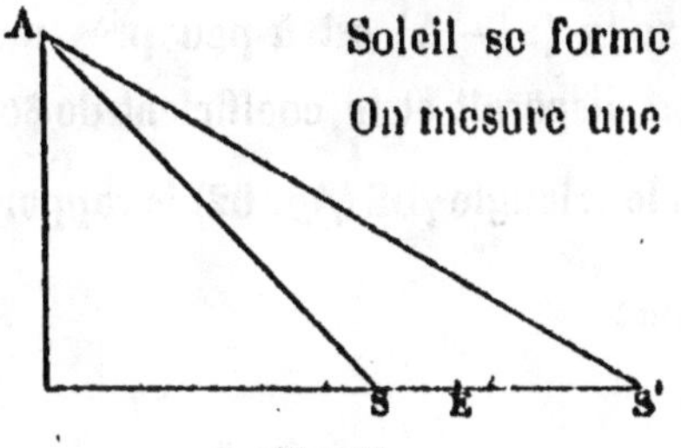

Fig. 63.

(1) Il existe un semblable gnomon à l'Observatoire de Paris et un autre à l'église Saint-Sulpice au-dessus de la porte palatine. C'est ce dernier qui servit à Lemonnier au XVIIIe siècle.

59. Détermination de A. — Ayant déterminé les ascensions droites provisoires d'étoiles sur tout le pourtour du ciel, on compare chaque jour celle du Soleil à celles de ces étoiles qui en sont voisines. On a ainsi *chaque jour* l'ascension droite du Soleil par la formule :

$$\operatorname{tg} \mathcal{D} = \cot \mathcal{L} = \operatorname{tg} \omega \sin (\alpha - A)$$

La mesure de $\mathcal{L}$ donne A, ω étant connu.

Pour déterminer l'influence des erreurs de $\mathcal{D}$ et ω sur A, différentions cette formule ; nous aurons :

$$\frac{\delta \mathcal{D}}{\cos^2 \mathcal{D} \operatorname{tg} \mathcal{D}} = \frac{\delta \omega}{\cos^2 \omega \operatorname{tg} \omega} - \frac{\delta A \cos (\alpha - A)}{\sin (\alpha - A)}$$

ou :

$$\frac{2\delta \mathcal{D}}{\sin 2\mathcal{D}} = \frac{2\delta \omega}{\sin 2\omega} - \frac{\delta A}{\operatorname{tg} (\alpha - A)}$$

D'où l'on déduit :

$$\delta A = -\delta \mathcal{D} \frac{2 \operatorname{tg} (\alpha - A)}{\sin 2\mathcal{D}} + \delta \omega \frac{2 \operatorname{tg} (\alpha - A)}{\sin 2\omega}.$$

Au voisinage de l'équinoxe $\operatorname{tg} (\alpha - A)$ est à peu près nul ainsi que $\mathcal{D}$. Le terme en $\delta\omega$ disparaît et le coefficient de $\delta\mathcal{D}$ prend la forme $\frac{0}{0}$. Mais dans le triangle γBS (*fig.* 62) le rapport $\frac{\alpha - A}{\mathcal{D}}$ tend vers $a \operatorname{tg} \omega$, donc :

$$\frac{2 \operatorname{tg} (\alpha - A)}{\sin 2\mathcal{D}} \quad \text{tend vers} \quad \frac{\cot \omega}{\cos \mathcal{D}}$$

et à la limite, pour $\mathcal{D} = 0$, devient

$$\cot \omega = \cot 23^\circ 27'$$

c'est le minimum du coefficient de $\delta\mathcal{D}$.

Si l'on observe aux environs de l'autre équinoxe de façon que $\mathcal{D}$ reste le même et que $\alpha - A$ devienne $180° - (\alpha - A)$ l'erreur d'observation sur $\mathcal{D}$ aura la valeur $\delta' A$

$$\delta' A = \delta' \mathcal{D} \frac{2 \operatorname{tg}(\alpha - A)}{\sin 2\mathcal{D}} - \delta\omega \frac{2 \operatorname{tg}(\alpha - A)}{\sin 2\omega}$$

La moyenne des deux déterminations sera affectée de l'erreur $\frac{\delta A + \delta' A}{2}$ ou

$$\frac{2 \operatorname{tg}(\alpha - A)}{\sin 2\mathcal{D}}$$

ou de la différence des erreurs d'observation.

Si l'on observe au même cercle, les erreurs de division disparaissent ainsi que les erreurs de réfraction, puisque $\mathcal{D}$ est le même ; cependant la température ayant varié, on ne peut affirmer que la réfraction soit constante. Il faudrait connaître très exactement la variation de cette réfraction avec la température.

60. Origine des ascensions droites. — Le point équinoxial ainsi déterminé est celui qu'on prend pour origine des ascensions droites ; on l'appelle *point vernal* et on le désigne par la lettre γ (1).

Les ascensions droites provisoires α des étoiles par rapport au méridien céleste de α de l'Aigle étant connues, ainsi que A ou l'ascension droite du point γ, par rapport au même plan, on aura l'ascension droite absolue $\mathcal{A}$ d'une étoile par la for-

(1) Ce point était autrefois désigné par le signe représentant la constellation du Bélier. Ce symbole s'est transformé en ♈, puis en γ.

mule :

$$\mathcal{A} = \alpha - A$$

Le *jour équinoxial*, intervalle entre deux passages consécutifs au méridien du point γ, sera égal au jour sidéral si le point γ est fixe par rapport aux étoiles. Bien qu'il n'en soit pas ainsi, on a pris l'habitude de donner au temps équinoxial le nom de temps sidéral. L'*année tropique* (**56**), intervalle de deux équinoxes successifs, diffère aussi de l'année sidérale en raison du déplacement du point γ (précession des équinoxes ou rétrogradation des points équinoxiaux). Elle est plus courte que l'année sidérale. L'erreur sur la détermination du moment de l'équinoxe pouvant s'élever à une minute, l'erreur sur la détermination de la durée de l'année tropique pourrait s'élever à $1^m \sqrt{2} = 1^m,4$. En faisant la moyenne des observations successives depuis celles de Bradley et La Caille au siècle dernier, on obtient la valeur suivante de l'année tropique, calculée par Le Verrier :

$$366^{j.s}, 2422 = 365^{j.m}, 2422$$

Ainsi que nous l'avons fait remarquer, ces définitions ne sont que provisoires et seront précisées dans la suite. L'année tropique est la plus importante au point de vue civil, puisque c'est elle qui ramène aux mêmes dates les phénomènes des saisons.

61. Coordonnées écliptiques. — On déduit de l'étude du mouvement du Soleil un nouveau système de coordonnées. Ce système a pour plan fondamental le plan de l'écliptique et pour axe la perpendiculaire à ce plan ; le plan origine est celui d'un grand cercle de la sphère céleste passant par le pôle de l'écliptique et par le point γ. Les coordonnées d'un astre ainsi définies sont la *longitude céleste*, mesurée par l'angle du grand cercle passant par l'astre et le pôle de l'écliptique avec le grand cercle origine, et la *latitude céleste*, mesurée par l'arc de ce grand cercle allant de l'astre à l'écliptique. La longitude (L) est comptée à partir du point γ de 0° à 360° dans le sens direct, comme les ascensions droites, et la latitude (β) de 0° à 90°, positivement vers le pôle nord de l'écliptique, négativement vers le pôle sud.

62. Transformation de ces coordonnées. — Soient OP l'axe polaire (*fig.* 64), OII l'axe de l'écliptique, supposés dans le plan de la figure, Oγ la ligne des équinoxes, γE l'équateur, γε l'écliptique. Les coordonnées équatoriales d'un astre S sont sa déclinaison

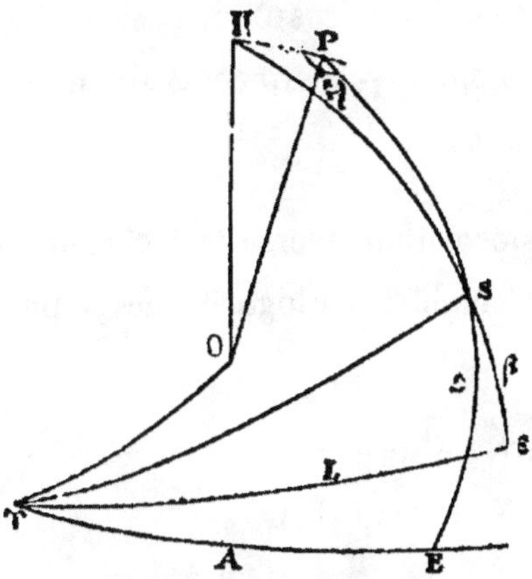

Fig. 64.

$$\mathcal{D} = SE$$

et son ascension droite

$$\mathcal{A} = \gamma E.$$

Ses coordonnées écliptiques sont sa latitude

$$\beta = S'\varepsilon$$

et sa longitude

$$L = \gamma\varepsilon.$$

Dans le triangle ΠPS, le côté ΠP est égal à l'inclinaison ω de l'écliptique, les côtés PS, ΠS sont les compléments de $\mathcal{D}$ et β; l'angle ΠPS est égal à $90° + \mathcal{A}$ et l'angle PΠS à $90° - L$. Les formules fondamentales donnent alors dans ce triangle :

$$\begin{aligned}
\sin \mathcal{D} &= \sin\beta \cos\omega + \cos\beta \sin\omega \sin L \\
-\cos \mathcal{D} \sin \mathcal{A} &= \sin\beta \sin\omega - \cos\beta \cos\omega \sin L \\
\cos \mathcal{D} \cos \mathcal{A} &= \cos\beta \cos L
\end{aligned}$$

Elles servent à transformer les longitudes et latitudes en ascensions droites et déclinaisons.

On a de même les formules :

$$\begin{aligned}
\sin\beta &= \sin \mathcal{D} \cos\omega - \cos \mathcal{D} \sin\omega \sin \mathcal{A} \\
\cos\beta \sin L &= \sin \mathcal{D} \sin\omega + \cos \mathcal{D} \cos\omega \sin \mathcal{A} \\
\cos\beta \cos L &= \cos \mathcal{D} \cos \mathcal{A}
\end{aligned}$$

Elles servent à la transformation inverse de $\mathcal{A}$ et $\mathcal{D}$ en L et β.

On rend ces formules calculables par logarithmes en posant, pour le premier système :

$$\begin{aligned}
M \sin N &= \sin\beta \\
M \cos N &= \cos\beta \sin L
\end{aligned}$$

Elles deviennent alors :

$$\begin{aligned}
\sin \mathcal{D} &= M \sin(N + \omega) \\
\cos \mathcal{D} \sin \mathcal{A} &= M \cos(N + \omega) \\
\cos \mathcal{D} \cos \mathcal{A} &= \cos\beta \cos L
\end{aligned}$$

ou :

$$\operatorname{tg} \mathcal{A} = \frac{M \cos(N + \omega)}{\cos\beta \cos L} = \frac{\cos(N + \omega)}{\cos N} \operatorname{tg} L$$

$$\operatorname{tg} \mathcal{D} = \operatorname{tg}(N + \omega) \sin \mathcal{A}$$

et les quantités M et N sont déterminées par les équations :

$$\operatorname{tg} N = \frac{\operatorname{tg} \beta}{\sin L}$$

$$M = \frac{\sin \beta}{\sin N} = \frac{\cos \beta \sin L}{\cos N}.$$

Pour le deuxième système, on pose :

$$M \sin N' = \sin \mathcal{D}$$
$$M \cos N' = \cos \mathcal{D} \sin \mathcal{A}$$

Les formules deviennent :

$$\sin \beta = M \cos (N' - \omega)$$
$$\cos \beta \sin L = M \sin (N' - \omega)$$
$$\cos \beta \cos L = \cos \mathcal{D} \cos \mathcal{A}$$

ou :

$$\operatorname{tg} L = \frac{\cos (N' - \omega)}{\cos N'} \operatorname{tg} \mathcal{A}$$

$$\operatorname{tg} \beta = \operatorname{tg} (N' - \omega) \sin L$$

Les quantités M et N' sont données par les équations :

$$\operatorname{tg} N' = \frac{\operatorname{tg} \mathcal{D}}{\sin \mathcal{A}}$$

$$M = \frac{\sin \mathcal{D}}{\sin N'} = \frac{\cos \mathcal{D} \sin \mathcal{A}}{\cos N'}$$

La signification géométrique de ces quantités se déduit de la considération des triangles $S\gamma\varepsilon$, $S\gamma E$. On a, en effet, dans le premier :

$$\sin L \operatorname{tg} S\gamma\varepsilon = \operatorname{tg} \beta$$

d'où

$$\operatorname{tg} S\gamma\varepsilon = \frac{\operatorname{tg}\beta}{\sin L} = \operatorname{tg} N$$

et

$$\sin \gamma S = \frac{\sin\beta}{\sin N}$$

Par conséquent :

$$N = S\gamma\varepsilon$$
$$M = \sin \gamma S'$$

De même, dans $S\gamma E$:

$$\sin \mathcal{A} \operatorname{tg} S\gamma E = \operatorname{tg} \mathcal{D}$$

d'où

$$\operatorname{tg} S\gamma E = \frac{\operatorname{tg}\mathcal{D}}{\sin \mathcal{A}} = \operatorname{tg} N'$$

et

$$\sin \gamma S = \frac{\sin \mathcal{D}}{\sin N'}$$

Par conséquent :

$$N' = S\gamma E$$
$$M = \sin \gamma S$$

$\mathcal{D}$ et β étant $< 90°$, $\cos \mathcal{D}$ et $\cos \beta$ sont toujours positifs ; donc, d'après la troisième formule, $\cos \mathcal{A}$ et $\cos L$ sont de même signe. D'autre part, le signe de $\operatorname{tg} \mathcal{A}$ détermine celui de $\operatorname{tg} L$ ou inversement. Donc, le quadrant dans lequel il faut prendre L ou $\mathcal{A}$ est déterminé.

On emploie de préférence, pour le calcul d'un grand nombre de transformations analogues, les formules de

Delambre (7) qui donnent ici, en appelant π l'angle parallactique πSP.

$$\cos\left(45^\circ-\frac{1}{2}\beta\right)\sin\left(45^\circ-\frac{L-\pi}{2}\right)=\cos\left(45^\circ-\frac{\mathcal{D}+\omega}{2}\right)\cos\left(45^\circ+\frac{\mathcal{A}}{2}\right)$$

$$\sin\left(45^\circ-\frac{1}{2}\beta\right)\sin\left(45^\circ-\frac{L+\pi}{2}\right)=\sin\left(45^\circ-\frac{\mathcal{D}+\omega}{2}\right)\cos\left(45^\circ+\frac{\mathcal{A}}{2}\right)$$

$$\cos\left(45^\circ-\frac{1}{2}\beta\right)\cos\left(45^\circ-\frac{L-\pi}{2}\right)=\cos\left(45^\circ-\frac{\mathcal{D}-\omega}{2}\right)\sin\left(45^\circ+\frac{\mathcal{A}}{2}\right)$$

$$\sin\left(45^\circ-\frac{1}{2}\beta\right)\cos\left(45^\circ-\frac{L+\pi}{2}\right)=\sin\left(45^\circ-\frac{\mathcal{D}-\omega}{2}\right)\sin\left(45^\circ+\frac{\mathcal{A}}{2}\right)$$

Ces formules déterminent L, π et β sans ambiguité, puisque l'angle $45^\circ - \frac{\beta}{2}$ est nécessairement compris entre 0° et 90°.

Dans le cas du Soleil, β est nul et les formules se simplifient :

$$\sin \mathcal{D} = \sin\omega \sin L$$
$$\cos\mathcal{D} \sin\mathcal{A} = \cos\omega \sin L$$
$$\cos\mathcal{D} \cos\mathcal{A} = \cos L$$

d'où :

$$\operatorname{tg}\mathcal{A} = \operatorname{tg} L \cos\omega$$
$$\operatorname{tg}\mathcal{D} = \operatorname{tg}\omega \sin\mathcal{A}$$

et

$$\operatorname{tg} L = \frac{\operatorname{tg}\mathcal{D}}{\sin\omega\cos\mathcal{A}} = \frac{\operatorname{tg}\mathcal{A}}{\cos\omega}$$

PRÉCESSION DES ÉQUINOXES

63. Variation de l'ascension droite et de la distance polaire des étoiles. — Ayant déterminé à plusieurs époques l'équinoxe et l'obliquité de l'écliptique, on compare les ascensions droites absolues et les déclinaisons des mêmes étoiles. On trouve que ces coordonnées varient, les distances relatives des étoiles n'ayant pas changé.

Hipparque (128 av. J.-C.) construisit un catalogue de 1200 étoiles et compara ses observations à celles de Timocharis et d'Aristille, antérieures de 140 ans à peu près.

Au XVIIe siècle, des mesures furent effectuées par Bradley (Greenwich, 1742-1762) qui observait avec une lunette méridienne, et par La Caille (1746-1762) qui observa à Paris (Collège Mazarin) et au Cap avec un quart de cercle ou un sextant mobile en employant la méthode des hauteurs correspondantes.

Les observations de Bradley forment la base de tous les Catalogues et ont servi à déterminer presque toutes les constantes de l'astronomie. Elles ont été calculées d'abord par Bessel dans ses *Fundamenta Astronomiæ* (Kœnigsberg, 1818) puis par Le Verrier (*Ann. de l'Obs.*, 1854).

Le tableau suivant permet de constater les variations δℛ, δ𝒟 subies par les coordonnées des étoiles de 1755 à 1845.

	OBSERVATIONS DE BRADLEY, 1755				OBSERVATIONS DE GREENWICH, 1845	
	ℛ	𝒟	δℛ	δ𝒟	ℛ	𝒟
	h m s	° ′ ″	m s	′ ″	h m s	° ′ ″
γ Pégase.....	0 0 38,866	+13 49 14,0	+4 36,711	+30 3,7	0 5 15,577	+14 19 17,7
La Chèvre...	4 58 37,974	+45 43 4,5	+6 36,896	+ 6 54,3	5 5 14,870	+45 49 58,8
α Orion.....	5 41 54,907	+ 7 20 18,1	+4 51,973	+ 2 3,4	5 46 46,880	+ 7 22 21,5
Procyon.....	7 26 27,718	+ 5 49 59,1	+4 44,362	−12 44,6	7 31 11,080	+ 5 37 4,5
α' Epi.......	13 12 19,161	− 9 52 29,5	+4 42,871	−28 33,8	13 17 2,032	−10 21 1,3
Antarès	16 14 25,684	−25 51 50.3	+5 29,044	−13 6,1	16 19 54,728	−26 4 56,4
Wega.......	18 28 38,725	+38 34 11,6	+3 2,714	+ 4 22,2	18 31 41,439	+38 38 33.8
α Aigle......	19 38 49,588	+ 8 14 23,9	+4 23,600	+13 24,2	19 43 13,188	+ 8 27 48,1
α' Capricorne	20 4 2.930	−13 14 44,6	+5 0.178	+15 47,0	29 9 3,108	−12 58 57,6
α Andromède	23 55 46,498	+27 44 12,5	+4 36,667	+29 51;3	0 0 23,165	+28 14 3,8

I. — La variation de déclinaison ne dépend que de l'ascension droite. Elle est maxima et positive pour 0^h ; elle décroît jusqu'à 6^h où elle est nulle, devient négative et croît en valeur absolue jusqu'à 12^h où elle prend la même valeur qu'à 0^h en signe contraire. Ses valeurs sont symétriques dans le deuxième hémisphère de 12^h à 24^h. On peut la représenter par la formule :

$$\delta\mathcal{D} = N \cos \mathcal{A}$$

où l'on a, pour 90 ans :

$$N = 1805'',8$$

et, pour une année :

$$N = 20'',06$$

II. — La loi de variation de $\mathcal{A}$ est plus compliquée.

1° Pour les étoiles équatoriales, $\delta\mathcal{A}$ est constant ; sa valeur est :

$$M = 4^m\,36^s = 4142'',5$$

comme le montre le tableau suivant :

	$\mathcal{D}$	$\delta\mathcal{A}$
	° '	m s
α Baleine. . .	+ 3 6	+ 4 41
Procyon . . .	+ 5 49	+ 4 43
β Vierge . . .	+ 3 8	+ 4 41
β Aigle. . . .	+ 5 48	+ 4 24
α Verseau. . .	— 1 30	+ 4 37

2° Pour les étoiles de même déclinaison $\delta\mathcal{A}$ varie comme le sinus de $\mathcal{A}$ et l'on a :

$$\delta\mathcal{A} = M + N' \sin \mathcal{A}$$

Le tableau suivant indique ces variations :

	$\mathcal{D}$	$\mathcal{A}$	$\delta\mathcal{A}$
	° '	h m	m s
γ Pégase	+ 13 49	0 0	4 36
Aldébaran . . .	+ 15 59	4 21	5 8,5
Régulus.	+ 13 9	9 35	4 40
β Lion	+ 15 56	11 36	4 36
α Hercule. . . .	+ 14 41	17 3	4 5,7
α Ophiuchus . .	+ 12 45	17 23	4 10
α Pégase	+ 13 53	22 52	4 28

3° Pour des étoiles de même ascension droite, $\delta\mathcal{A}$ varie comme la tangente de la déclinaison et l'on a :

$$\delta\mathcal{A} = M + N \operatorname{tg} \mathcal{D} \sin \mathcal{A}$$

Ces lois empiriques seraient difficiles à découvrir, si l'on n'était guidé par la théorie, et elles ne nous apprennent rien sur le mouvement d'ensemble des étoiles par rapport aux plans coordonnés.

64. Phénomène de la précession. — Si l'on observe directement les longitudes et latitudes des étoiles, comme le fit Hipparque à l'aide de l'astrolabe, on voit que les longitudes varient avec le temps, les latitudes restant à peu près invariables. Ainsi les observations ont donné les résultats suivants pour la Chèvre et l'Épi :

		1755	1800	1845
La Chèvre .	L	78°26′ 8″	79° 3′48″	79°41′32″
	β	22°51′41″	22°51′43″	22°51′45″
L'Épi. . . .	L	200°25′26″	201° 3′ 6″	201°40′49″
	β	2° 2′ 9″	2° 2′16″	2° 2′26″

Les longitudes ont augmenté de 37′40″ de 1755 à 1800 et de 37′44″ de 1800 à 1845 sans que les latitudes aient sensiblement varié.

Si, avec Hipparque, on suppose la Terre immobile au centre de la sphère céleste, l'équateur et la ligne des équinoxes fixes dans l'espace, on exprimera le fait en disant que la sphère céleste tourne tout d'une pièce, avec les étoiles qui y sont attachées, d'un mouvement uniforme et direct autour de l'axe de l'écliptique, à raison de 50″,2 par an.

Le point du ciel qui, à un certain équinoxe, coïncidait avec le point équinoxial, a marché au bout d'un an de 50″,2 le long de l'écliptique dans le sens direct. Donc, l'année suivante, le Soleil rencontre l'équateur et l'équinoxe a lieu, avant que le Soleil revienne au point du ciel qui marquait l'équinoxe de l'année précédente. De là le nom de *précession des équinoxes.*

Si, avec Copernic, on suppose la Terre mobile et les étoiles fixes dans l'espace, on représente le fait en faisant tourner l'axe de l'équateur terrestre autour de l'axe de l'écliptique immobile menée par le centre de la Terre, d'un mouvement rétrograde et uniforme de 50″,2 par an. L'équateur tournant avec son axe, la ligne des équinoxes rétrograde sur l'écliptique immobile de 50″,236 par an. D'où le nom de *rétrogradation des points équinoxiaux.*

65. Explication mécanique de la précession. — Newton, le premier, a expliqué le phénomène de la précession par l'action du Soleil et de la Lune sur le renflement équatorial terrestre. Si ce renflement n'existait pas, si la Terre était sphérique et homogène, il n'y aurait pas de précession. Nous suivrons dans l'exposé de l'explication de Newton les principes posés par Poinsot dans son *Mémoire sur la rotation des corps* (1834).

Le Soleil exerce sur chaque molécule de la Terre une attraction en raison inverse du carré de la distance, et toutes ces attractions passant par le centre du Soleil ont une résultante unique, qui passerait aussi par le centre de la Terre, si celle-ci était sphérique et homogène. Mais la Terre est renflée à l'équateur, et l'action du Soleil sur la portion de cet anneau équatorial qui est la plus voisine de lui étant plus forte que celle qui s'exerce sur la portion la plus éloignée, il s'ensuit que la résultante totale ne passe pas en général par le centre de la Terre, mais par un point situé au-dessous ou au-dessus de ce centre, du côté où l'équateur s'incline vers le Soleil.

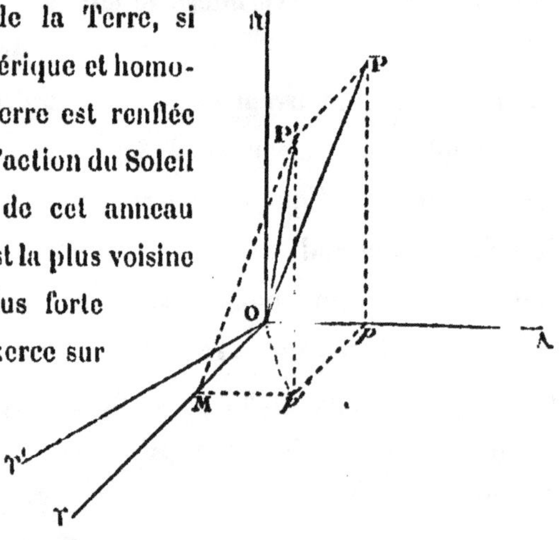

Fig. 65.

Soient O le centre de la Terre (*fig.* 65), H le pôle de l'écliptique, P le pôle actuel du ciel, $O\gamma$ la ligne des équinoxes perpendiculaire au plan ΠOP, Op la projection de OP sur le plan γAO à droite de la ligne Oγ. La portion du renflement terrestre la plus rapprochée du Soleil se trouve au-dessous de ce plan γOA; la résultante de l'attraction solaire est donc appliquée en un point situé au-dessous de ce plan, et tend à faire tourner le plan de l'équateur et à le rapprocher de celui de l'écliptique. C'est ce qui aurait lieu si la Terre ne tournait pas sur elle-même; la combinaison de sa rotation avec celle que tend à lui imprimer le Soleil produira d'autres phénomènes.

Si l'on applique au point O deux forces opposées, égales et parallèles à la résultante de l'action solaire, celle-ci se trouvera remplacée par une force attractive appliquée au centre de la Terre, et par un couple. La force accélératrice est celle qui, en se combinant avec la vitesse d'impulsion, fait décrire à la Terre son orbite autour du Soleil. Le couple tend à produire une rotation autour d'un certain axe, et il s'agit de combiner cette rotation avec celle de la Terre.

Décomposons ce couple en trois autres tendant à produire des rotations autour de trois axes qui soient des axes principaux de la Terre. L'un de ces axes est l'axe OP de la Terre; le deuxième sera la ligne Oγ des équinoxes, et le troisième une perpendiculaire au plan POγ dans le plan de l'équateur. Ces trois lignes étant des axes principaux d'inertie, les trois couples produiront des vitesses de rotation autour de ces axes eux-mêmes.

Considérons d'abord la rotation autour de la ligne Oγ. Pour la combiner avec la rotation de la Terre autour de OP, il faut prendre sur les deux axes, à partir de O, deux longueurs proportionnelles aux vitesses de rotation et dans des sens tels que, pour un observateur couché sur ces axes, les pieds en O, les deux rotations soient de même sens. Soient OP et OM ces longueurs; la diagonale OP′ du parallélogramme construit sur OP et OM est la direction de l'axe de la rotation résultante et la longueur OP′ est la mesure de la vitesse de cette rotation. L'axe de rotation de la Terre passe donc de la direction OP à la direction OP′, et la ligne des équinoxes, toujours perpendiculaire au plan HOP′, prend la direction Oγ' perpendiculaire à Op' projection de OP′.

Le premier effet du Soleil, situé à droite du plan HOγ est donc de déterminer un mouvement de rétrogradation du point équinoxial γ. S'il est situé à gauche du même plan, son action est prépondérante sur la portion du renflement équatorial située au-dessus du plan de l'écliptique; la rotation qu'elle engendre est de même sens que la précédente; par conséquent le mouvement de précession de l'équinoxe continue dans le même sens.

L'axe de la Terre, dans son déplacement, conserve d'ailleurs sensiblement la même inclinaison sur l'axe de l'écliptique, et la durée de rotation de la Terre n'est pas sensiblement altérée. Les triangles POp et P′Op' donnent en effet :

$$\operatorname{tg} \mathrm{PO}p = \frac{\mathrm{P}p}{\mathrm{O}p}$$

$$\operatorname{tg} \mathrm{P'O}p' = \frac{\mathrm{P'}p'}{\mathrm{O}p'}.$$

Mais

$$\mathrm{P}p = \mathrm{P'}p',$$

$$\mathrm{O}p' = \frac{\mathrm{O}p}{\cos p\mathrm{O}p'}.$$

Donc

$$\operatorname{tg} P'Op' = \frac{Pp}{Op} \cos pOp',$$

$$\operatorname{tg} POp - \operatorname{tg} P'Op' = \frac{Pp}{Op}(1 - \cos pOp').$$

L'angle pOp' est infiniment petit ; car l'observation montre que $O\gamma$ se déplace de $50''$ par an, soit $0'',14$ par jour, tandis que la Terre fait un tour ou $1296000''$. La quantité $1 - \cos pOp'$ est donc un infiniment petit du second ordre, ainsi que la différence des tangentes des deux angles POp et $P'Op'$ et *a fortiori* celle des deux angles. L'inclinaison de l'axe de l'équateur sur le plan de l'écliptique peut donc être considérée comme constante.

Pour les mêmes raisons, OP' doit être regardé comme égal à OP ; la vitesse de rotation de la Terre n'est pas altérée par ce premier effet de l'action du Soleil.

La rotation autour d'une perpendiculaire à $O\gamma$ menée dans le plan de l'équateur, combinée avec la rotation de la Terre, donnera une rotation autour d'un axe toujours situé dans le plan POA perpendiculaire à $O\gamma$. Il n'en résultera donc aucun mouvement de précession, mais un changement d'inclinaison de OP sur OH. Ce couple s'annule d'ailleurs au moment des solstices et des équinoxes, et change de sens; par conséquent, la variation d'inclinaison changera elle-même de sens tous les trois mois. Le mouvement de l'axe est un mouvement de *nutation;* on l'appelle nutation solaire.

Enfin le dernier couple composant donnerait lieu à une rotation autour de l'axe même de la Terre, qui se combinerait directement avec sa rotation et la ferait varier d'une quantité insensible d'ailleurs, sans influer sur les mouvements de précession ou de nutation. Mais la théorie des rotations montre que, dans un ellipsoïde de révolution, comme est la Terre, le moment de ce dernier couple est nul, puisqu'il est proportionnel à la différence de longueur des axes perpendiculaires à l'axe polaire, lesquels sont égaux.

Le couple perturbateur devient évidemment nul toutes les fois que le Soleil est dans le plan de l'équateur, c'est-à-dire aux équinoxes. La composante de ce couple qui produit la précession est maxima au moment des solstices et elle existe seule. L'action du Soleil sur le renflement équatorial produirait donc un mouvement de précession toujours dans le même sens, mais dont la vitesse deviendrait nulle deux fois par an. Mais il faut y ajouter l'action de la Lune, beaucoup plus énergique et plus rapidement variable, qui, agissant dans le même sens, produit en définitive un mouvement continu de précession avec quelques inégalités périodiques. Nous allons y revenir en parlant de la nutation.

66. Précession planétaire. — Le phénomène est encore compliqué par l'action des planètes, en particulier de Vénus, qui, en agissant sur la Terre sphérique, change lentement la position du plan de l'écliptique. Il en résulte :

1° Une diminution de l'obliquité, dont la valeur est 0",479 par an, qui a été constamment dans le même sens depuis que l'on observe, comme le montre le tableau suivant des valeurs de ω calculées depuis 1100 av. J.-C. jusqu'à nos jours :

OBSERVATEURS	DATE des OBSERVATIONS	VALEUR DE ω
		° ′ ″
Tcheou-Kong (Chine). .	1100 av. J. C.	23 52
Pithéas (Marseille). . .	350 av. J. C.	23 49 20
Ibn Jounis (Égypte) . .	1000	23 34 26
Ulug-Beg (Samarcande) .	1437	23 31 48
Bradley	1750	23 28 18
	1889	23 27 9

En réalité, cette variation est périodique et son étendue maximum est 2°40′;

2° Une variation de la ligne d'intersection de l'écliptique d'une certaine époque avec l'écliptique d'une époque antérieure. Il existe donc une *précession planétaire* qui s'ajoute à la *précession luni-solaire*: leur résultante est la *précession générale*;

3° Un changement de position des orbites du Soleil et de la Lune par rapport à l'équateur terrestre, résultant de cette variation du plan de l'écliptique. Par suite, il se produit une variation dans l'action luni-solaire, d'où résulte une variation de l'inclinaison de l'équateur sur l'écliptique et de la position de leurs points d'intersection. Mais cette variation n'est évidemment que du deuxième ordre, et n'affecte dans les formules en séries que les termes dépendant du carré du temps.

67. Détermination des positions de l'écliptique et de l'équateur à une époque quelconque. — Laplace et Bessel avaient choisi comme plan fixe l'écliptique de 1750, date moyenne des observations de Bessel et de La Caille.

Depuis Le Verrier, on rapporte les positions de l'équateur et de l'écliptique à l'écliptique de 1850.

Nous allons déterminer les mouvements de l'écliptique et de l'équateur mobile par rapport à l'écliptique et à l'équateur fixes.

1° *Détermination de l'équateur mobile de* $1850 + t$ *par rapport à l'écliptique fixe de* 1850. — En 1850, l'équateur E_0

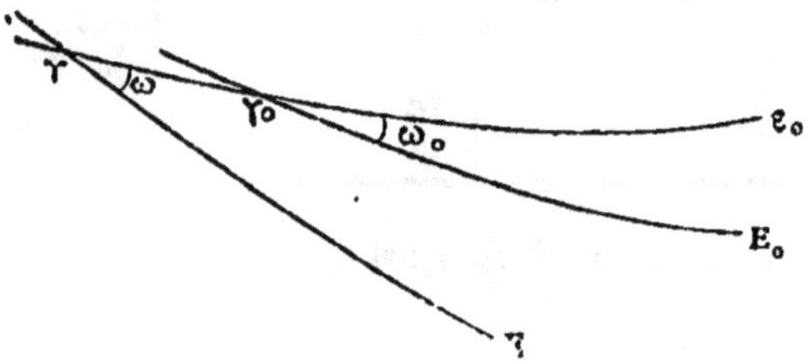

Fig. 66.

(*fig.* 66) passe par le point γ_0 et fait avec $\gamma_0\varepsilon_0$ l'angle ω_0. A l'époque $1850 + t$, le point d'intersection a rétrogradé en γ ; l'équateur mobile passe par ce point et fait avec $\gamma\varepsilon_0$ un angle $\omega > \omega_0$. Soit $\gamma\gamma_0 = \psi$. On a ;

$$\psi = at + bt^2$$
$$\omega = \omega_0 + ft^2$$

avec les valeurs :

$$a = 50'',37140$$
$$b = -0'',00010881$$
$$\omega_0 = 23°27'31'',83$$
$$f = 0'',00000719$$

ω serait constant sans l'action secondaire des planètes. Ces expressions ne sont d'ailleurs que les premiers termes d'une série indéfinie, mais suffisent pour l'intervalle des observations précises qui ne commencent qu'à la fin du XVIIe siècle. Le terme en t^2, qui provient d'un développement de termes périodiques en sinus, finirait par l'emporter sur le premier si l'on prenait t trop grand ; il en résulterait que le point γ finirait par se rapprocher du point γ_0, ce qui n'a pas lieu.

Dans ces formules et les suivantes, t est exprimé en années juliennes de $365^j,25$.

2° *Détermination de l'écliptique mobile de* 1850 + t *par rapport à l'écliptique fixe de* 1850. — Soient γ_0 l'équinoxe fixe

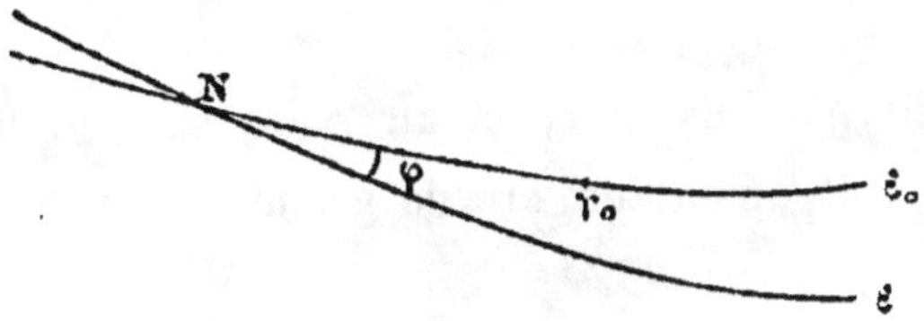

Fig. 67.

de 1850, N le nœud descendant (*fig.* 67). En 1850, Nε coïncide avec Nε_0, et le point N est à 7°3′23″ en arrière de γ_0. A l'époque 1850 + t, Nγ_0 devient :

$$N\gamma_0 = \theta = 7°3'23'' + 8'',688t,$$

et l'angle φ, qui était 0°, devient :

$$\varphi = 0'',47929t - 0'',50323t^2.$$

Si l'on remonte en arrière, l'écliptique mobile était au-dessus de Nε_0 et le point N, nœud ascendant, se rapprochait de γ_0, avec lequel il coïncidait en l'an — 2934 ou 1074 av. J.-C.

3° *Positions relatives de l'écliptique mobile et de l'équateur mobile à l'époque* 1850 + t. — Soient ε_0 et E$_0$, ε et E les positions de l'écliptique et de l'équateur aux époques 1850 et 1850 + t. Il faut déterminer le point γ' équinoxe de l'époque 1850 + t et l'obliquité ω'. Ces quantités sont celles que l'on observe directement. Les coordonnées de γ' par

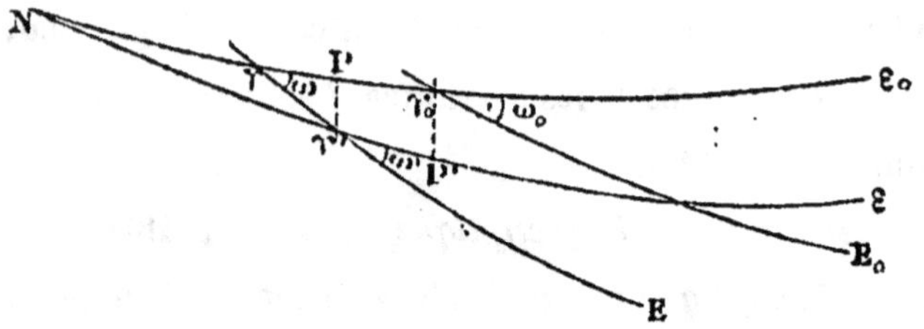

Fig. 68.

rapport au plan fixe $\gamma_0\varepsilon_0$ et au point γ_0 (*fig.* 68), sont $P\gamma_0$ et $P\gamma'$, $P\gamma'$ étant un arc de grand cercle perpendiculaire sur $N\varepsilon_0$. On a :

$$P\gamma_0 = \gamma\gamma_0 - \gamma P = \psi - \gamma P = \psi - \gamma\gamma' \cos\omega$$

Or, dans le triangle $N\gamma\gamma'$, on a :

$$\frac{\sin \gamma\gamma'}{\sin \varphi} = \frac{\sin N\gamma}{\sin \omega'}$$

d'où, avec une approximation suffisante :

$$\gamma\gamma' = \varphi \frac{\sin N\gamma}{\sin \omega_0}$$

Prenons, sur $N\varepsilon$, $NP' = N\gamma_0$; P' est le point de l'écliptique mobile qui marquait l'équinoxe de 1850, point que l'on obtiendrait aussi en abaissant de γ_0 un arc de grand cercle perpendiculaire sur $N\varepsilon$. La rétrogradation apparente ψ' de l'équinoxe sur l'écliptique mobile a pour valeur $\gamma'P' = P\gamma_0$, et l'on a par suite :

$$\psi' = \psi - \gamma\gamma' \cos\omega$$

ou, par approximation :

$$\psi' = \psi - \gamma\gamma' \cos\omega_0 = \psi - \frac{\varphi \sin(\theta - \psi) \cos\omega_0}{\sin\omega_0} = \psi - \varphi \frac{\sin(\theta - \psi)}{\operatorname{tg}\omega_0}$$

On en déduit :

$$\psi' = pt + p't^2$$

L'obliquité ω' sera donnée par le triangle $N\gamma\gamma'$, où l'on a :

$$\frac{\sin\omega'}{\sin\omega} = \frac{\sin N\gamma}{\sin N\gamma'} = \frac{\sin(\theta - \psi)}{\sin(\theta - \psi')}$$

$$\frac{\sin\omega' - \sin\omega}{\sin\omega' + \sin\omega} = \frac{\sin(\theta - \psi) - \sin(\theta - \psi')}{\sin(\theta - \psi) + \sin(\theta - \psi')}$$

$$\frac{\sin\frac{\omega' - \omega}{2} \cos\frac{\omega' + \omega}{2}}{\sin\frac{\omega' + \omega}{2} \cos\frac{\omega' - \omega}{2}} = \frac{\operatorname{tg}\frac{\omega' - \omega}{2}}{\operatorname{tg}\frac{\omega' + \omega}{2}} = \frac{\operatorname{tg}\frac{\psi' - \psi}{2}}{\operatorname{tg}\frac{2\theta - \psi - \psi'}{2}}$$

D'où, avec une approximation suffisante :

$$\omega' - \omega = \frac{(\psi' - \psi) \operatorname{tg}\omega_0}{\operatorname{tg}\frac{2\theta - \psi - \psi'}{2}}$$

On en déduit :

$$\omega' = \omega_0 + qt + q't^2$$

On trouve ainsi :

$$\psi' = 50'',23572t + 0'',00011289t^2$$
$$\omega' = \omega_0 - 0'',47566t - 0'',00000149t^2$$

ψ est la précession qui aurait lieu si l'écliptique restait fixe ; c'est la *précession luni-solaire;* ψ' est la *précession générale* résultant de la précédente et de la *précession planétaire.*

68. Précession annuelle. — On appelle ainsi le déplacement du point équinoxial pendant l'année julienne, qui sert d'unité de temps, en supposant la vitesse uniforme. C'est donc la vitesse de ce point à un moment donné, et on l'obtient en prenant la dérivée de ψ et ψ' par rapport à t.

$$\frac{d\psi}{dt} = 50'',37140 - 0'',00021762t$$

$$\frac{d\psi'}{dt} = 50'',23572 + 0'',00022578t$$

69. Résumé. — Le phénomène de la précession générale résulte d'un mouvement de rotation de l'axe de la terre autour de l'axe de l'écliptique, qui se déplace lui-même dans l'espace. Le premier mouvement, précession luni-solaire, entraîne l'axe du monde autour de l'axe de l'écliptique d'un mouvement rétrograde qui s'accélère légèrement avec le temps, l'inclinaison restant constante.

Le deuxième mouvement affecte la position de l'axe de l'écliptique, sans affecter celle de l'axe de l'équateur terrestre, et le fait osciller, par rapport à une position fixe, d'un angle de 2°41′, en même temps que la ligne des nœuds rétrograde très lentement.

NUTATION

70. Ces mouvements ne représentent que la partie constante ou séculaire du mouvement réel. Les actions du Soleil et de la Lune sur le renflement équatorial sont nécessairement périodiques, et dépendent de l'inclinaison de l'orbite de l'astre sur l'équateur. Elles sont maxima lorsque l'astre se trouve sur une perpendiculaire à l'intersection de son orbite avec l'équateur, nulles quand l'astre est sur cette intersection. Il en résulte une série d'oscillations de l'axe de la Terre dont les périodes sont relativement courtes; leur ensemble constitue la *nutation*.

La plus remarquable, ou nutation proprement dite, a été découverte par Bradley (1747). Il observa que les étoiles subissent un déplacement périodique autour de la position moyenne que leur assigne l'effet de la précession générale; la période est de 18 ans $\frac{2}{3}$. Pendant neuf ans, la longitude de l'étoile est plus forte, et pendant neuf ans plus faible que sa valeur moyenne; la différence peut aller à 18″. La latitude augmente et diminue dans le même intervalle et l'écart peut aller à 10″.

Le mouvement de la Lune dans son orbite produit sur le n ement équatorial terrestre des actions absolument sem- à celles que produit le Soleil, par conséquent : 1° une gradation de l'intersection de l'orbite avec le plan de équateur; 2° un changement périodique d'obliquité d'un de ces plans sur l'autre. Mais, en outre, le plan de l'orbite lunaire change constamment de position par rapport à l'écliptique, les nœuds rétrogradant d'un mouvement rapide à raison d'un tour en 18 ans $\frac{2}{3}$, tandis que l'inclinaison reste constante, 5° à peu près. Il en résulte que l'inclinaison de l'orbite lunaire sur le plan de l'équateur varie de 23° + 5° à 23° — 5°, donc aussi l'action précessionnelle de la Lune et son influence sur l'obliquité de l'équateur par rapport à l'écliptique.

L'effet total se compose donc : 1° d'un moyen mouvement rétrograde des points équinoxiaux égal à celui que produirait la Lune si elle se mouvait dans le plan même de l'écliptique ; 2° d'une inégalité de ce mouvement rétrograde, proportionnelle au sinus de la longitude du nœud ascendant de l'orbite lunaire, et dont la période est, par conséquent, de 18 ans $\frac{2}{3}$; 3° d'une variation dans l'obliquité de l'écliptique, proportionnelle au cosinus du même angle, et de même période par conséquent. Ces deux inégalités constituent la nutation découverte par Bradley.

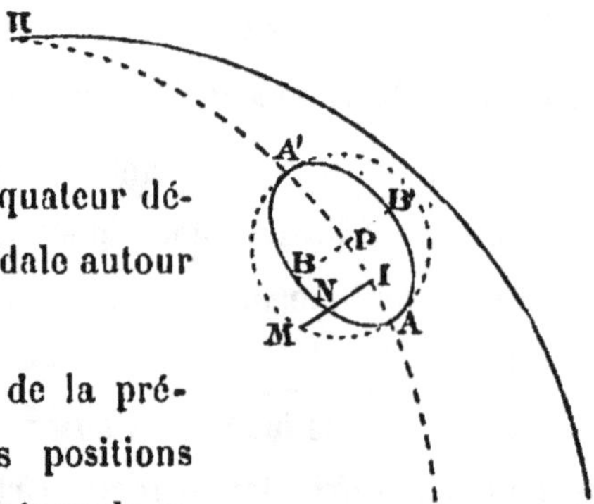

Fig. 69.

Par la combinaison de ce mouvement avec celui de la précession luni-solaire, le pôle de l'équateur décrit une courbe épicycloïdale autour du pôle de l'écliptique.

Si l'on fait abstraction de la précession, l'ensemble des positions successives de ce pôle autour de sa position moyenne est une ellipse (d'Alembert) qui est décrite dans le sens rétrograde. Soient Π le pôle de l'écliptique (*fig.* 69), P celui de l'équateur, obéissant aux variations séculaires, ou pôle moyen.

Soient $PA = PA' = 9'',23$ le grand axe de l'ellipse décrite par le pôle vrai ou apparent, $PB = PB' = 6'',87$ le petit axe de cette ellipse. Elle est parcourue dans le sens ABA'B' en 6793j,39. Au moment où la longitude du nœud ascendant de la Lune (☊) est 0°, le pôle vrai est en A. Si l'on imagine un mobile partant de A à ce moment, et décrivant d'un mouvement uniforme et rétrograde en 6793j,39 le cercle décrit sur AA' comme diamètre, lorsqu'il est en M sur ce cercle, le pôle vrai est en N sur l'ellipse, MN étant perpendiculaire sur AA'. L'obliquité de l'écliptique est mesurée par l'arc ΠN ; elle oscille donc périodiquement de $\pm 9'',23$ ou de $18'',46$. Pour trouver le point γ, il faut par Π et N mener un grand cercle et, du pied de ce grand cercle, se déplacer sur l'écliptique de 90°. Donc, le point équinoxial oscille, de part et d'autre de sa position moyenne, de:

$$\frac{6'',87}{\sin \omega} = 17'',26$$

La longitude du nœud de la Lune étant nulle quand le pôle de l'équateur est en A et cette longitude variant proportionnellement au temps, il est aisé de calculer les coordonnées de N à une époque quelconque.

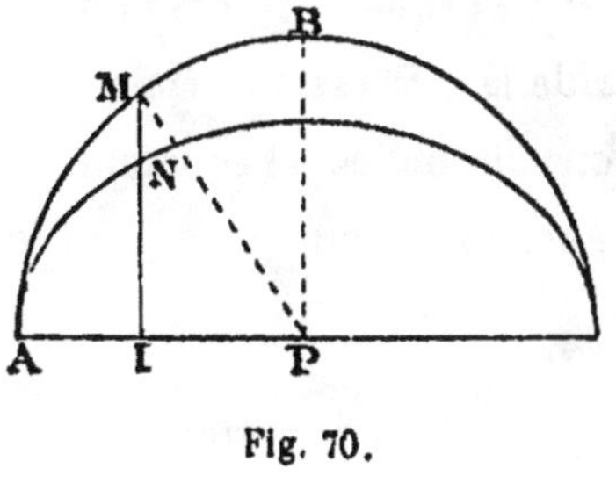

Fig. 70.

En effet, en considérant l'ellipse comme plane, on a (*fig.* 70):

$$APM = 360° - ☊$$

Donc :

$$MI = -9'',23 \sin ☊$$

$$NI = MI \frac{6'',87}{9'',23} = -6'',87 \sin ☊$$

$$IP = 9'',23 \cos ☊$$

Le déplacement du point équinoxial sera donc :

$$-\frac{6'',87}{\sin\omega}\sin\Omega = -17'',26\sin\Omega$$

et la variation de l'obliquité est :

$$9'',23\cos\Omega$$

71. Expressions complètes de ψ, ω, ψ', ω'. — Il faut encore ajouter à ces variations d'autres termes de périodes plus courtes, dépendant de la longitude du Soleil et de celle de la Lune. On en représente l'ensemble par Ψ et Ω. Les expressions de ψ, ω, ψ', ω' deviennent alors :

$$\psi = at + bt^2 + \Psi$$
$$\omega = \omega_0 + ft^2 + \Omega$$
$$\psi' = pt + p't^2 + \Psi$$
$$\omega' = \omega_0 + qt + q't^2 + \Omega$$

On appelle équateur, écliptique, équinoxe moyens les positions de l'équateur, de l'écliptique et de l'équinoxe lorsqu'on ne tient compte que du phénomène de la précession. Mais si on lui adjoint celui de la nutation on obtient l'équateur, l'écliptique et l'équinoxe vrais ou apparents.

CONSÉQUENCES DE LA PRÉCESSION ET DE LA NUTATION

72. Variations d'aspect du ciel étoilé. — L'écliptique est fixe ou à peu près ; elle passe toujours par les mêmes constellations. Mais la ligne des équinoxes rétrograde dans ces constellations. Au temps d'Hipparque, le point vernal était dans la constellation du Bélier ; depuis 2000 ans, il a rétrogradé de 28°16′, à peu près. Il est actuellement dans les Poissons.

Problème. — A une époque quelconque, la ligne $O\gamma$ des équinoxes est perpendiculaire au plan ΠOP des axes de l'écliptique et de l'équateur. Étant donnée la position actuelle du pôle P,

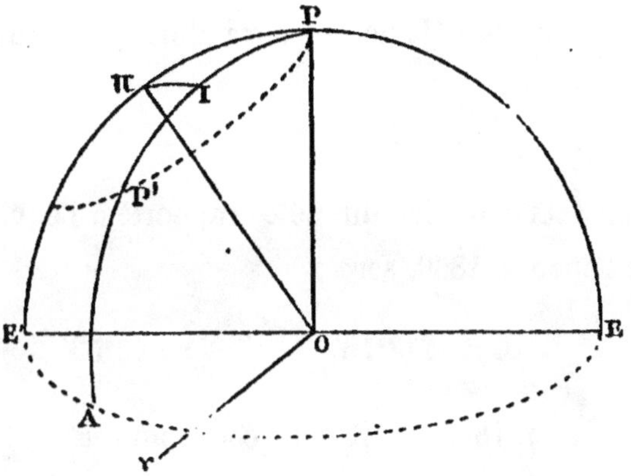

Fig. 71.

trouver ses coordonnées, à l'époque t, par rapport au pôle P et à l'équinoxe γ (*fig.* 71).

Le pôle P se déplace dans le sens rétrograde sur la circonférence d'un cercle décrit de Π comme pôle avec un rayon de 23°28′. Soit P′ sa position à l'époque t, $\mathcal{A}$ et $\mathcal{P}$ ses coordonnées cherchées :

$$\mathcal{A} = \gamma EE'A \qquad \mathcal{P} = PP'$$

Or :

$$\Pi P = \omega$$

et dans le triangle $\pi PP'$ on a :

$$\Pi PP' = E'A = \mathcal{A} - 270°$$

$$P\Pi P' = at \qquad a = 50'',236$$

soit I le milieu de l'arc PP', le triangle IPH donne :

$$\sin\frac{\mathcal{D}}{2} = \sin\omega \sin\frac{at}{2}$$

$$\operatorname{tg}\mathcal{A} = -\cos\omega \operatorname{tg}\frac{at}{2}$$

A l'époque t, le pôle du ciel sera au point dont les coordonnées actuelles sont $\mathcal{A}$ et $\mathcal{D}$ données par ces formules.

Inversement, le pôle actuel aura alors pour coordonnées :

$$\mathcal{D} \quad \text{et} \quad 180^\circ - \mathcal{A}$$

En l'an 14000, le lieu du pôle, rapporté à l'équinoxe et au pôle de l'époque 1850, sera :

$$\mathcal{A} = 273^\circ 16' \qquad \mathcal{D} = 46^\circ 53'$$

Or Wéga, en 1850, avait pour coordonnées

$$\mathcal{A} = 278^\circ \qquad \mathcal{D} = 51^\circ 21'$$

Donc Wéga ne sera qu'à 6° du pôle et deviendra l'étoile polaire. Des étoiles, actuellement invisibles en un lieu, deviendront visibles ; des circompolaires cesseront de l'être, d'autres le deviendront.

73. Variation de durée des saisons. — Les phénomènes relatifs aux saisons et à l'inégalité des jours et des nuits ne changeront pas, puisque ω est à très peu près constant et que la latitude géographique d'un lieu ne varie pas. Mais l'équinoxe se produira pour des positions du Soleil correspondant à des points variables de son orbite ; donc les durées relatives de ces saisons varieront ainsi que les distances correspondantes de la Terre au Soleil. Dans 10000 ans, le solstice d'hiver répondra à l'aphélie.

74. Difficultés relatives à la définition des unités de temps, résultant du déplacement des plans fondamentaux. — 1. *Jour sidéral.* — Nous l'avons défini successivement de deux manières : 1° intervalle de deux passages successifs d'une même étoile au méridien ; 2° intervalle de deux passages successifs du point vernal au méridien.

Ces deux durées ne sont pas égales, et de plus ne sont pas constantes. Le point équinoxial se déplace périodiquement en vertu de la précession et de la nutation. Si l'on fait abstraction de la nutation, on obtient le jour équinoxial moyen, de durée constante. Il ne diffère du jour équinoxial vrai que de $\pm$ 1^s en 18 ans ; aussi fait-on usage du jour équinoxial vrai, compté de l'équinoxe vrai.

La durée de ce jour équinoxial moyen n'est pas égale à la

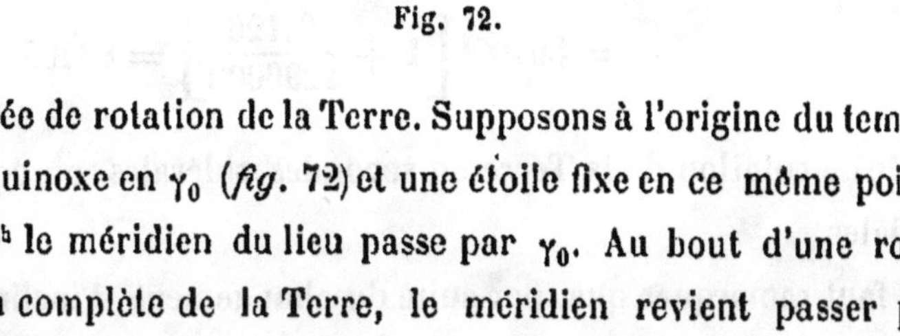

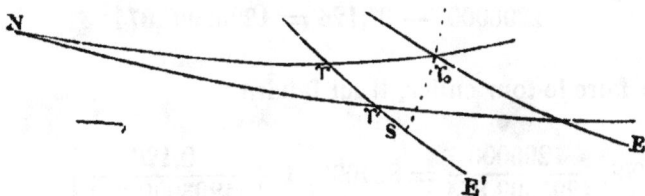

Fig. 72.

durée de rotation de la Terre. Supposons à l'origine du temps, l'équinoxe en γ_0 (*fig.* 72) et une étoile fixe en ce même point. A 0^h le méridien du lieu passe par γ_0. Au bout d'une rotation complète de la Terre, le méridien revient passer par l'étoile, mais γ_0 s'est déplacé et est venu en γ' sur l'équateur mobile : donc le méridien du lieu rencontre γ' avant de revenir passer par l'étoile, et le jour équinoxial est plus court que la durée de rotation de la Terre du temps employé à parcourir $\gamma' S$. Or

$$\gamma' S = \gamma S - \gamma\gamma'$$
$$\gamma S = \gamma\gamma_0 \cos\omega = \psi \cos\omega = a \cos\omega$$

en se bornant au terme en t,

$$\gamma\gamma' = \frac{\psi - \psi'}{\cos\omega} = \frac{a - p}{\cos\omega}$$

Donc :

$$\gamma' S = a \cos\omega - \frac{a - p}{\cos\omega} = 0'',126$$

(ψ et ψ', par conséquent a et p, se rapportent à l'intervalle d'un jour. Ce sont les a et p des formules précédentes divisés par 365,25).

Donc, en un jour équinoxial moyen, ou 86400 secondes sidérales, le méridien parcourt une fraction de tour égale à

$$1296000'' - 0'',126 = 1295999'',874;$$

pour faire le tour entier, il lui faudra :

$$86400^s \cdot \frac{1296000}{1295999,874} = 86400^s \left[1 + \frac{0,126}{1295999,874}\right]$$
$$= 86400^s \left[1 + \frac{0,126}{1296000}\right] = 86400^s,008$$

durée de rotation de la Terre en secondes sidérales ou équinoxiales.

Il faut remarquer que, par suite du changement d'inclinaison des plans et du déplacement du pôle de l'équateur, le méridien du lieu à son retour, ne coïncide plus avec sa position primitive et s'en écarte d'autant plus que l'on considère une étoile plus voisine du pôle. Donc, le retour du méridien à une même étoile ne mesure la durée de rotation de la Terre que si cette étoile est très voisine de l'écliptique et de l'équateur.

II. *Année tropique et année sidérale.* — L'observation donne directement la position et l'époque des équinoxes, donc la durée de l'année tropique en jours sidéraux.

Cette durée est variable en raison de la nutation. La valeur moyenne prise entre un grand nombre d'années, est l'année tropique moyenne $366^{j.s.},2422166 = 365^{j.m.},2422166$. Sa valeur n'est pas constante, car la précession générale, comptée à partir de 1850, augmente chaque année de $0'',00022578$; l'année diminue donc du temps employé à parcourir ce petit arc. Or, le Soleil parcourt en un jour moyen $59'8'',33$ ou $0'',0411$ en une seconde. Le petit arc $0'',00022578$ est donc parcouru en $0^s,00549$. La durée de l'année tropique est par suite :

$$365^j,242217 - 0^s,00549\,(t - 1850)$$

Elle a diminué de 11^s depuis Hipparque.

L'année sidérale est le temps que met le Soleil à revenir au même point de l'écliptique. Elle est donc égale à l'année tropique augmentée du temps employé à parcourir l'arc de précession générale annuelle. Or, en 1850, cet arc est de $50'',2357$. Pour parcourir $1296000'' - 50'',2357$, le Soleil emploie 365,242217 jours moyens ; donc pour parcourir $1296000''$, il emploiera :

$$365,2422\,\frac{1296000}{1296000 - 50,2357}$$

$$= 365,2422\left[1 + \frac{50,2357}{1296000 - 50,2357}\right] = 365^{j.m.},2564$$

Cette durée de l'année sidérale, ou de la révolution vraie du Soleil autour de la Terre, est constante (troisième loi de Kepler) ou du moins n'éprouve que des variations périodiques qui n'en altèrent pas la valeur moyenne.

75. Positions moyennes des étoiles. — Les coordonnées des étoiles (L et β, ℛ et 𝒟) changent constamment par suite des variations des plans fondamentaux. Les positions des étoiles rapportées à l'écliptique et à l'équateur moyens sont appelées *positions moyennes*. Elles sont dites *vraies* ou *apparentes* si les étoiles sont rapportées à l'équateur et à l'écliptique vrais. Les Catalogues donnent pour une époque

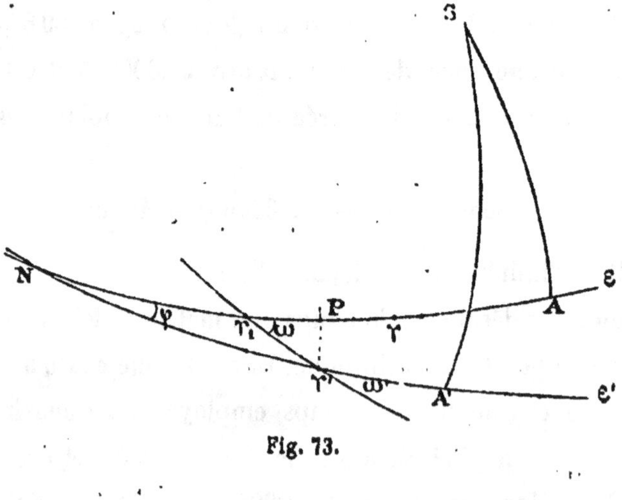

Fig. 73.

déterminée t les positions moyennes des étoiles. Il s'agit d'en déduire les positions moyennes pour une époque quelconque t'.

Soient S une étoile (*fig.* 73), Nε l'écliptique moyenne de l'époque t, Nε' celle de l'époque t', γ l'équinoxe moyen pour l'époque t, γ_1 et γ' ses positions à l'époque t' en raison de la précession luni-solaire et de la précession générale. Étant données :

$$L = \gamma A \qquad \text{et} \qquad \beta = SA$$

pour l'époque t, trouver

$$\gamma' A' = L' \qquad A'S = \beta'$$

pour l'époque t'.

Pour cette transformation de coordonnées, il suffit de connaître $N\gamma$, $N\gamma'$ et φ_1 angle des deux écliptiques. Les formules de la précession donnent la position de l'écliptique de $1850 + t$ et celle de l'époque $1850 + t'$ par rapport à l'écliptique fixe de 1850.

Si $N\varepsilon$ est cette écliptique fixe, on a pour l'époque t :

$$\gamma\gamma_1 = \psi = at + bt^2$$
$$\omega = \omega_0 + ft_2$$
$$\gamma P = \psi' = pt + p't^2$$
$$\omega' = \omega_0 + qt + q't^2$$
$$N\gamma_1 = 0 - \psi$$
$$N\gamma' = 0 - \psi'$$
$$\gamma_1\gamma' = (\psi - \psi') \cos \omega$$

Les formules de transformation de coordonnées (longitude en ascension droite, 62) donneront L_0 et β_0 pour l'époque 1850. Puis on calculera de même $N\gamma$, $N\gamma'$ et φ' pour l'époque $1850 + t'$ et l'on transformera L_0 et β_0 en L' et β'.

Pour les ascensions droites et déclinaisons, on pourra établir des formules semblables en passant par l'intermédiaire de l'équateur de 1850. Ou bien on transformera les longitudes et latitudes en ascensions droites et déclinaisons et inversement

Mais ces formules exactes ne sont nécessaires que pour les étoiles voisines du pôle. Pour les autres, les variations des coordonnées sont très petites, même pour un intervalle de plusieurs siècles, et l'on peut les considérer comme des différentielles.

Première approximation. — D'après l'observation, la latitude d'une étoile est à très peu près constante, et la longitude augmente chaque année de 50″,2. On peut donc, pour obtenir $\frac{d\mathcal{A}}{dt}$ et $\frac{d\mathcal{D}}{dt}$, différentier les formules de transformation de L et β en $\mathcal{A}$ et $\mathcal{D}$ en y faisant :

$$\frac{dL}{dt} = 50'',2 \qquad \beta = C^{te} \qquad \omega = C^{te}$$

Ces formules de transformation sont :

$$\sin\mathcal{D} = \sin\beta\cos\omega + \sin\omega\cos\beta\sin L$$
$$\cos\mathcal{D}\sin A = -\sin\beta\sin\omega + \cos\beta\cos\omega\sin L$$
$$\cos\mathcal{D}\cos A = \cos\beta\cos L$$

La première donne :

$$\cos\mathcal{D}\frac{d\mathcal{D}}{dt} = \sin\omega\cos\beta\cos L\frac{dL}{dt}$$
$$\frac{d\mathcal{D}}{dt} = \frac{\sin\omega\cos\beta\cos L\cos\mathcal{A}}{\cos\beta\cos L}\frac{dL}{dt} = \sin\omega\cos\mathcal{A}\frac{dL}{dt}$$
$$\frac{d\mathcal{D}}{dt} = 20'',10\cos\mathcal{A}$$

La seconde donne :

$$\cos\mathcal{D}\cos\mathcal{A}\frac{d\mathcal{A}}{dt} - \sin\mathcal{D}\sin\mathcal{A}\frac{d\mathcal{D}}{dt} = \cos\beta\cos\omega\cos L\frac{dL}{dt} = \cos\omega\cos\mathcal{D}\cos\mathcal{A}\frac{dL}{dt}$$
$$\frac{d\mathcal{A}}{dt} = \cos\omega\frac{dL}{dt} + \operatorname{tg}\mathcal{D}\operatorname{tg}\mathcal{A}\frac{d\mathcal{D}}{dt} = \cos\omega\frac{dL}{dt} + \sin\omega\sin\mathcal{A}\operatorname{tg}\mathcal{D}\frac{dL}{dt}$$
$$\frac{d\mathcal{A}}{dt} = 46'',03 + 20'',06\sin\mathcal{A}\operatorname{tg}\mathcal{D},$$

expressions de la forme

$$\frac{d\mathcal{A}}{dt} = m + n \operatorname{tg} \mathcal{D} \sin \mathcal{A}$$

$$\frac{d\mathcal{D}}{dt} = n \cos \mathcal{A},$$

que nous avons déduites empiriquement des observations.

Deuxième approximation. — Ni β ni ω ne sont constants, et la valeur $\frac{dL}{dt}$ varie avec le temps. On tiendra compte de ces variations en donnant à m et n des valeurs qui varient elles-mêmes avec le temps :

$$m = 46'',06010 = 0'',00028373\ t$$
$$n = 20'',05240 = 0'',0008663\ t$$

t étant compté à partir de 1850.

Or ces valeurs de m et de n pourront s'obtenir de deux manières :

1° Par la comparaison de deux Catalogues formés à deux époques éloignées. On a toujours :

$$\mathcal{A}' = \mathcal{A} + \frac{d\mathcal{A}}{dt}(t'-t) + \frac{1}{2}\frac{d^2\mathcal{A}}{dt^2}(t'-t)^2$$

$$\mathcal{D}' = \mathcal{D} + \frac{d\mathcal{D}}{dt}(t'-t) + \frac{1}{2}\frac{d^2\mathcal{D}}{dt^2}(t'-t)^2$$

où $\frac{d^2\mathcal{A}}{dt^2}$ et $\frac{d^2\mathcal{D}}{dt^2}$ sont les dérivées de $\frac{d\mathcal{A}}{dt}$ et $\frac{d\mathcal{D}}{dt}$ en y considérant m, n, $\mathcal{A}$ et $\mathcal{D}$ comme variables. De ces équations, on déduit les valeurs de m et de n.

2° Les valeurs de m et de n peuvent aussi se déduire des valeurs de ψ, ψ', ω et ω' par les formules générales dont nous avons parlé d'abord, en les ramenant à la forme dernière.

La comparaison des valeurs obtenues à l'aide de milliers d'étoiles et de celles que donne la mécanique céleste fait connaître les corrections que doivent recevoir ces valeurs théoriques.

. . . .

MOUVEMENT PROPRE DES ÉTOILES

76. Lorsqu'on a appliqué à la réduction des positions moyennes à une époque déterminée les meilleures valeurs de la précession déduites de l'ensemble des observations, on trouve que, pour beaucoup d'étoiles, les positions calculées ne concordent pas avec les positions observées.

En 1718, Halley constate que les latitudes d'Aldébaran, de Sirius et d'Arcturus diffèrent de celles qui résultent des observations d'Hipparque (128 av. J.-C.) de 33', 42' et 37' vers le sud.

En 1738, Jacques Cassini détermine la latitude d'Arcturus qui diffère de 2' de celle que Richer avait mesurée à Cayenne en 1671 ; au contraire, l'étoile η du Bouvier, toute voisine de la première, n'a pas bougé. Plus tard, il découvre le mouvement en longitude de α de l'Aigle.

Aujourd'hui, il n'est presque pas d'étoile bien observée qui n'ait un mouvement propre. L'étendue de ces mouvements est d'ailleurs très variable, comme le montre le tableau suivant indiquant l'amplitude du mouvement total en un an :

ε Indien	8″
1830 Groombridge	6″,974
Arcturus.	2″,250
Sirius.	1″,234 (irrégulier)
α Taureau	0″,185
Polaire	0″,035

On ne peut tenir compte de ces mouvements dans la réduction des positions, qu'en les considérant comme proportionnels au temps. Les formules deviennent alors :

$$\mathcal{A}' = \mathcal{A} + \left(\frac{\partial \mathcal{A}}{\partial t} + \alpha\right)(t' - t) + \frac{1}{2}\frac{\partial^2 \mathcal{A}}{\partial t^2}(t' - t)^2$$

$$\mathcal{D}' = \mathcal{D} + \left(\frac{\partial \mathcal{D}}{\partial t} + \beta\right)(t' - t) + \frac{1}{2}\frac{\partial^2 \mathcal{D}}{\partial t^2}(t' - t)^2$$

En outre des inconnues $\frac{\partial \mathcal{A}}{\partial t}, \frac{\partial^2 \mathcal{A}}{\partial t^2}, \frac{\partial \mathcal{D}}{\partial t}, \frac{\partial^2 \mathcal{D}}{\partial t^2}$, il y a donc à calculer les coefficients α et β et il faut, par suite, observer les mêmes étoiles à trois époques différentes. Les valeurs de α et β sont inscrites dans les Catalogues à la suite des positions moyennes des étoiles.

La détermination des mouvements propres est une des parties les plus importantes de l'astronomie. Combinée avec celle des distances (parallaxes annuelles), elle conduira à la connaissance des mouvements de circulation du système stellaire. On possède déjà des résultats importants relatifs à la translation du système solaire.

77. Mouvement de translation du Soleil. — Les mouvements propres des étoiles ne paraissent pas complètement indépendants. En ascension droite (*fig.* 74), le signe est + de 0^h à 6^h, — de 6^h à 12^h, — de 12^h à 18^h et + de 18^h à 24^h. Les étoiles semblent fuir le méridien de 18^h et se rapprocher de celui de 6^h. En déclinaison, le signe du mouvement est en général — dans les 12 premières heures, + dans les 12 autres, quoique le sens soit moins net dans l'hémisphère austral. Il semble donc exister une cause générale qui influe sur les mouvements propres observés. On trouve une explication de ce déplacement des étoiles en supposant le Soleil animé d'un mouvement de translation et les étoiles immobiles. Dans cette hypothèse, considérons une tangente à la trajectoire du Soleil au point qu'il occupe actuellement, et par cette tangente et une étoile faisons passer un plan; il coupe la sphère céleste suivant un grand cercle. Tous les cercles ainsi tracés se coupent en deux points opposés du ciel qui sont les extrémités de la tangente à la trajectoire solaire. Toutes les étoiles sembleront se déplacer sur ces grands cercles, en s'éloignant du point vers lequel marche le Soleil et se rapprochant du point opposé. La vitesse angulaire de ce déplacement sera :

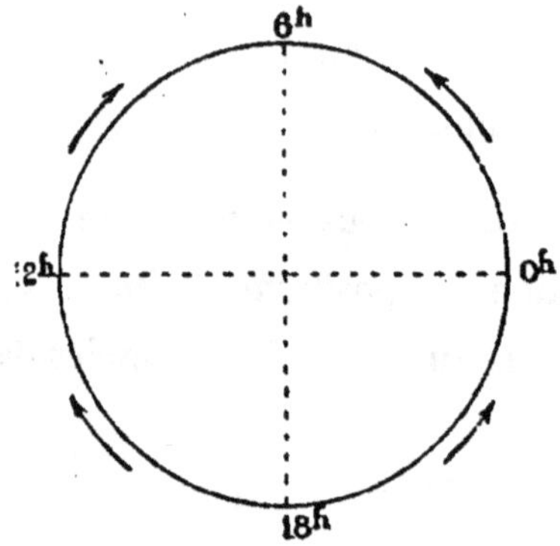

Fig. 74.

$$\omega = \frac{v}{D} \sin \delta$$

v désignant la vitesse linéaire du Soleil, D la distance de l'étoile au Soleil, exprimées avec la même unité, et δ représentant la distance angulaire de l'étoile au point de fuite.

Réciproquement, pour déterminer le point de fuite, il faudra, par le Soleil et la direction déterminée du mouvement de chaque étoile, faire passer des grands cercles, qui devront se couper suivant un même diamètre de la sphère.

Les mouvements propres *réels* des étoiles compliqueront le problème, parce que les grands cercles ne se couperont plus de même. Mais, dans l'hypothèse même où le mouvement parallactique existerait seul, les erreurs d'observation feraient que tous les cercles ne se couperaient pas en un même point; l'application du calcul des probabilités donnerait la position la plus probable de ce point. On considérera donc les mouvements réels des étoiles comme des erreurs, qui toutefois, en raison de leur grandeur, ne disparaîtront probablement que par la combinaison d'un grand nombre d'étoiles.

L'idée de la translation du Soleil, d'abord émise par Fontenelle, fut développée par Bradley (1748) et par Tobie Mayer (1760), qui essaya infructueusement d'en déduire la démonstration des mouvements propres de 80 étoiles observées par Rœmer et par La Caille. W. Herschel (1783 et 1805) fut plus heureux, bien qu'il n'employât que 7 étoiles d'abord, puis 36 étoiles de Maskelyne. Par une construction graphique, il obtint les valeurs suivantes des coordonnées du point de fuite :

$$\mathcal{R} = 245^\circ 52' 30'' \qquad \mathcal{D} = +40^\circ 22'$$

D'autres astronomes ont calculé depuis ces coordonnées par des méthodes plus précises, et en faisant intervenir un bien plus grand nombre d'étoiles. Les nombres obtenus diffèrent assez peu, comme le montre le tableau suivant :

Argelander (1837 — 390 étoiles). . . .	$\mathcal{A} = 259°47',6$	$\mathcal{D} = + 32°29',5$
Galloway (1841 — étoiles australes). .	$\mathcal{A} = 260°\ 0',6$	$\mathcal{D} = + 34°23',4$
Airy et Dunkin (1167 étoiles)	$\mathcal{A} = 262°51',0$	$\mathcal{D} = + 33°39'$
Plummer (1883)	même résultat	

Quant à la vitesse, elle se déduirait de celle des étoiles situées sur le grand cercle perpendiculaire à la trajectoire solaire par la formule :

$$\omega = \frac{v}{D}$$

Mais on ne peut faire sur D que des hypothèses.

78. Mouvement propre radial. — Les observations purement astronomiques ne donnent que la composante du mouvement propre de l'étoile projeté sur la surface de la sphère céleste. Il est possible de déterminer l'autre composante ou le mouvement propre radial par l'observation des spectres des étoiles.

Le mouvement d'une source lumineuse a en effet une influence sur la longueur d'onde de la lumière émise par

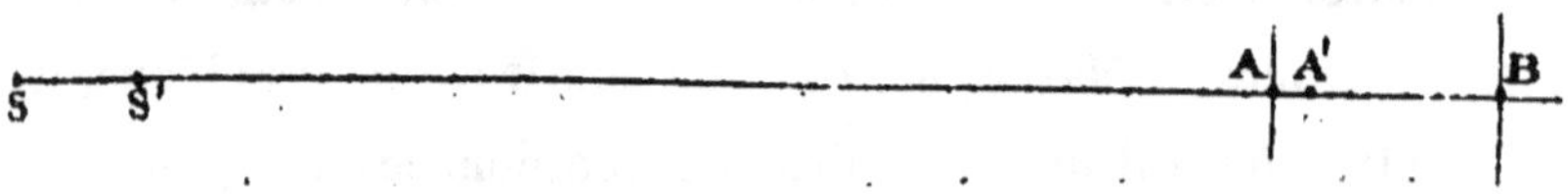

Fig. 75.

cette source. Soient T la durée de vibration de la source S (*fig.* 75), V la vitesse de propagation de la lumière. Si la source est immobile, deux mouvements produits à deux époques distantes de T, sont parvenus au même moment l'un en B, l'autre en A, la distance AB ayant pour valeur :

$$AB = VT = \lambda$$

Ces mouvements sont identiques et λ est la longueur d'onde.

Si la source se déplace avec une vitesse u parallèle à la direction SA, au bout d'une période elle est venue en un point S' tel que :

$$SS' = uT$$

Le mouvement qui devait se trouver en A se trouve en un point A' tel que :

$$AA' = uT$$

et la nouvelle longueur d'onde est :

$$\lambda' = VT - uT = VT\left(1 - \frac{u}{V}\right)$$

$$\lambda' = \lambda\left(1 - \frac{u}{V}\right)$$

Si la source se meut en sens opposé, on a :

$$\lambda' = \lambda\left(1 + \frac{u}{V}\right)$$

Quelle est l'influence de ce changement longueur d'onde sur la lumière des étoiles? La couleur de l'étoile n'est pas changée à moins que son spectre ne présente de larges intervalles obscurs. Car toutes les couleurs montent à la fois et à très peu près de la même quantité ; mais le violet extrême devient invisible, et à l'autre extrémité du spectre, des rayons calorifiques invisibles deviennent lumineux. Mais si le spectre présente des lignes noires ou brillantes, elles sont déplacées, et leur déplacement se manifeste par le défaut de coïncidence avec les lignes de même origine produites par une source terrestre.

Cette théorie est sans doute sujette à des objections graves ; mais le déplacement des lignes spectrales a été constaté dans la lumière des bords du Soleil, dans celle des planètes et des comètes. Il est donc permis de l'appliquer à la mesure du mouvement radial des étoiles. C'est ce qui a été fait d'abord par M. Huggins, puis à l'Observatoire de Greenwich, et à Potsdam par M. Vogel, qui emploie la photographie à l'étude des spectres.

Toutes les étoiles se déplacent dans un sens ou dans l'autre avec des vitesses variant de 5 à 130 kilomètres. Sirius, après s'être éloigné, se rapproche depuis 1884.

M. Homann, appliquant la théorie du mouvement radial à la détermination du mouvement du Soleil, a trouvé pour sa vitesse la valeur de 24 kilomètres par seconde (15 milles).

Le point de fuite serait, d'après lui, assez éloigné de celui que donnent les mouvements sur la sphère, mais la composante radiale n'est évidemment pas propre à le déterminer avec une grande précision.

Cette étude du déplacement des raies spectrales des étoiles a conduit à d'autres résultats importants. La variabilité régulière de certaines étoiles, Algol par exemple, a été attribuée à des éclipses partielles produites par le passage d'un satellite obscur. Si cette explication est exacte, le système étoile-satellite doit se mouvoir autour de son centre de gravité commun ; donc l'étoile doit se rapprocher et s'éloigner alternativement de nous. M. Vogel trouve en effet de tels mouvements à Algol.

D'autres étoiles, telles que α Vierge, qui ne varient pas d'éclat, montrent de semblables mouvements alternatifs. On est en droit d'en conclure qu'il existe autour de ces étoiles de gros satellites invisibles. Ainsi s'étendrait l'astronomie de l'invisible, inaugurée par les recherches de Bessel sur Sirius et de Le Verrier sur Neptune.

CHAPITRE IX

THÉORIE DU SOLEIL

79. Le but de la théorie est de déterminer à chaque instant la position du Soleil dans le ciel. Nous savons déjà qu'il décrit l'écliptique et que la durée de sa révolution est l'année tropique ; de plus, nous savons déterminer la position du point vernal et l'époque de l'équinoxe.

80. Variations de la longitude et du diamètre apparent du Soleil. — Si le mouvement du Soleil dans l'écliptique était uniforme, on calculerait immédiatement sa longitude à une époque quelconque t. Soit T la durée de la révolution ; le moyen mouvement, c'est-à-dire le déplacement angulaire pendant l'unité de temps, ou pendant un jour moyen, sera :

$$n = \frac{2\pi}{T}$$

2π étant le nombre de secondes d'arc, 1296000, compris dans une circonférence.

En comptant le temps à partir de l'équinoxe pour lequel $L = 0$, on aurait alors pour la longitude du Soleil à l'époque t :

$$L = nt$$

Si l'on comptait le temps à partir d'une époque quelconque où la longitude est L_0, on aurait :

$$L = L_0 + nt$$

L_0 s'appelle la longitude de l'époque.

Or, si de l'observation des ascensions droites et des déclinaisons, on déduit pour chaque jour de l'année la longitude du centre du Soleil, et que, partant de la même origine, on calcule la longitude par la formule précédente, on trouve des écarts considérables entre le calcul et l'observation. La différence entre l'observation et le calcul est positive à partir du 1er janvier, croît jusque vers l'équinoxe de printemps, décroît, s'annule vers le 1er juillet, devient négative, passe par un maximum en valeur absolue égal et de sens contraire au précédent, puis décroît et s'annule au 1er janvier. Si l'on représente ces résultats par une construction graphique, en portant en abcisses les temps, en ordonnées les longitudes, on obtient, au lieu de la droite AB (*fig.* 76) correspondant à la formule

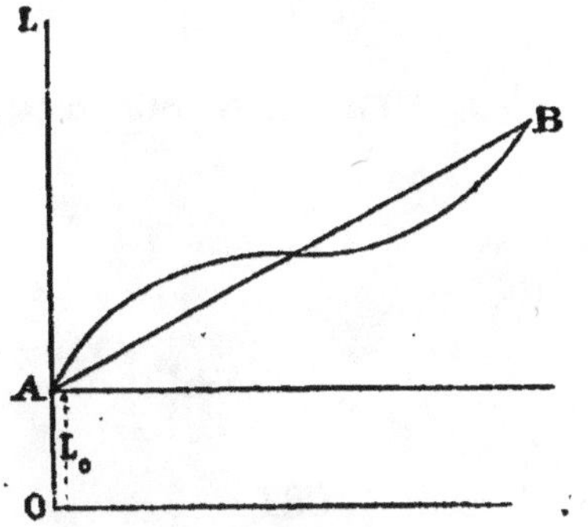

Fig. 76.

$$L = L_0 + nt$$

une courbe sinusoïdale, qui est très exactement représentée par la formule :

$$L = L_0 + nt + 1°56' \sin (L_0 + nt - 280° 21')$$

Le terme ajouté à $L_0 + nt$ porte le nom d'*équation du centre.*

Cette dénomination provient d'une hypothèse faite par les anciens astronomes : ils supposaient que le Soleil se meut uniformément sur un cercle dont le centre C (*fig.* 77) était à une certaine distance de la Terre T. Dans ces conditions, la longitude du Soleil au temps t, comptée à partir de la direction du diamètre CT, est l'angle STA. L'angle au centre SCA est proportionnel au temps :

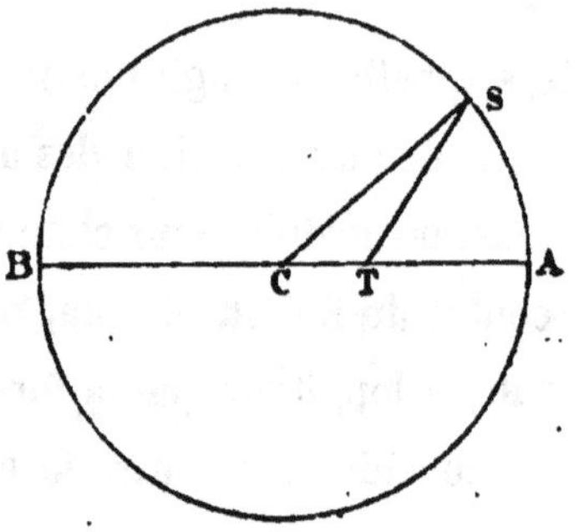

Fig. 77.

$$SCA = nt$$

et l'on a :

$$STA = L = SCA + CST = nt + CST.$$

Soit

$$CS = a, \quad TS = r, \quad CT = d, \quad CST\ p;$$

on a, dans le triangle CST :

$$\frac{\sin p}{d} = \frac{\sin nt}{r}$$

d'où, avec une approximation suffisante :

$$p = \frac{d}{r} \sin nt$$

ou

$$p = e \sin nt$$

en appelant e le rapport $\frac{d}{r}$ ou $\frac{d}{a}$. On a alors :

$$L = nt + e \sin nt$$

Les extrémités du diamètre AB sont le *périgée* et l'*apogée*. Ces deux points jouissent de la propriété d'être à 180° l'un de l'autre, et de couper l'orbite en deux parties égales qui sont parcourues dans le même temps. Cette propriété peut servir à les déterminer (Kepler).

En même temps que sa longitude, le diamètre apparent du Soleil varie. Il atteint sa valeur maximum 32′32″ au 1er janvier, et sa valeur minimum 31′28″ au 1er juillet. Il en résulte que la distance du centre de la Terre au centre du Soleil, ou le rayon vecteur du Soleil, varie dans le cours de l'année.

81. Détermination du mouvement du Soleil. — Le mouvement du Soleil sera connu lorsqu'on aura déterminé : 1° sa vitesse angulaire à un moment quelconque; 2° la valeur relative de son rayon vecteur.

1° Si la loi du mouvement du Soleil était connue et représentée par l'équation :

$$L = f(t)$$

on aurait pour la vitesse angulaire ω à l'époque t

$$\omega = \frac{dL}{dt} = f'(t) = \lim \frac{f(t+h) - f(t)}{h}.$$

Si l'on prend $h = 1$ jour, on aura à peu près :

$$\omega = \frac{L_1 - L_0}{t_1 - t_0}$$

la différence $t_1 - t_0$ étant égale à un jour.

Une valeur plus exacte de ω sera obtenue en prenant pour la longitude une formule parabolique :

$$L = a + bt + ct^2$$

dont on déterminera les coefficients a, b, c au moyen d'observations de longitudes L_{-2}, L_{-1}, L_0, L_1, L_2, correspondant aux époques équidistantes $t_{-2}, t_{-1}, t_0, t_1, t_2$. On en déduira alors :

$$\omega = b + 2ct.$$

2° L'observation des diamètres angulaires donne des quantités inversement proportionnelles aux rayons vecteurs. On a, en effet, dans le triangle TAS (*fig.* 78), où S représente le Soleil et T la Terre :

Fig. 78.

$$\frac{\sin D}{\Delta} = \frac{1}{r}$$

d'où, avec une approximation suffisante :

$$D = \frac{\Delta}{r},$$

On en déduit, en désignant par h une constante,

$$r = \frac{h}{D},$$

ou

$$r = hq,$$

en posant :

$$\frac{1}{D} = q.$$

Si l'on détermine les valeurs q', q'', q''',... de q pour les époques auxquelles correspondent les vitesses angulaires ω', ω'', ω''',... on trouve que :

$$q^2\omega = q'^2\omega' = q''^2\omega'' = \ldots\ldots = C^{te}$$

Or, quelle que soit la courbe plane décrite par le Soleil, l'aire dA décrite par le rayon vecteur dans le temps dt a pour expression :

$$dA = \frac{dt}{2} r^2\omega = \frac{dt}{2} h^2 q^2 \omega,$$

Donc dA est proportionnelle à dt et l'on a :

$$A = Ct + C',$$

C et C′ désignant deux constantes.

C'est la première loi de Kepler, qui s'énonce ainsi :

Première loi. — Le Soleil décrit autour de la Terre une

courbe plane, et l'aire tracée par le rayon vecteur croît proportionnellement au temps.

Cette première relation entre L, r et t peut s'écrire :

$$\frac{1}{2} r^2 dL = C dt \tag{1}$$

puisque :

$$\omega = \frac{dL}{dt}.$$

Il suffit d'en trouver une deuxième.

Si, d'après les observations des longitudes et des diamètres apparents, on construit une courbe semblable à celle que décrit le Soleil, on remarque que cette courbe ressemble à une ellipse dont la Terre occuperait un foyer. On vérifie par le calcul ce résultat approché. Pour cela, on emploie la formule connue du rayon vecteur d'une ellipse rapportée à son foyer :

$$r = \frac{a(1 - e^2)}{1 + e\cos(L - \varpi)} \tag{2}$$

Elle contient deux constantes, l'excentricité e, et la longitude ϖ du sommet voisin de la Terre, ou *périgée*, que l'on cherche à déterminer de manière à satisfaire aux observations ; on laisse arbitraire a, longueur inconnue du demi-grand axe de l'ellipse.

On obtient alors le système d'équations suivantes :

$$r + r\cos L \,.\, e\cos\varpi + r\sin L \,.\, e\sin\varpi = a(1 - e^2) = p$$
$$r' + r'\cos L' \,.\, e\cos\varpi + r'\sin L' \,.\, e\sin\varpi = p$$

. . . .

Elles contiennent trois inconnues, $e \cos \varpi$, $e \sin \varpi$ et p. En rapportant les observations à l'équinoxe moyen du 1er janvier 1850 (janvier 1850, 0), on trouve que l'ensemble des équations est vérifié par les valeurs :

$$\varpi = 280°21'40'',0$$
$$e = 0,01677046.$$

Ainsi se trouve établie cette nouvelle loi :

Deuxième loi. — Le Soleil décrit une ellipse dont la Terre occupe un des foyers.

La valeur de la constante des aires C se déduit de cette deuxième loi de Kepler. L'aire de l'ellipse dont la valeur est

$$\pi a^2 \sqrt{1 - e^2}$$

est décrite dans le temps T ; donc l'aire décrite dans l'unité de temps est.

$$\frac{\pi a^2}{T} \sqrt{1 - e^2} = \frac{2\pi}{T} a^2 \frac{\sqrt{1 - e^2}}{2} = \frac{1}{2} n a^2 \sqrt{1 - e^2},$$

n étant le moyen mouvement défini précédemment. Donc dans le temps dt, l'aire décrite est $\frac{1}{2} n a^2 dt \sqrt{1 - e^2}$, et l'équation (1) devient :

$$\frac{1}{2} r^2 dv = \frac{1}{2} n a^2 dt \sqrt{1 - e^2},$$

v étant l'angle du rayon vecteur avec le grand axe, compté à partir du périgée ; c'est l'*anomalie vraie* dont la valeur est $L - \varpi$, L étant augmenté au besoin de 360°.

Le mouvement du Soleil est ainsi déterminé par les relations (2) et (3). La position sera connue à une époque quelconque t, si l'on connaît sa longitude à l'époque 0.

82. Problème de Kepler. — Au moyen des relations (2) et (3), déterminer, à une époque quelconque t, la longitude L et le rayon vecteur du centre du Soleil. Le temps t est compté à partir du périgée.

Pendant un intervalle de temps égal à t, le rayon vecteur joignant le centre du Soleil à celui de la Terre décrit une aire dont l'expression est

$$\frac{1}{2} na^2t\sqrt{1-e^2},$$

et que l'on peut calculer. Le problème est donc ramené au suivant :

Étant donnée l'aire d'un secteur elliptique, trouver l'angle en T et le rayon vecteur TS (*fig.* 79).

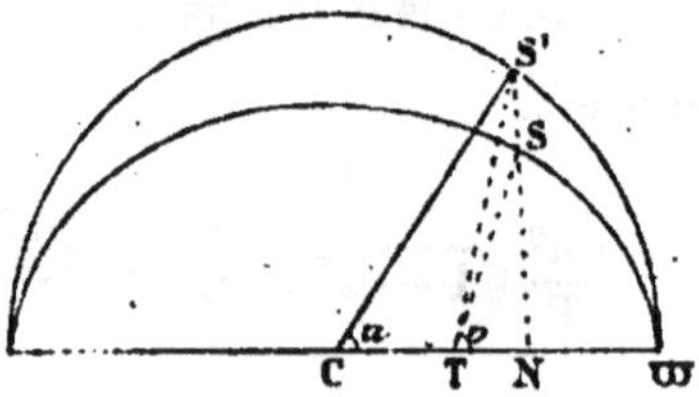

Fig. 79.

L'ellipse d'excentricité e et de grand axe $2a$ est la projection d'un cercle de rayon a, dont le plan fait avec celui de l'ellipse un angle φ tel que :

$$\sin\varphi = e,$$
$$\cos\varphi = \sqrt{1-e^2},$$

Donc, le secteur elliptique ϖTS est la projection du secteur circulaire ϖTS'. Par suite :

$$\varpi TS = \varpi TS' \sqrt{1-e^2}$$

Or :

$$\text{Secteur } \varpi TS' = \text{Secteur } \varpi CS' - \text{triangle } CTS'$$
$$= \frac{1}{2} a^2 u - \frac{1}{2} a.ae \sin u = \frac{1}{2} a^2 (u - e \sin u).$$

Donc :

$$\text{Secteur } \varpi TS = \frac{1}{2} a^2 \sqrt{1 - e^2} \, (u - e \sin u),$$

D'où l'on conclut :

$$\frac{1}{2} a^2 \sqrt{1 - e^2} \, (u - e \sin u) = \frac{1}{2} n a^2 t \sqrt{1 - e^2},$$

ou :

$$(1) \qquad nt = \zeta = u - e \sin u.$$

L'angle u, ou l'angle $\varpi CS'$ de la figure, porte le nom d'*anomalie excentrique; $nt = \zeta$* est l'*anomalie moyenne :* c'est l'anomalie (ou l'angle avec $T\varpi$) d'un point qui, partant du périgée ϖ en même temps que le Soleil, se mouvrait uniformément autour de T. Cet angle n'est pas représenté sur la figure.

Pour avoir l'expression du rayon vecteur TS correspondant à la position S du Soleil à l'époque t, appliquons la formule

$$r = a - ex$$

donnée dans la théorie des foyers et dans laquelle x désigne l'abscisse du point S. Il vient :

$$(2) \qquad r = a\,(1 - e \cos u).$$

La connaissance de r et u conduit à celle de L. En effet :

$$v = L - \varpi.$$

Or :

$$r = \frac{a(1-e^2)}{1+e\cos v} = a(1-e\cos u).$$

Donc :

$$\cos v = \frac{\cos u - e}{1 - e\cos u},$$

Par suite :

$$(3) \qquad \operatorname{tg}\frac{v}{2} = \sqrt{\frac{1-\cos v}{1+\cos v}} = \sqrt{\frac{1+e}{1-e}}\operatorname{tg}\frac{u}{2},$$

v étant connu, on en déduit :

$$L = v + \varpi.$$

Le problème est ainsi résolu d'une manière rigoureuse par les équations (1), (2) et (3). La solution suppose seulement que les observations ont fait connaître :

1° Le moyen mouvement n ;

2° La longitude ϖ du périgée ;

3° L'excentricité e ;

4° L'époque où le Soleil a passé au périgée, époque à partir de laquelle nous comptons le temps.

La seule difficulté qu'on rencontre dans ce problème est la résolution de l'équation transcendante

$$\zeta = u - e\sin u,$$

ou de son équivalente :

$$\zeta = u - \frac{e}{\sin 1''}\sin u.$$

dans laquelle ζ et u sont exprimés en secondes et où le rapport

$$\frac{e}{\sin 1''} = 206265''.\, e$$

s'appelle la valeur de l'excentricité en secondes.

I. Calcul de u. — Pour calculer u, il faut résoudre l'équation :

$$\zeta = u - e \sin u,$$

ou :

$$u = \zeta + e \sin u.$$

On voit d'abord que pour $\zeta = 0$, $u = 0$; pour $\zeta = 180°$, $u = 180°$. L'anomalie vraie, l'anomalie excentrique et l'anomalie moyenne passent simultanément par les valeurs 0° et 180°. L'anomalie excentrique est toujours un peu plus grande que ζ de 0° à 180°, un peu plus petite de 180° à 360°.

La dérivée de $u - e \sin u$ par rapport à u, $1 - e \cos u$, est toujours positive ; donc, u croissant de 0° à 360°, $u - e \sin u$ croîtra constamment.

Par conséquent deux valeurs de u, qui rendront l'une $u - e \sin u$ plus petit que ζ et l'autre plus grand, comprendront la valeur cherchée de u. Il est donc facile d'avoir une valeur approchée de u. Il reste à la corriger. On prend d'abord

$$u = \zeta + \frac{e}{\sin 1''} \sin \zeta ;$$

soit u_0 la valeur obtenue, valeur qui n'est qu'approchée, et x la correction qu'il faut lui faire subir pour avoir la valeur exacte. On a alors :

$$\zeta = f(u_0 + x) = u_0 - e \sin u_0 + x(1 - e \cos u_0)$$

en se bornant au premier terme du développement. :

Par suite :

$$\zeta - (u_0 - e \sin u_0) = \delta_0 = x\,(1 - e \cos u_0),$$

D'où :

$$x = \frac{\delta_0}{1 - e \cos u_0}.$$

Connaissant u_0, cette dernière équation fournit x et par suite une valeur $u_0 + x$ plus approchée que u_0 ; on calcule la nouvelle valeur de x, qui en résulte, et ainsi de suite, jusqu'à ce qu'on arrive à $\delta_0 = 0$.

Méthode de Gauss. — Gauss traite le problème en se servant des différences tabulaires au lieu des dérivées. u_0 désignant la valeur approchée de u déduite de (1), on cherche dans les tables log sin u_0 et la différence tabulaire λ pour $1''$; u_0 devenant $u_0 + x$, la différence devient :

$$\log \sin (u_0 + x) - \log \sin u_0 = \pm \lambda x.$$

D'autre part, on cherche log e et l'on calcule la quantité :

$$\log \frac{e}{\sin 1''} \sin u_0.$$

Cherchons le nombre correspondant, et soit μ la différence tabulaire dans la table des logarithmes des nombres. On a :

$$\frac{\frac{e}{\sin 1''} \sin (u_0 + x) - \frac{e}{\sin 1''} \sin u_0}{1}$$

$$= \frac{\log \frac{e}{\sin 1''} \sin (u_0 + x) - \log \frac{e}{\sin 1''} \sin u_0}{\mu} = \frac{\log \sin (u_0 + x) - \log \sin u_0}{\mu}$$

Donc :

$$\frac{e}{\sin 1''} \sin(u_0 + x) - \frac{e}{\sin 1''} \sin u_0 = \pm \frac{\lambda x}{\mu}$$

le signe + correspondant à une valeur de u_0 comprise dans le premier ou le quatrième quadrant, le signe — au deuxième ou au troisième quadrant.

D'après cela, l'équation :

$$\zeta = u_0 + x - \frac{e}{\sin 1''} \sin(u_0 + x)$$

devient :

$$\zeta = u_0 + x - \frac{e}{\sin 1''} \sin u_0 \mp \frac{\lambda x}{\mu}$$

ou :

$$\zeta - u_0 + \frac{e}{\sin 1''} \sin u_0 = x \mp \frac{\lambda x}{\mu} = x\left(1 \mp \frac{\lambda}{\mu}\right).$$

Par suite :

$$\delta_0 = x\left(1 \mp \frac{\lambda}{\mu}\right)$$

$$x = \delta_0 \frac{1}{1 \mp \frac{\lambda}{\mu}} = \delta_0 \pm \frac{\lambda}{\mu \mp \lambda} \delta_0.$$

On calculera comme précédemment plusieurs valeurs successives de x jusqu'à ce que δ_0 soit nul.

II. Calcul de L — ϖ et r. — Ayant la valeur de u, on calcule v ou L — ϖ et r par les formules :

$$\operatorname{tg} \frac{1}{2} (\mathrm{L} - \varpi) = \sqrt{\frac{1+e}{1-e}} \operatorname{tg} \frac{1}{2} u,$$

$$r = a(1 - e \cos u),$$

ou bien :

$$\sqrt{r}\sin\frac{L-\varpi}{2}=\sqrt{a(1+e)}\sin\frac{1}{2}u,$$

$$\sqrt{r}\cos\frac{L-\varpi}{2}=\sqrt{a(1-e)}\cos\frac{1}{2}u.$$

On introduit souvent au lieu de e, l'angle φ dont le sinus est égal à e.

Pour le Soleil,

$$\varphi=0°57'39'',32.$$

On a alors :

$$\sqrt{1+e}=\sqrt{1+\sin\varphi}=\sqrt{2}\cos\left(45°-\frac{1}{2}\varphi\right),$$

$$\sqrt{1-e}=\sqrt{1-\sin\varphi}=\sqrt{2}\sin\left(45°-\frac{1}{2}\varphi\right).$$

On en déduit :

$$\operatorname{tg}\frac{1}{2}(L-\varpi)=\operatorname{tg}\left(45°+\frac{1}{2}\varphi\right)\operatorname{tg}\frac{1}{2}u,$$

$$\sqrt{r}\sin\frac{1}{2}(L-\varpi)=\sqrt{2a}\cos\left(45°-\frac{1}{2}\varphi\right)\sin\frac{1}{2}u,$$

$$\sqrt{r}\cos\frac{1}{2}(L-\varpi)=\sqrt{2a}\sin\left(45°-\frac{1}{2}\varphi\right)\cos\frac{1}{2}u,$$

d'où, en multipliant :

$$r\sin(L-\varpi)=a\cos\varphi\sin u,$$

et, en faisant la différence des carrés :

$$r\cos(L-\varpi)=2a\left[\sin^2\left(45°-\frac{1}{2}\varphi\right)\cos^2\frac{u}{2}-\cos^2\left(45°-\frac{1}{2}\varphi\right)\sin^2\frac{u}{2}\right],$$

ou :

$$r\cos(L-\varpi)=2a\sin\left(45^\circ-\frac{u+\varphi}{2}\right)\sin\left(45^\circ+\frac{u-\varphi}{2}\right).$$

III. Calcul de $\mathcal{A}$ et $\mathcal{D}$. — On effectue ensuite le calcul de $\mathcal{A}$ et $\mathcal{D}$ par les formules :

$$\operatorname{tg}\mathcal{A}=\operatorname{tg}L\cos\omega,$$
$$\sin\mathcal{D}=\sin L\sin\omega.$$

La première formule se développe en série :

$$\mathcal{A}=L-\operatorname{tg}^2\frac{1}{2}\omega\sin 2L+\frac{1}{2}\operatorname{tg}^4\frac{1}{2}\omega\sin 4L-\ldots\ldots$$

ou :

$$\mathcal{A}=L+R$$

Cette quantité R qu'il faut ajouter à L s'appelle la *réduction à l'équateur*. Sa valeur est :

$$R=-\operatorname{tg}^2\frac{1}{2}\omega\sin 2L+\frac{1}{2}\operatorname{tg}^4\frac{1}{2}\omega\sin 4L-\ldots\ldots$$

83. Eléments nécessaires pour déterminer la position du Soleil. — La solution complète du problème exige la connaissance de sept éléments :

1° et 2°, ω et la position de γ (c'est-à-dire l'ascension droite d'une étoile), qui fixent la position du plan de l'orbite ;

3°, ϖ longitude du périgée, qui fixe la position du grand axe de l'orbite ;

4° et 5°, e et a, qui fixent la forme de l'orbite elliptique. Pour l'orbite du Soleil dont le grand axe est pris pour unité, a est égal à 1 ;

6°, n, qui détermine la vitesse dans l'orbite et la durée de la révolution sidérale;

7°, L'époque du périgée, à partir de laquelle se compte le temps t.

Nous retrouverons les mêmes éléments pour déterminer la position d'une planète. Mais ils se réduiront en réalité à six; car la troisième loi de Kepler établit une relation entre le demi-grand axe a et la durée T de la révolution sidérale ou le moyen mouvement $\frac{2\pi}{T} = n$.

Les longitudes sont comptées de l'équinoxe fixe de l'époque. La durée T est donc la révolution *sidérale*, n le moyen mouvement sidéral dans l'unité de temps, jour moyen ou jour sidéral, et l'on a suivant les cas :

$$T = 365,2564$$

ou

$$T = 366,2564$$

84. Formules développées en séries. — La méthode précédente est applicable dans tous les cas; c'est même la plus commode pour calculer un lieu du Soleil. Mais si l'on veut en calculer un grand nombre, comme on doit le faire pour établir une éphéméride, il est avantageux de profiter de la petitesse de e pour développer u, r et L suivant les puissances de e.

On emploie dans ce but la formule de Lagrange : elle sert à développer une fonction $F(z)$, z étant donné par l'équation

$$z = x + \alpha f(z),$$

où f désigne une fonction donnée quelconque et α une quantité constante très petite par rapport aux puissances de laquelle il faut développer F (z). La formule est :

$$F(z) = F(\omega) + \alpha F'(\omega) f(\omega) + \frac{\alpha^2}{1.2} \frac{d[F'(\omega) f^2(\omega)]}{d\omega} + \cdots\cdots$$
$$+ \frac{\alpha^m}{1.2\ldots m} \frac{d^{m-1}[F'(\omega) f^m(\omega)]}{d\omega^{m-1}} + \cdots\cdots$$

Si F(z) se réduit à z, elle devient :

$$z = \omega + \alpha f(\omega) + \frac{\alpha^2}{1.2} \frac{df^2(\omega)}{d\omega} + \cdots + \frac{\alpha^m}{1.2\ldots m} \frac{d^{m-1} f^m(\omega)}{d\omega^{m-1}} + \cdots$$

1° *Développement de u.* — D'après la formule :

$$u = \zeta + e \sin u$$

on a :

$$F(z) = u$$
$$f(u) = \sin u$$
$$\omega = \zeta$$

et par suite :

$$u = \zeta + e \sin \zeta + \frac{e^2}{1.2} \frac{d \sin^2 \zeta}{d\zeta} + \cdots + \frac{e^m}{1.2\ldots m} \frac{d^{m-1} \sin^m \zeta}{d\zeta^{m-1}} + \cdots$$

Pour former les dérivées de $\sin^2\zeta$, $\sin^3\zeta, \ldots\ldots$, on remplace les puissances des sinus par les sinus et cosinus des multiples de l'arc, en se servant des formules :

$$\sin \zeta = \frac{e^{\zeta i} - e^{-\zeta i}}{2i}$$
$$\cos \zeta = \frac{e^{\zeta i} + e^{-\zeta i}}{2}$$

où l'on a :

$$i = \sqrt{-1}$$

En calculant les puissances, on trouve :

$$-2\sin^2\zeta = \cos 2\zeta - 1$$
$$-4\sin^3\zeta = \sin 3\zeta - 3\sin\zeta$$
$$8\sin^4\zeta = \cos 4\zeta - 4\cos 2\zeta + 3$$
$$16\sin^5\zeta = \sin 5\zeta - 5\sin 3\zeta + 10\sin\zeta$$
$$\cdots\cdots\cdots\cdots$$

On en déduit :

$$\frac{d\sin^2\zeta}{d\zeta} = \sin 2\zeta$$
$$\frac{d^2\sin^3\zeta}{d\zeta^2} = -\frac{3}{4}\sin\zeta + \frac{9}{4}\sin 3\zeta$$
$$\frac{d^3\sin^4\zeta}{d\zeta^3} = -4\sin 2\zeta + 8\sin 4\zeta$$
$$\frac{d^4\sin^5\zeta}{d\zeta^4} = \frac{5}{8}\sin\zeta - \frac{405}{16}\sin 3\zeta + \frac{625}{16}\sin 5\zeta$$
$$\cdots\cdots\cdots\cdots$$

On obtiendrait de même les valeurs des puissances successives de $\cos\zeta$ et de leurs dérivées.

Le développement cherché est donc :

$$u = \zeta + e\sin\zeta - \frac{1}{2}e^2\sin 2\zeta + e^3\left(-\frac{1}{8}\sin\zeta + \frac{3}{8}\sin 3\zeta\right) + e^4\left(-\frac{1}{6}\sin 2\zeta + \frac{1}{3}\sin 4\zeta\right)$$
$$+ e^5\left(\frac{1}{192}\sin\zeta - \frac{27}{128}\sin 3\zeta + \frac{125}{384}\sin 5\zeta\right) + \cdots\cdots$$

2° *Développement de r.* — D'après la formule :

$$r = a(1 - e\cos u)$$

on est conduit à faire dans la formule de Lagrange :

$$F(u) = \cos u$$
$$f(u) = \sin u$$
$$\alpha = e$$
$$\omega = \zeta$$

On a alors : . . . .

$$\cos u = \cos \zeta - e \sin^2 \zeta - \frac{e^2}{1.2} \frac{d \sin^3 \zeta}{d\zeta} - \dots$$
$$- \frac{e^m}{1.2\dots m} \frac{d^{m-1} \sin^{m+1} \zeta}{d\zeta^{m-1}} - \dots$$

On en déduit :

$$\frac{r}{a} = 1 - e \cos \zeta + e^2 \sin^2 \zeta + \frac{e^3}{1.2} \frac{d \sin^3 \zeta}{d\zeta} + \dots$$
$$+ \frac{e^{m+1}}{1.2\dots m} \frac{d^{m-1} \sin^{m+1} \zeta}{d\zeta^{m-1}} + \dots$$

En remplaçant comme plus haut les puissances des sinus par les sinus et cosinus des multiples de ζ, on obtient pour le développement cherché :

$$\frac{r}{a} = 1 - e \cos \zeta + e^2 \left(\frac{1}{2} - \frac{1}{2} \cos 2\zeta\right) + e^3 \left(\frac{3}{8} \cos \zeta - \frac{3}{8} \cos 3\zeta\right)$$
$$+ e^4 \left(\frac{1}{3} \cos 2\zeta - \frac{1}{3} \cos 4\zeta\right)$$
$$+ e^5 \left(- \frac{5}{192} \cos \zeta + \frac{45}{128} \cos 3\zeta - \frac{125}{384} \cos 5\zeta\right) + \dots$$

3° *Développement de* L *ou de* v. — On a, d'après l'expression connue de la loi des aires :

$$r^2 dv = na^2 \sqrt{1 - e^2}\, dt$$

ou bien :

$$r^2\, dv = a^2 \sqrt{1 - e^2}\, d\zeta.$$

On en déduit :

$$dv = \frac{a^2}{r^2}\sqrt{1 - e^2}\, d\zeta = \frac{a^2}{r^2}\left(1 - \frac{1}{2} e^2 + \cdots\cdots\right) d\zeta.$$

Pour trouver le développement de

$$\frac{a^2}{r^2} = (1 - e \cos u)^{-2},$$

il faut faire dans la formule de Lagrange

$$F(u) = (1 - e \cos u)^{-2}.$$

Il est vrai que $F(u)$ contient alors e explicitement ; mais la formule de Lagrange s'applique à la condition de considérer e comme un paramètre constant qui ne s'annule pas dans $F'(u)_0$. On a alors :

$$F'(x) = -\frac{2e \sin x}{(1 - e \cos x)^3}$$

$$f(u) = \sin u$$

$$\alpha = e$$

$$x = \zeta$$

et, par suite :

$$\frac{a^2}{r^2} = (1 - e \cos u)^{-2} = (1 - e \cos \zeta)^{-2} - \frac{2e^2 \sin^2 \zeta}{(1 - e \cos \zeta)^2}$$

$$- e^3 \frac{d}{d\zeta} \frac{\sin^3 \zeta}{(1 - e \cos \zeta)^3} - \cdots\cdots$$

ou, en se bornant aux termes en e^3 :

$$\frac{a^2}{r^2} = 1 + 2e\cos\zeta + 3e^2\cos^2\zeta + 4e^3\cos^3\zeta$$
$$- 2e^2\sin^2\zeta\,(1 + 3e\cos\zeta)$$
$$- e^3\frac{d}{d\zeta}\sin^3\zeta,$$

ou, en introduisant les multiples de ζ :

$$\frac{a^2}{r^2} = 1 + 2e\cos\zeta + \frac{3}{2}e^2 + \frac{3}{2}e^2\cos 2\zeta + e^3\cos 3\zeta$$
$$- e^2 + e^2\cos 2\zeta + \frac{3}{2}e^3\cos\zeta + \frac{3}{2}e^3\cos 3\zeta$$
$$+ \frac{3}{4}e^3\cos 3\zeta - \frac{3}{4}e^3\cos\zeta,$$

et, en ordonnant :

$$\frac{a^2}{r^2} = 1 + 2e\cos\zeta + e^2\left(\frac{1}{2} + \frac{5}{2}\cos 2\zeta\right) + e^3\left(\frac{3}{4}\cos\zeta + \frac{13}{4}\cos 3\zeta\right).$$

On a donc :

$$dv = \left[1 + 2e\cos\zeta + e^2\left(\frac{1}{2} + \frac{5}{2}\cos 2\zeta\right)\right.$$
$$\left. + e^3\left(\frac{3}{4}\cos\zeta + \frac{13}{4}\cos 3\zeta\right)\right]\left(1 - \frac{1}{2}e^2 + \cdots\right)d\zeta$$

ou, en se bornant toujours aux termes en e^3 :

$$dv = \left[1 + 2e\cos\zeta + \frac{5}{2}e^2\cos 2\zeta + e^3\left(-\frac{1}{4}\cos\zeta + \frac{13}{4}\cos 3\zeta\right)\right]d\zeta$$

et, en intégrant :

$$v = \zeta + C + 2e\sin\zeta + \frac{5}{4}e^2\sin 2\zeta + e^3\left(-\frac{1}{4}\sin\zeta + \frac{13}{12}\sin 3\zeta\right)$$

C désignant une constante ; mais, pour $\zeta = o$, on a $v = o$. Donc :

$$C = o$$

D'ailleurs :

$$L = v + \varpi$$
$$\zeta = nt$$

Donc, le développement de L est :

$$L = nt + \varpi + 2e\sin\zeta + \frac{5}{4}e^2\sin 2\zeta + e^3\left(-\frac{1}{4}\sin\zeta + \frac{13}{12}\sin 3\zeta\right) + \cdots$$

série qui permet de calculer L pour chaque valeur de t ou de ζ, t étant compté à partir du moment du périgée.

On peut écrire cette formule :

$$L = L_0 + C$$

Le premier terme L_0, dont la valeur est $nt + \varpi$, est proportionnel au temps ; c'est la *longitude moyenne ;* le second C, appelé *équation du centre,* se compose de tous les termes du développement de L qui contiennent e ; il est périodique et sa période est 2π.

85. Soleil fictif. — Soit un Soleil fictif S_1 partant du du périgée à l'origine du temps et parcourant uniformément l'écliptique dans le même temps que le Soleil vrai S. La longitude de S_1 sera à chaque instant égale à la longitude moyenne L_0 du Soleil vrai. La distance angulaire de ces deux Soleils sera C ou l'équation du centre. Leurs distances angulaires au périgée seront v pour le Soleil vrai, ζ pour le Soleil fictif. Du périgée à l'apogée, S précède S_1 ; ils passent ensemble à l'apogée ; dans la deuxième moitié de l'orbite, S_1 précède S et l'écart repasse par les mêmes valeurs, en sens inverse, que dans la première moitié.

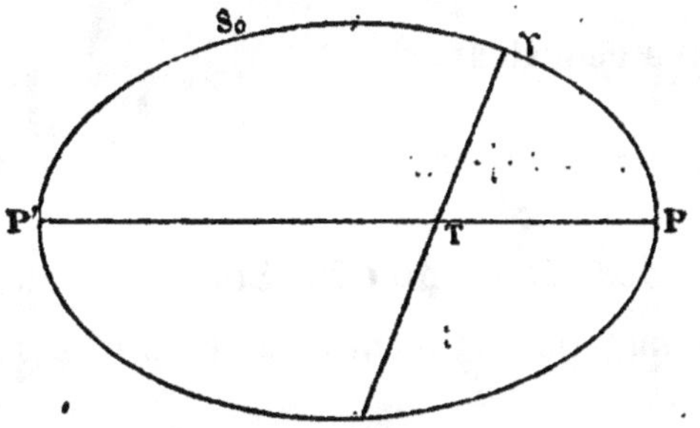

Fig. 80.

Si l'on compte le temps à partir d'une origine quelconque, à laquelle S_1 occupe la position S_0 (*fig.* 80), et si t_0 est l'époque du passage au périgée comptée de la même origine, il faut, dans la valeur de L remplacer t par $t - t_0$; la longitude moyenne L_0 devient :

$$L_0 = nt - nt_0 + \varpi.$$

Or on a :

$$\varpi = \gamma P'P,$$
$$nt_0 = S_0P'P.$$

Donc :

$$\varpi - nt_0 = S_0\gamma = \varepsilon,$$

en appelant ε la longitude moyenne du Soleil à l'époque origine, ou *longitude moyenne de l'époque.*

On a donc :

$$L = nt + \varepsilon + C.$$

Quant à ζ, il a pour valeur

$$nt - nt_0 = nt + \varepsilon - \varpi.$$

Les développements en séries qui précèdent, permettent de calculer L et r pour une époque quelconque. On passe ensuite aux valeurs de $\mathcal{A}$ et $\mathcal{D}$ par les formules :

$$\mathcal{A} = L + R = L_{\text{♀}} + C + R,$$

R désignant la réduction à l'équateur, et :

$$\sin \mathcal{D} = \sin L \sin \omega.$$

86. Détermination des éléments du Soleil. — On emploie pour cette détermination les mêmes développements en série. On peut écrire :

$$L = nt + \varepsilon + 2e \sin \zeta + E,$$

ou

$$L = nt + \varepsilon + 2e \sin(nt + \varepsilon - \varpi) + E,$$

E désignant une quantité très petite, qu'il suffit de calculer avec des valeurs approchées des éléments. Les quatre quantités inconnues qu'il s'agit de déterminer sont : n, ε, e et ϖ.

On pose :

$$x = 2e \sin(\varepsilon - \varpi),$$
$$y = 2e \cos(\varepsilon - \varpi),$$

et l'on a alors :

$$L = nt + \varepsilon + x \cos nt + y \sin nt + E.$$

1° On détermine n par l'observation des longitudes L et L′ à deux époques t et t', aussi distantes que possible, auxquelles le Soleil revient à la même longitude, ou à des longitudes presque égales, telles que $C = C'$. Le nombre de jours moyens compris entre t' et t étant $t' - t$, le Soleil a fait un nombre de tours déterminé et une fraction de tour $L' - L$, qui représentent un nombre N de secondes d'arc. En divisant N par $t' - t$, on a le moyen mouvement en un jour.

Ce moyen mouvement est le mouvement tropique ou équinoxial, puisque les longitudes sont comptées à partir de l'équinoxe mobile. Sa valeur est :

$$n = 59'8'',3113 = 3548'',3113.$$

En divisant 2π par cette valeur, on a la durée de l'année tropique ou l'intervalle du temps au bout duquel la longitude a augmenté de 360°. C'est ainsi que Le Verrier, par la comparaison des observations de Bradley aux observations actuelles a trouvé pour durée de cette année :

$$365^{\text{j.m.}},2422166.$$

Nous avons vu (**74**, II) comment on déduit de là l'année sidérale, qui renferme

$$365^{\text{j.m.}},2564.$$

On en tire le moyen mouvement sidéral en un jour moyen qui est de

$$3548'',19269.$$

Sa valeur est constante; c'est celui qu'il faut introduire dans le calcul de ζ.

2° On fait trois observations, l'une à l'époque arbitraire $t = 0$, le 1er janvier, par exemple, la deuxième 122 jours après, le 3 mai, la dernière 244 jours après, le 2 septembre; on obtient ainsi les 3 relations :

$$(1) \qquad \varepsilon + x = L - E$$

$$(2) \qquad \varepsilon + 122n + x \cos 122n + y \sin 122n = L' - E'$$

$$(3) \qquad \varepsilon + 244n + x \cos 244n + y \sin 244n = L'' - E''$$

où E, E′, E″ ont été calculés avec des valeurs approchées des éléments. En retranchant (1) de (2) et de (3), n étant connu, on a deux équations qui donnent x et y.

On déduit ensuite ε, puis $\varepsilon - \varpi$ et e.

Pour corriger les valeurs des éléments ainsi obtenues, on se sert d'un grand nombre d'observations. Soient δn, $\delta\varepsilon$, δe et $\delta\varpi$ les corrections de ces éléments; on a :

$$\mathrm{L}-\mathrm{E}=(n_0+\delta n)t+\varepsilon_0+\delta\varepsilon+2(e_0+\delta e)\sin(n_0t+\varepsilon_0-\varpi_0)$$
$$+2e_0\cos(n_0t+\varepsilon_0-\varpi_0)(t\delta n+\delta\varepsilon-\delta\varpi)$$

en négligeant les carrés et produits des corrections. Cette formule s'écrit :

$$t\delta n+\delta\varepsilon+2\delta e\sin(n_0t+\varepsilon_0-\varpi_0)$$
$$+2e_0\cos(n_0t+\varepsilon_0-\varpi_0)(t\delta n+\delta\varepsilon-\delta\varpi)=\mathrm{L}-\mathrm{E}$$
$$-n_0t-\varepsilon_0-2e_0\sin(n_0t+\varepsilon_0-\varpi_0)$$

ou, en écrivant ζ_0 pour $n_0t+\varepsilon_0-\varpi_0$:

$$t\delta n(1+2e_0\cos\zeta_0)+\delta\varepsilon(1+2e_0\cos\zeta_0)$$
$$+2\delta e\sin\zeta_0-\delta\varpi.2e_0\cos\zeta_0=\mathrm{L}-\mathrm{E}-n_0t-\varepsilon_0-2e_0\sin\zeta_0.$$

Les valeurs n_0, ε_0, e_0 et ϖ_0 étant déjà très approchées, le second membre est très petit et se calcule avec une exactitude bien suffisante. On a alors entre les inconnues δn, $\delta\varepsilon$, δe et $\delta\varpi$ un système d'équations du premier degré, qu'on résout par la méthode des moindres carrés ou par celle de Cauchy.

On obtient ainsi au 1er janvier 1850, à midi moyen (janvier 1850,0), en prenant pour plan fixe l'écliptique fixe de l'époque et pour origine l'équinoxe moyen de la même époque, les valeurs :

$$n = 3548'',19269$$
$$\varepsilon = 280°46'43'',51$$
$$\varpi = 280°21'21'',5$$
$$\varphi = 3459'',28$$

où n désigne le moyen mouvement sidéral. On a d'ailleurs :

$$\omega = 23°27'32''$$
$$a = 1.$$

87. Perturbations du mouvement elliptique du Soleil. — Les actions de la Lune et des planètes font varier progressivement les éléments du Soleil, de sorte que l'ellipse solaire se déplace et se déforme continuellement. La théorie donne les lois de ces inégalités dont les unes sont séculaires, et les autres périodiques.

1° La latitude du Soleil n'est pas nulle, mais varie de $\pm 0'',8$: le plan de l'orbite a donc un mouvement de balancement ;

2° Le grand axe de l'orbite se déplace d'un mouvement direct de $11'',47$ par an ; par suite, le périgée marche à la rencontre du point γ ;

3° L'excentricité diminue : sa valeur est donnée par la formule :

$$\varphi = 3459'',28 - 0'',8755t - 0,0000282t^2$$

où t est exprimé en années juliennes;

4° Le grand axe et le moyen mouvement sidéral (par suite, la durée de la révolution sidérale) ne subissent que de très légères inégalités périodiques dont la période est assez courte.

Par suite de ces variations et de la précession, le périgée qui est actuellement en hiver, aura lieu successivement au printemps, puis en été, etc... La durée des saisons varie donc, et l'été, qui est maintenant la plus longue, deviendra dans la suite des siècles, la plus courte, puis augmentera de nouveau de durée.

88. Valeur des longitudes ε et ϖ rapportées à une époque t. — Les longitudes ε et ϖ sont rapportées à l'équinoxe moyen de 1850,0. Si l'on veut les rapporter à l'écliptique et à l'équinoxe moyens d'une époque quelconque t, comptée à partir de 1850, il faut tenir compte à la fois de la précession générale et des perturbations.

1° *Longitude moyenne de l'époque*, ε. — Au bout d'une année julienne de 365 j, 25 elle a augmenté de

$$3548'',1929 \times 365,25 = 1295977'',380.$$

En même temps, l'équinoxe a rétrogradé de

$$50'',236t + 0,000113t^2.$$

Donc, après t années, ε est devenu :

$$\varepsilon = 280°46'43'',51 + 1296027'',616t + 0,000113t^2.$$

2° *Longitude du périgée*, ϖ. — Le mouvement direct du périgée qui est d'à peu près 11'',47, s'ajoute à la précession et l'on a :

$$\varpi = 280°21'21'',5 + 61'',699t + 0'',00001823t^2.$$

L'intervalle de temps qui s'écoule entre deux retours consécutifs du Soleil au périgée a reçu le nom d'*année anomalistique*. Sa valeur est

$$365^{\mathrm{j.m.}},2564\,\frac{360^\circ + 11'',5}{360}$$

ou

$$365^{\mathrm{j.m.}},2596.$$

CHAPITRE X

UNITÉS DE MESURE DU TEMPS

89. Jour solaire vrai. — Le midi vrai est le moment du passage du centre du Soleil au méridien; à cet instant l'ascension droite du Soleil est égale à l'heure sidérale. Or, on a :

$$\mathcal{A} = L + R,$$

R désignant la réduction à l'équateur et

$$L = L_0 + C,$$

L_0 désignant la longitude moyenne, qui est égale à $nt + \epsilon$, et C l'équation du centre. On a donc :

$$\mathcal{A} = L_0 + C + R.$$

L_0 croît proportionnellement au temps, mais C et R sont des quantités périodiques. Donc, l'intervalle de deux midis vrais, ou le jour vrai, n'est pas constant. De même, l'heure vraie, angle horaire du Soleil vrai, ne croît pas uniformément.

La durée du jour vrai est égale à celle du jour sidéral augmentée de la différence des ascensions droites du Soleil vrai à deux passages successifs, réduite en temps sidéral. Soit θ la durée du jour sidéral, on aura pour la différence $t' - t$ des temps des deux passages :

$$t' - t = \theta + (\mathcal{A}' - \mathcal{A}) \frac{\theta}{2\pi}$$

$$t' - t = \theta + \frac{\theta}{2\pi} [n(t' - t) + C' + R' - (C + R)]$$

d'où :

$$t' - t = \frac{2\pi}{\frac{2\pi}{\theta} - n} + \frac{1}{\frac{2\pi}{\theta} - n} [C' + R' - (C + R)].$$

Si l'on prend $\theta = 1^{\text{j.sid.}}$, on a

$$n = 3548'',3,$$

et $t' - t$ est donné en fractions de jour.

Prenons $\theta = 86\,400^s$; n sera alors le moyen mouvement en 1^s sidérale et nous aurons :

$$t' - t = \frac{86400^s}{1 - \frac{n}{15}} + \frac{1}{15 - n} [C' + R' - (C + R)]$$

$t' - t$ se compose donc d'une partie constante qui est

$$\frac{1296000^s}{15 - n},$$

ou d'une manière générale :

$$\frac{2\pi}{\frac{2\pi}{\theta} - n},$$

et d'une partie variable.

90. Jour solaire moyen. — Le Soleil fictif S_1, qui part du périgée en même temps que le Soleil vrai et parcourt l'écliptique d'un mouvement uniforme, a pour longitude L_0. Son ascension droite est :

$$\mathcal{A}_1 = L_0 + R$$

et sa projection sur l'équateur n'a pas un mouvement uniforme.

Soit un deuxième Soleil fictif S_m partant de l'équinoxe *moyen* du printemps au moment où S_1 y arrive et parcourant l'équateur d'un mouvement uniforme de manière à revenir en même temps que S_1 au point vernal ; son ascension droite croîtra proportionnellement au temps et sera :

$$\mathcal{A}_m = L_0 = nt + \varepsilon.$$

Le moment du passage au méridien de ce Soleil est le midi moyen ; le jour moyen, intervalle de deux passages consécutifs, est constant. L'heure moyenne est l'angle horaire de S_m, qui croît proportionnellement au temps.

La partie constante de la durée du jour solaire vrai (**89**) est la durée du jour moyen en secondes sidérales. Car le calcul de la durée de ce jour est exactement le même que précédemment, à cela près que les termes en C + R sont nuls.

Au bout d'une année tropique, C + R reprend exactement

la même valeur; la somme des durées des jours vrais qui composent l'année est donc égale à la somme des durées des jours moyens et, comme le nombre des jours vrais est le même que celui des jours moyens, on en conclut que le jour moyen est la moyenne des jours vrais dans le cours d'une année tropique, ce qui légitime la définition que nous avons donnée autrefois du jour moyen.

L'origine du temps, janvier 1850,0, est le moment où le Soleil moyen passe au méridien de Paris; il avait à ce moment pour ascension droite :

$$280^\circ\,46'\,43'',\,51.$$

Cette ascension droite réduite en temps est aussi l'heure sidérale à Paris à midi moyen de janvier 0 (1er janvier civil).

91. Temps sidéral et temps moyen. — Le temps sidéral à midi moyen est l'ascension droite du Soleil moyen à son passage au méridien; il se compte à partir du passage de l'équinoxe vrai au méridien. Il faut donc à l'ascension droite $\mathcal{A}_m$ (1850, 0) ajouter d'abord le déplacement $pt + p't^2$ de l'équinoxe moyen pendant l'intervalle de t années juliennes, puis y ajouter la nutation Ψ projetée sur l'équateur ou $\Psi \cos \omega$. $\mathcal{A}_m$ a donc pour valeur à l'époque $1850 + t$:

$$\mathcal{A}_m = 280^\circ 46' 43'',51 + 1295977'',38t + pt + p't^2 + \Psi \cos \omega.$$
$$\mathcal{A}_m = 280^\circ 46' 43'',51 + 1296027'',616t + 0'',000113t^2 + \Psi \cos \omega.$$

Dans cette formule, t est compté en années juliennes de 365,25 jours moyens; pour le compter en jours moyens à partir de 1850,0, il faut remplacer t par $\frac{t}{365,25}$:

$$\mathcal{A}_m = 280°46'43'',51 + 3548'',33023t + 1'',13k^2 + \Psi \cos \omega,$$

en posant :

$$100k = \frac{t}{365,25}.$$

On aura ainsi le temps sidéral à midi moyen à Paris, chaque jour, en faisant $t = 1, 2, 3, \ldots$ à partir de 1850,0; on convertira les secondes d'arc en temps sidéral en divisant par 15.

En un lieu de longitude $\mathcal{L}$, il faudra exprimer cette longitude en temps (jours moyens) et calculer la variation de $\mathcal{A}_m$ pendant ce temps, dont la valeur est

$$3548'',330 \times \mathcal{L}$$

On devra ensuite ajouter ce produit à l'expression de $\mathcal{A}_m$ pour Paris, ou le retrancher, suivant que la longitude sera occidentale ou orientale.

Dans le cours d'une année, les termes $1'', 13k^2$ et $\Psi \cos \omega$ varient très peu; l'accroissement diurne de $\mathcal{A}_m$ se réduit, sans erreur sensible, à

$$3548'',33023$$

ou

$$3^m56^s,555$$

de temps sidéral.

Ces formules permettent de construire des Tables du temps sidéral à midi moyen.

Conversion du temps sidéral en temps moyen, et récipro-

quement. — 1° Soient t l'heure sidérale donnée, $\mathcal{A}_m$ le temps sidéral à midi moyen; $t - \mathcal{A}_m$ mesure le temps sidéral écoulé depuis midi moyen; il suffit d'exprimer cet intervalle en temps moyen.

Or, on a l'égalité :

$$365^{\text{j.m.}},2422 = 366^{\text{j.sid.}},2422$$

d'où :

$$1^{\text{j.sid.}} = 1^{\text{j.m.}} - 3^{\text{m}}\,55^{\text{s}},907$$

le second terme désignant des secondes de temps moyen. A l'aide de cette formule on calcule une table donnant les quantités à retrancher du temps sidéral pour avoir le temps moyen ([1]).

2° Soit t l'heure moyenne donnée; c'est le temps écoulé depuis midi moyen. On le convertit en temps sidéral en ajoutant $3^{\text{m}}56^{\text{s}},555$ sidérales pour 24 heures. Des tables donnent les corrections ainsi calculées. Puis on ajoute ce temps au temps sidéral $\mathcal{A}_m$ à midi moyen.

Le temps sidéral est égal au temps moyen une fois par an à l'équinoxe de printemps. Il avance ensuite chaque jour de $3^{\text{m}}56^{\text{s}},555$. Cette quantité porte le nom d'*accélération des fixes*.

92. Temps moyen et temps vrai. — L'ascension droite du Soleil vrai à midi moyen, comptée de l'équinoxe vrai de l'époque $1850 + t$, est, en temps sidéral :

$$\mathcal{A}_{\odot} = 280°46'43'',51 + 3548,330t + 1'',13k^2 + \Psi + C + R.$$

([1]) Ces tables se trouvent dans la *Connaissance des temps* et le *Nautical Almanac*.

On construit une table de ses valeurs.

Il faut avoir l'ascension droite du Soleil vrai au moment de son passage au méridien, ou à midi vrai, c'est-à-dire calculer le moment où l'ascension droite devient égale au temps sidéral (1). Pour cela on calcule plusieurs $\mathcal{A}_{\odot}$ consécutifs, $\mathcal{A}_{-2}$, $\mathcal{A}_{-1}$, $\mathcal{A}_{\odot}$, $\mathcal{A}_{1}$, $\mathcal{A}_{2}$ et leurs différences premières et secondes.

L'ascension droite à un temps sidéral τ après le midi moyen sera :

$$\mathcal{A} = \mathcal{A}_{\odot} + \frac{\tau}{1} \Delta \mathcal{A} + \frac{\tau(\tau-1)}{1.2} \Delta^2 \mathcal{A} + \cdots\cdots$$

D'ailleurs, on devra avoir :

$$\mathcal{A}_v = \mathcal{A}_m + \tau$$

$\mathcal{A}_m$ (y compris les termes en Ψ) étant le temps sidéral à midi moyen et τ désignant l'intervalle de temps écoulé entre le midi moyen et le midi vrai.

La formule précédente donnera alors, en se bornant aux différences secondes :

$$\mathcal{A}_{\odot} + \tau \Delta \mathcal{A} + \frac{\tau(\tau-1)}{1.2} \Delta^2 \mathcal{A} = \mathcal{A}_m + \tau$$

Mais $\Delta^2 \mathcal{A}$ est plus petit qu'une seconde et τ, exprimé en fractions de jour, vaut au plus 0,01 ; on peut donc négliger les différences secondes et écrire :

$$\mathcal{A}_{\odot} + \tau \Delta \mathcal{A} = \mathcal{A}_m + \tau$$

(1) Ce problème se présente souvent en astronomie pratique. Étant donnée l'éphéméride d'un astre mobile, planète ou comète, c'est-à-dire une table de son ascension droite et de sa déclinaison à midi (ou minuit) moyen, calculer le temps du passage de l'astre au méridien et sa déclinaison à ce moment.

On en déduit :

$$\tau = \frac{\mathcal{A}_\odot - \mathcal{A}_m}{1 - \Delta\mathcal{A}}$$

On a donc, pour valeur de l'ascension droite cherchée :

$$\mathcal{A}_v = \mathcal{A}_\odot + \frac{\mathcal{A}_\odot - \mathcal{A}_m}{1 - \Delta\mathcal{A}}\,\Delta\mathcal{A}.$$

Il importe de remarquer que, $\Delta\mathcal{A}$ étant la variation de $\mathcal{A}_\odot$ en un jour, τ représente aussi une fraction de jour.

On connaît donc les 3 ascensions droites suivantes :

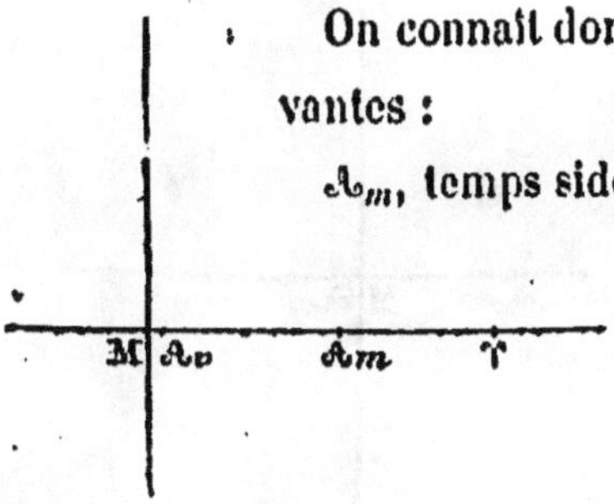

Fig. 81.

$\mathcal{A}_m$, temps sidéral à midi moyen ou ascension droite du Soleil moyen à midi moyen.

$\mathcal{A}_\odot$, ascension droite du Soleil vrai à midi moyen.

$\mathcal{A}_v$, temps sidéral à midi vrai ou ascension droite du Soleil vrai à midi vrai.

A midi vrai, le Soleil vrai étant au méridien (*fig.* 81), on a :

$$M\gamma = \mathcal{A}_v.$$

La différence $\mathcal{A}_v - \mathcal{A}_m$ est l'angle horaire du Soleil moyen à midi vrai ; c'est ce qu'il faut ajouter au temps vrai pour avoir le temps moyen. On convertit cette différence en temps moyen, en fraction de jour, puis en heures ; on a ainsi l'*équation du temps* E qui, ajoutée à l'heure vraie H_v, donne l'heure moyenne H_m à midi vrai.

$$H_v + E = H_m.$$

Cette équation est positive ou négative. Pour éviter l'emploi des signes, on donne dans les Annuaires le *temps moyen à midi vrai ;* H_v étant 0^h on a, à midi vrai :

$$E = H_m$$

A midi moyen, le soleil moyen étant au méridien (*fig.* 82) on a :

$$M\gamma = \mathcal{A}_m$$

La différence $\mathcal{A}_\odot - \mathcal{A}_m$ est l'angle horaire du Soleil vrai à midi moyen, pris en signe contraire ; c'est ce qu'il faut retrancher du temps moyen pour avoir le temps vrai. C'est une autre équation du temps E' ; elle est donnée dans des tables du *temps vrai à midi moyen*, calculées pour chaque jour de l'année. On a :

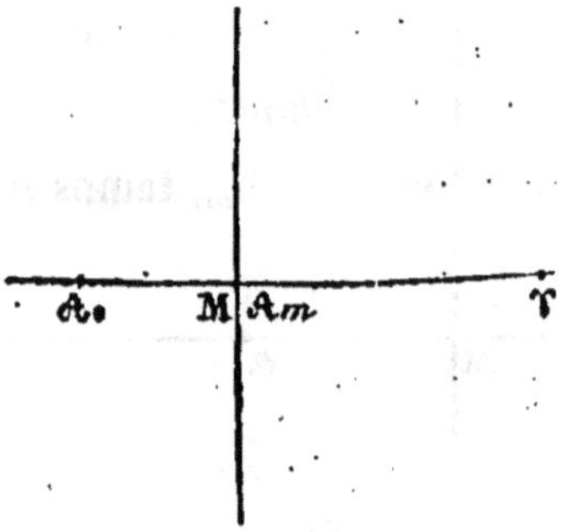

Fig. 82.

$$H_m - E' = H_v$$

à midi moyen : ou en prenant $H_m = 0^h$,

$$-E' = H_v$$

à midi moyen.

Conversion du temps moyen en temps vrai et réciproquement. — Soit donné le temps moyen H_m ; H_m — E' serait l'angle horaire du Soleil vrai à ce moment, c'est-à-dire le temps vrai, si l'ascension droite $\mathcal{A}_v$ du Soleil vrai croissait proportionnellement au temps. Il faut donc calculer la valeur de E' correspondant au temps moyen H_m. On interpole par parties proportionnelles entre les valeurs de E′ pour le midi vrai précédent et pour le midi vrai suivant. En appelant ΔE la variation en 24 heures, la valeur cherchée sera :

$$E' + \frac{\Delta E'}{24}(H_m - E')$$

qu'il faudra retrancher de H_m.

Pour convertir le temps vrai en temps moyen, on emploie de même la table des E.

93. Discussion de l'équation du temps. — Si l'on fait abstraction des termes en Ψ, la différence $\mathcal{A}_\odot - \mathcal{A}_m$ se réduit à

$$C + R = E.$$

C'est cette quantité E qu'on désigne plus généralement comme équation du temps. Elle a pour valeur :

$$E = 2e \sin\zeta - \mathrm{tg}^2 \frac{1}{2}\omega \sin 2L,$$

en négligeant les termes en e^2 et $\mathrm{tg}^4 \frac{1}{2}\omega$ qui n'ont pas d'influence sensible, puisque

$$\mathrm{tg}^2 \frac{1}{2}\omega = \frac{1}{25}$$

$$e = 0{,}016$$

$$2e = 0{,}032$$

ou approximativement :

$$2e = \frac{1}{30}.$$

Au même degré d'approximation, on peut remplacer ζ par

$L - \varpi$. En effet :

$$L = nt + \varepsilon + 2e \sin \zeta$$
$$\zeta = nt + \varepsilon - \varpi$$

donc :

$$L - \varpi = \zeta + 2e \sin \zeta$$

$L - \varpi$ ne diffère de ζ que d'un terme en e, donc $2\,e \sin (L - \varpi)$ ne diffère de $2\,e \sin \zeta$ que d'une quantité de l'ordre de e^2.

On a donc :

$$E = 2e \sin (L - \varpi) - \operatorname{tg}^2 \frac{1}{2}\,\omega \sin 2L = y.$$

La courbe d'équation

$$y = E$$

est du quatrième degré en sin L. Pour la construire, on peut se servir des deux sinusoïdes représentées par les équations

$$y' = 2e \sin (L - \varpi),$$
$$y'' = \operatorname{tg}^2 \frac{1}{2}\,\omega \sin 2L,$$

qui sont la courbe de l'équation du centre et la courbe de la réduction à l'équateur. On a alors :

$$y = y' - y''.$$

La courbe de l'équation du centre coupe l'axe des abscisses en deux points :

$$L = \varpi, \qquad L - \varpi = 180°$$

au périgée et à l'apogée. Entre les deux, elle passe par un maximum qui répond à :

$$\zeta = 90°, \qquad \zeta = 270°.$$

La valeur de ce maximum est :

$$2e = \frac{1}{30} 206265'' = 1°54',6,$$

c'est la distance maximum (2° à peu près) du premier Soleil moyen et du Soleil vrai sur l'écliptique, ou $v - \zeta$. Elle est positive au printemps (1er avril), négative en automne (1er octobre).

La courbe de la réduction à l'équateur coupe l'axe des x en 4 points correspondant aux valeurs de L :

$$0° \qquad 90° \qquad 180° \qquad 270°$$

c'est-à-dire aux équinoxes et aux solstices ; en ces points la réduction à l'équateur est évidemment nulle. Elle a 4 maxima, 2 positifs, 2 négatifs, qui correspondent aux milieux de ces intervalles.

La courbe de l'équation du temps coupe l'axe des x en 4 points qui répondent aux intersections des deux courbes précédentes l'une par l'autre. On pourra les déterminer graphiquement.

On peut aussi déterminer les points où l'équation du temps s'annule par les intersections de deux autres courbes. On pose :

$$\sin L = x$$
$$\cos L = y$$

et l'on a :

$$2e \cos \varpi . x - 2e \sin \varpi . y - 2 \operatorname{tg}^2 \frac{1}{2} \omega . xy = 0$$

équation d'une hyperbole, avec :

$$x^2 + y^2 = 1$$

équation d'un cercle.

Enfin on peut chercher directement les racines de l'équation

$$E = 2e \sin(L - \varpi) - \mathrm{tg}^2 \frac{1}{2}\omega \sin 2L = 0,$$

en y faisant :

$$2e = \frac{1}{30},$$

$$\mathrm{tg}^2 \frac{1}{2}\omega = \frac{1}{25},$$

$$\varpi = 280°.$$

On cherche le signe du premier membre, pour des valeurs croissantes de L. On obtient les résultats suivants :

Saisons	Valeurs de L	Valeurs de E	Signes de E	En 1850 Valeurs des racines	En 1850 Dates	En 1890 dates
Printemps	0°	$\frac{1}{30}\sin(-280°)$	+			
				23° 16′	15 avril	15 avril
	45°	$\frac{1}{30}\sin(-235°) - \frac{1}{25}$	−			
				83° 26′	14 juin	14-15 juin
Été . . .	90°	$\frac{30}{1}\sin(-190°)$	+			
	100°	$\frac{30}{1}\sin(-180°) - \frac{1}{30}\sin 200°$	+			
				160° 15′	31 août	31-32 août
Automne.	180°	$\frac{1}{30}\sin(-100°)$	−			
Hiver . .	270°	$\frac{1}{30}\sin(-10°)$	−			
				273° 3′	24 déc.	24-25 déc.
	280°	$-\frac{1}{25}\sin(200°)$	+			

En égalant la dérivée à zéro, on a l'équation :

$$2e\cos(L - \varpi) - 2\,\mathrm{tg}^2\frac{1}{2}\,\omega\,\cos 2L = 0,$$

dont les racines correspondent aux quatre maxima de E qui ont les valeurs suivantes, le signe + indiquant que le temps moyen est plus grand que le temps vrai :

12 fév.	14 mai	26 juillet	18 nov.	en 1850
$+ 14^m31^s$	$- 3^m53^s$	$+ 6^m12^s$	$- 16^m18^s$	
10-11 fév.	14 mai	26 juillet	2-3 nov.	en 1890
$+ 14^m28^s$	$- 3^m52^s$	$+ 6^m16^s$	$- 16^m21^s$	

Le jour vrai diffère le plus du jour moyen quand la variation de l'équation du temps en un jour est maxima, comme le montre l'expression de la durée du jour vrai (89). Ces maxima sont ceux de l'inclinaison de la tangente à la courbe, donc les maxima de l'expression :

$$\frac{dy}{dx} = 2e\cos(L - \varpi) - 2\,\mathrm{tg}^2\frac{1}{2}\cos 2L.$$

On les obtient en égalant à zéro la dérivée du second membre :

$$-e\sin(L - \varpi) + 2\,\mathrm{tg}^2\frac{1}{2}\,\omega\,\sin 2L = 0,$$

équation dont les racines diffèrent peu de celles de l'équation du temps elle-même. Les deux plus grandes différences répondent en 1850

au 23 décembre j. vrai = j. m. + 30^s
au 15 septembre j. vrai = j. m. — 21^s

Cadrans solaires. — Dans les cadrans solaires tracés sur un mur vertical, on voit, en général, autour de la ligne verticale correspondant au midi vrai, une courbe dont la forme est celle d'un 8 très allongé. Cette courbe est le lieu des extrémités de l'ombre du style à midi moyen pendant le cours d'une année ; les coordonnées de ses différents points se déduisent des valeurs correspondantes de l'équation du temps. Elle sert à lire sur le cadran l'heure du midi moyen.

CHAPITRE XI

MOUVEMENT RÉEL DE LA TERRE. — PARALLAXES ANNUELLES. — ABERRATION

94. Conséquences de l'hypothèse du mouvement de la Terre. — Nous avons établi la théorie du Soleil sans rechercher quel était son mouvement réel. Ce mouvement, tel que nous l'observons, peut s'expliquer soit par un mouvement de translation du Soleil autour de la Terre, soit par un mouvement de translation de la Terre autour du Soleil ; les

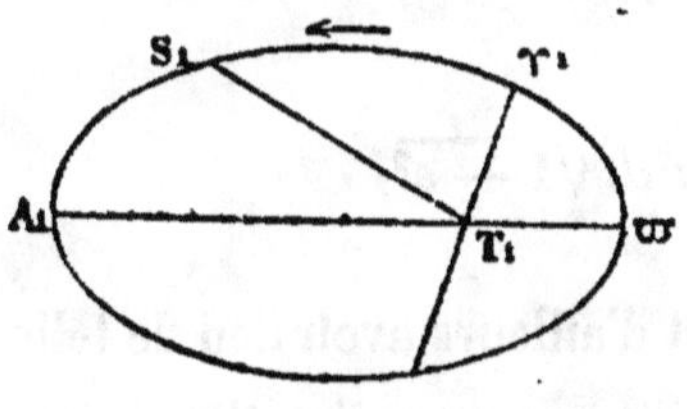

Fig. 83.

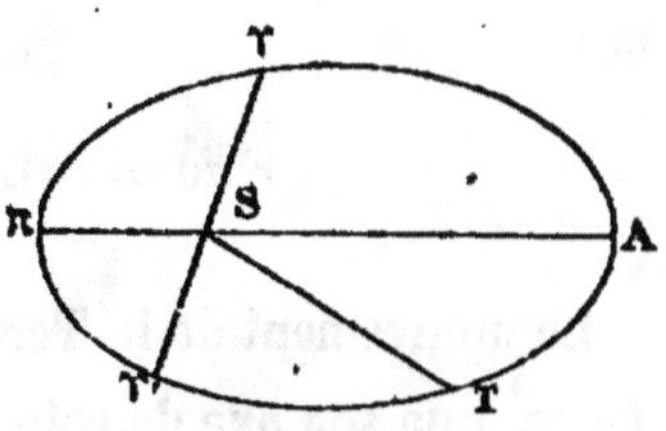

Fig. 84.

mêmes raisons qui ont fait attribuer le mouvement diurne à la rotation de la Terre, conduiraient à adopter la dernière hypothèse plutôt que la première.

Dans le premier cas (*fig.* 83), la Terre immobile en T_1, voit un certain jour le Soleil en S_1 ; dans le second cas (*fig.* 84), la Terre supposée mobile sera venue le même jour occuper sur son orbite la position T, telle que la direction ST soit parallèle à S_1T_1 et que la distance $ST = S_1T_1$. L'orbite de la Terre sera donc identique à l'orbite du Soleil renversée, et le mouvement de la Terre s'exécutera dans le même sens que celui du Soleil. A chaque instant, la longitude de la Terre est égale à la longitude du Soleil augmentée de 180°. Quant à la latitude de la Terre, elle est égale à celle du Soleil changée de signe ; c'est, comme nous l'avons vu, une quantité très petite.

Les formules de la théorie de la Terre sont donc les mêmes que celles de la théorie du Soleil (81) en y remplaçant ☉ (longitude du Soleil) par L — 180° et ϖ par $\pi + 180°$, L désignant la longitude de la Terre et π celle du périhélie. On a alors :

$$r = \frac{a(1 - e^2)}{1 + e\cos[(L - 180°) - (\pi + 180°)]}$$

ou :

$$r = \frac{a(1 - e^2)}{1 + e\cos(L - \pi)},$$

et :

$$r^2dv = rdL = na^2dt\sqrt{1 - e^2},$$

Le mouvement de la Terre doit d'ailleurs avoir lieu de telle façon, que son axe de rotation conserve une direction à très peu près parallèle à elle-même. Les phénomènes des saisons et de l'inégalité des jours et des nuits restent les mêmes dans les deux hypothèses.

Mais certaines apparences sont modifiées : si la Terre se déplace, nous observons les astres d'un point mobile, et il en résulte un déplacement apparent pour les astres dont la distance n'est pas infiniment grande par rapport aux dimensions de l'orbite. L'astre, supposé immobile, semble décrire autour de sa position réelle une orbite semblable à celle de la Terre, dans le même sens, et dont la dimension vue de la Terre est celle de l'orbite terrestre vue de l'astre ; cette ellipse est le lieu de ses projections sur la voûte céleste. Si l'astre possède en outre un mouvement propre, le mouvement apparent est la superposition de ces deux mouvements.

Il y a donc lieu de résoudre les deux problèmes suivants :

1° Passer des coordonnées géocentriques aux coordonnées héliocentriques, et inversement ;

2° Déterminer les coordonnées successives d'un astre vu d'un point mobile.

95. Transformation des coordonnées géocentriques et héliocentriques. — Soient α, β les coordonnées d'un

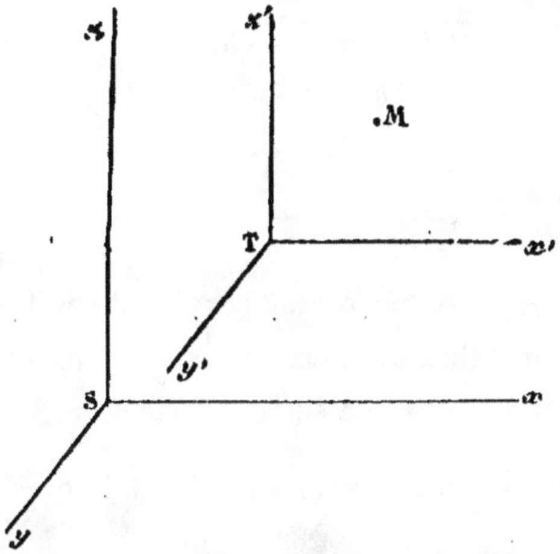

Fig. 85.

point M vu du point S, α', β' ses coordonnées par rapport à des axes parallèles quand il est vu du point T, et enfin A et B les coordonnées de T par rapport à S. Désignons par Δ, Δ' et R les distances SM, TM et ST (*fig.* 85).

En appliquant le théorème des projections aux deux systèmes d'axes $Sxyz$ et $Tx'y'z'$, il vient :

$$\begin{cases} x = \Delta \cos\beta \cos\alpha \\ y = \Delta \cos\beta \sin\alpha \\ z = \Delta \sin\beta \end{cases}$$

$$\begin{cases} x' = \Delta' \cos\beta' \cos\alpha' \\ y' = \Delta' \cos\beta' \sin\alpha' \\ z' = \Delta' \sin\beta' \end{cases}$$

$$\begin{cases} X = R \cos B \cos A \\ Y = R \cos B \sin A \\ Z = R \sin B \end{cases}$$

Or, entre les coordonnées $x, y, z, x', y', z', X, Y, Z$, on a les relations :

$$\begin{cases} x' = x - X \\ y' = y - Y \\ z' = z - Z \end{cases}$$

Donc :

$$(1) \qquad \Delta' \cos\beta' \cos\alpha' = \Delta \cos\beta \cos\alpha - R \cos B \cos A$$

$$(2) \qquad \Delta' \cos\beta' \sin\alpha' = \Delta \cos\beta \sin\alpha - R \cos B \sin A$$

$$(3) \qquad \Delta' \sin\beta' = \Delta \sin\beta - R \sin B$$

Ces trois dernières équations résolvent le problème [1]. On

[1] Les longueurs $\Delta \cos\beta$, $\Delta' \cos\beta'$ et $R \cos\beta$, qui sont les projections des distances des trois astres sur le plan fondamental, s'appellent les *distances accourcies*, et se représentent par Δ_1, Δ'_1 et R_1.

peut toutefois les simplifier comme il suit : Retranchons la première multipliée par sin α de la seconde multipliée par cos α ; il vient :

$$(4) \qquad \Delta' \cos\beta' \sin(\alpha' - \alpha) = - R \cos B \sin(A - \alpha).$$

De même, en ajoutant la première multipliée par cos α à la seconde multipliée par sin α, on obtient :

$$(5) \quad \Delta' \cos\beta' \cos(\alpha' - \alpha) = \Delta \cos\beta - R \cos B \cos(A - \alpha) \text{ (1)}.$$

D'où l'on déduit :

$$\operatorname{tg}(\alpha - \alpha') = - \frac{R \cos B \sin(A - \alpha)}{\Delta \cos B - R \cos B \cos(A - \alpha)}.$$

Posons :

$$R_1 = R \cos B,$$
$$\Delta_1 = \Delta \cos B.$$

La formule devient :

$$\operatorname{tg}(\alpha - \alpha') = - \frac{R_1 \sin(A - \alpha)}{\Delta_1 - R_1 \cos(A - \alpha)}.$$

L'équation (3) donne alors β'.

96. Cas des coordonnées écliptiques. — Dans le cas des coordonnées écliptiques, R désigne le rayon vecteur de la Terre, A sa longitude égale à $180^\circ + \odot$, B sa latitude qui est égale et de signe contraire à celle du Soleil ou de la Terre.

(1) Les formules (4) et (5) s'obtiennent directement de la manière suivante. On forme le triangle SM_1T_1 en projetant les points M et T sur le plan xSy, puis on écrit que la somme des projections des trois côtés sur SM_1, et sur une perpendiculaire à SM_1, est nulle.

Cette quantité B est donc très petite et peut par suite être négligée. Si l'on remplace α'' par la longitude héliocentrique L, α' par la longitude géocentrique $\mathcal{L}$, β' et β désignant les latitudes géocentrique et héliocentrique, il vient :

$$\operatorname{tg}(L - \mathcal{L}) = -\frac{\frac{R_1}{\Delta_1}\sin(180^\circ + \odot - \mathcal{L})}{1 - \frac{R_1}{\Delta_1}\cos(180^\circ + \odot - \mathcal{L})},$$

ou bien encore :

$$\operatorname{tg}(L - \mathcal{L}) = \frac{\frac{R_1}{\Delta_1}\sin(\odot - \mathcal{L})}{1 + \frac{R_1}{\Delta_1}\cos(\odot - \mathcal{L})}.$$

R_1 est d'ailleurs égal à R, si l'on néglige B.

On a ensuite d'après (3), pour $B = o$,

$$\Delta' \sin\beta_0' = \Delta \sin\beta,$$

qui peut s'écrire

$$\Delta_1' \operatorname{tg}\beta_0' = \Delta_1 \operatorname{tg}\beta.$$

On corrige cette valeur approchée β_0' en tenant compte de B ; il vient alors :

$$\Delta_1' \operatorname{tg}\beta' = \Delta_1 \operatorname{tg}\beta + R_1 \operatorname{tg} B = \Delta_1' \operatorname{tg}\beta_0' + R_1 \operatorname{tg} B,$$

ou :

$$\operatorname{tg}\beta' - \operatorname{tg}\beta_0' = \frac{R_1}{\Delta_1'} \operatorname{tg} B.$$

On en déduit :

$$\operatorname{tg}(\beta' - \beta_0') = \frac{R_1}{\Delta_1'} \operatorname{tg} B \cos^2\beta_0',$$

ou bien encore, par approximation :

$$\beta' = \beta'_0 + \frac{R_1}{\Delta_1} B \cos^2\beta'_0,$$

formule dans laquelle on peut remplacer R_1 par R.

97. Cas d'une étoile. — S'il s'agit d'une étoile, ses coordonnées héliocentriques sont fixes et représentent la position moyenne de l'étoile vue de la Terre. Les distances apparentes de l'étoile à cette position moyenne seront données à chaque instant par les valeurs de $L - \mathcal{L}$ et $\beta' - \beta$ dont les expressions se simplifient beaucoup, vu la petitesse du rapport $\frac{R}{\Delta}$. En effet, la formule

$$\operatorname{tg}(L - \mathcal{L}) = \frac{R}{\Delta \cos\beta} \frac{\sin(\odot - \mathcal{L})}{1 + \frac{R}{\Delta\cos\beta}\cos(\odot - \mathcal{L})}$$

peut s'écrire :

$$\operatorname{tg}(L - \mathcal{L}) = \frac{R}{\Delta\cos\beta}\sin(\odot - \mathcal{L})\left[1 - \frac{R}{\Delta\cos\beta}\cos(\odot - \mathcal{L})\right],$$

en négligeant le carré de $\frac{R}{\Delta}$.

Donc, au même degré d'approximation :

$$L - \mathcal{L} = \frac{R}{\Delta\cos\beta}\sin(\odot - \mathcal{L})\frac{1}{\sin 1''}\ (^1)$$

Il faut maintenant déterminer $\beta' - \beta$. A cet effet, faisons

(1) Cette expression est le premier terme du développement en série de $L - \mathcal{L}$, qu'on obtiendrait par la même méthode que celui de la réduction à l'équateur (82, III) (Voir Brunnow-André, *Astronomie sphérique*, p. 17).

dans la formule (5)

$$\cos(\alpha' - \alpha) = 1,$$
$$\cos B = 1,$$

il vient :

$$\Delta' \cos\beta' = \Delta \cos\beta + R \cos(\odot - \mathcal{L}).$$

On a de même d'après (3)

$$\Delta' \sin\beta' = \Delta \sin\beta.$$

Donc :

$$\Delta' \sin(\beta' - \beta) = - R \cos(\odot - \mathcal{L}) \sin\beta,$$
$$\Delta' \cos(\beta' - \beta) = \Delta + R \cos(\odot - \mathcal{L}) \cos\beta.$$

Par suite :

$$\operatorname{tg}(\beta' - \beta) = -\frac{R\cos(\odot - \mathcal{L})\sin\beta}{\Delta + R\cos(\odot - L)\cos\beta} = -\frac{\frac{R}{\Delta}\cos(\odot - \mathcal{L})\sin\beta}{1 + \frac{R}{\Delta}\cos(\odot - \mathcal{L})\cos\beta}$$

ou, au même degré d'approximation que précédemment :

$$\beta' - \beta = -\frac{R}{\Delta}\cos(\odot - \mathcal{L})\sin\beta \frac{1}{\sin 1''}.$$

Pour la parallaxe en ascension droite et déclinaison on aurait des expressions semblables, mais plus compliquées, la déclinaison de la Terre n'étant pas nulle. [1]

[1] On pourrait aussi obtenir ces parallaxes en différentiant les formules de transformation des coordonnées écliptiques en coordonnées équatoriales, y remplaçant δL et $\delta\beta$ par les valeurs de $L - \mathcal{L}$ et $\beta' - \beta$ qu'on vient de trouver et extrayant les valeurs de $\delta\mathcal{A}$ et de $\delta\mathcal{D}$.

98. Ellipse de parallaxe annuelle d'une étoile. — Sur la sphère géocentrique marquons le point $\mathcal{L}, \beta$, position moyenne de l'étoile, et menons le cercle de longitude et le grand cercle perpendiculaire passant par ce point. Dans le plan tangent à la sphère en ce point, les coordonnées rectilignes de la position apparente de l'étoile seront :

$$x = (L - \mathcal{L}) \cos\beta = \frac{R}{\Delta} \sin(\odot - \mathcal{L}) \frac{1}{\sin 1''}$$

$$y = \beta' - \beta = -\frac{R}{\Delta} \cos(\odot - \mathcal{L}) \sin\beta \frac{1}{\sin 1''}$$

Posons :

$$\frac{R}{\Delta \sin 1''} = p$$

Nous obtiendrons, en éliminant $\odot - \mathcal{L}$:

$$\frac{x^2}{p^2} + \frac{y^2}{p^2 \sin^2\beta} = 1$$

ou :

$$x^2 \sin^2\beta + y^2 = p^2 \sin^2\beta,$$

équation d'une ellipse, dont les axes sont p et $p \sin\beta$. C'est la trajectoire annuelle apparente de l'étoile.

Pour une étoile dans le plan de l'écliptique, on a :

$$\beta' = \beta = 0$$
$$y = 0.$$

L'ellipse se réduit à une droite dans le plan de l'écliptique.

Pour $\beta = 90°$, c'est-à-dire au pôle de l'écliptique, on a :

$$x^2 + y^2 = p^2$$

La courbe de parallaxe annuelle de l'étoile considérée se réduit à un cercle de rayon p.

Le maximum de parallaxe en longitude a lieu quand

$$\odot - \mathcal{L} = 90° \text{ ou } 270° ;$$

l'étoile est aux extrémités du grand axe de l'ellipse, quand elle précède ou suit le Soleil à 90°. De même, le maximum de parallaxe en latitude a lieu pour

$$\odot - \mathcal{L} = 0° \text{ ou } 180°$$

c'est-à-dire quand le Soleil, la Terre et l'étoile sont dans un même plan avec l'axe de l'écliptique.

Traçons le cercle principal de l'ellipse et partons du point qui se trouve à l'extrémité inférieure du petit axe, et pour lequel $\odot = \mathcal{L}$, β' étant plus petit que β. Si l'on compte les longitudes $\odot$ sur ce cercle principal dans le sens direct, l'étoile est à chaque instant sur le point correspondant de l'ellipse et marche aussi dans le sens direct.

Le demi-grand axe de l'ellipse de parallaxe de l'étoile est :

$$p = \frac{R}{\Delta \sin 1''}$$

C'est l'angle maximum sous lequel l'étoile voit perpendiculairement le rayon de l'orbite terrestre. On l'appelle *parallaxe annuelle* de l'étoile. Il sert de mesure à sa distance. On a en effet :

$$\Delta = \frac{R}{p \sin 1''} = \frac{R}{p} 206265,$$

et si $p = 1''$

$$\Delta = 206265R.$$

On peut donner une autre expression de cette distance. En effet, la lumière parcourt le rayon R de l'orbite terrestre en $493^s,3$ (Rœmer). Donc en une année julienne ou 31557600 secondes, elle parcourt :

$$R. \frac{31557600}{493,3} = a$$

Prenons cette longueur, appelée *année de lumière*, pour unité de distance ; il vient :

$$\frac{\Delta}{a} = \frac{1}{p} \frac{493,3}{31557600} \cdot 206265 = \frac{3,232}{p}$$

Une étoile de parallaxe 1″ est donc à une distance de 3,232 années de lumière.

99. Mesure des parallaxes des étoiles.— Il faut pendant tout le cours de l'année, ou tout au moins aux deux époques les plus favorables, à six mois d'intervalle, déterminer les coordonnées absolues de l'étoile.

Il faut donc :

1° Que les corrections instrumentales soient restées les mêmes pendant cet intervalle ou soient très exactement connues;

2° Que la réfraction soit exactement calculée.

On a ainsi la position par rapport à l'équateur ou au pôle actuel et à l'équinoxe actuel ou apparent;

3° Il faut ramener toutes les observations à l'équateur et l'équinoxe moyen d'une même époque, du 1er janvier par exemple, par suite connaître très exactement les constantes de la précession, de la nutation et de l'aberration.

Il suffit que la somme des erreurs de toute espèce s'élève à 1″ et même moins, pour masquer complètement l'effet de la parallaxe annuelle. Les anciens instruments ne pouvaient donc rien donner.

La parallaxe annuelle des étoiles, qui avait été une des objections capitales au système de Copernic, devait devenir, du jour où son existence pourrait être démontrée, une preuve irréfragable du mouvement de translation de la Terre. L'abbé Picard, Flamsteed, crurent l'avoir trouvée dans un mouvement annuel qu'ils observèrent dans l'Étoile polaire, et en vertu duquel elle se déplaçait de 40″. Mais Jacques Cassini fit remarquer que ce mouvement se produisait à angle droit avec celui que devait engendrer la parallaxe, et qu'il était maximum en longitude lorsque la longitude de l'étoile était égale à celle du Soleil ou en différait de 180°.

Bradley, pour éviter les erreurs de réfraction dans une recherche aussi délicate, observa les distances au zénit d'une étoile voisine de ce point, γ du Dragon, et voisine aussi du pôle de l'écliptique. Il ne trouva point ce qu'il cherchait, mais il découvrit la nutation de l'axe de la Terre et l'aberration des fixes; et il fit voir qu'en tenant compte des déplacements apparents dûs à ces deux causes, la position moyenne de l'étoile n'avait pas de variation annuelle sensible; la parallaxe de l'étoile, si elle existait, était donc inférieure à 1″, limite de la précision de ses observations.

Ce ne fut qu'en 1833, que Henderson, au Cap, parvint à établir, par des observations de distances zénitales méridiennes au cercle mural, l'existence de la parallaxe de l'étoile α du Centaure; il lui assigna pour valeur 1″,16. En 1840, son successeur Maclear réduisit cette valeur à 0″,91.

En 1842 et 1843, à l'observatoire de Poulkowa, Peters, à l'aide du cercle d'Ertel et par des mesures de positions absolues, détermina la parallaxe de la 61e du Cygne, 0",349, et celle de Wega, 0",103.

Mais, entre temps, un autre mode de détermination des parallaxes d'étoile s'était substitué à la méthode trop délicate des positions absolues. Supposons, avec Galilée, qu'une étoile assez voisine de la Terre pour avoir une parallaxe sensible, se projette sur le ciel au milieu d'étoiles beaucoup plus éloignées; sa position devra, dans le cours d'une année, changer par rapport à ces étoiles immobiles, au milieu desquelles elle décrira son ellipse de parallaxe. La mesure des positions relatives de cette étoile donnera donc, d'une façon indépendante de toutes les causes d'erreur signalées plus haut, la valeur de sa parallaxe annuelle, avec une approximation d'autant plus grande que la différence des distances à la Terre sera plus grande. Ce procédé de recherche fut appliqué d'abord d'une façon rationnelle par W. Herschell, qui comprit qu'il devait comparer la position d'une belle étoile à celles d'étoiles très voisines, mais beaucoup plus faibles. Mais il les prit trop voisines, et il trouva, lui aussi, autre chose que ce qu'il cherchait : il découvrit les étoiles doubles, c'est-à-dire des astres qui, rattachés physiquement l'un à l'autre, décrivent des orbites fermées autour de leur centre commun de gravité.

Ce ne fut qu'en 1835 que W. Struve, à Dorpat, parvint à constater par ce procédé la parallaxe de Wega, 0",261, à l'aide du bel équatorial de Frauenhofer. Bessel, à Kœnigsberg, avec l'héliomètre du même artiste, détermina, de 1837 à 1840, la parallaxe de la 61e du Cygne, 0",37, que son grand mouvement propre désignait comme devant être probablement une des étoiles les plus voisines de la Terre.

On connaît aujourd'hui avec précision les parallaxes d'une vingtaine d'étoiles ([1]).

Les mesures de parallaxe annuelle se font avec le micromètre filaire de l'équatorial ou à l'aide de l'héliomètre. Dans ces derniers temps, M. Pritchard, à Oxford, a appliqué la photographie à ce genre de recherches et démontré les avantages qu'on peut attendre de ce nouveau procédé.

100. Aberration. — Bradley, en cherchant à déterminer la parallaxe annuelle des étoiles, découvrit l'aberration (1728) et l'attribua à la combinaison de la vitesse de la lumière avec celle de la Terre.

([1]) Voici les valeurs de ces parallaxes :

Étoiles	Grandeur	Parallaxe	Années de lumière
α Centaure.	1	0",919	3,5
61 Cygne	5.6	0 ,511	6,3
21185 Lal.	7,3	0 ,501	6,5
34 Groombridge . .	8,2	0 ,307	10,6
17415 Arg. Oeltz . .	9,0	0 ,254	12,8
σ Dragon.	5	0 ,246	13,2
21258 Lal.	8,7	0 ,207	15,6
Sirius	1	0 ,193	16,8
Wega	1	0 ,18	18,0
70 *p* Ophiuchus . .	4	0 ,169	19,2
ι Gr. Ourse	3	0 ,133	24,3
Arcturus.	1	0 ,127	25,5
1830 Groombridge .	6,7	0 ,118	27,4
γ Dragon	2	0 ,092	35,1
Polaire.	2	0 ,057	56,7
3077 Bradley. . . .	5,9	0 ,055	58,8
85 Pégase	6,1	0 ,054	59,9
α Cocher.	1	0 ,046	70,3

La propagation successive de la lumière, soupçonnée par Galilée, fut démontrée par Rœmer (1675), d'après les observations des éclipses des satellites de Jupiter. Jupiter a quatre satellites dont les durées T de révolution sidérale et les distances R à cette planète ont les valeurs suivantes :

	T	R (1)
1er satellite . . .	1j7691	5,933
2e satellite . . .	3,5512	9,439
3e satellite . . .	7,1546	15,057
4e satellite . . .	16,6890	26,486

Les orbites de ces satellites étant très peu inclinées sur celle de Jupiter, les éclipses ont lieu à chaque révolution quand le satellite pénètre dans le cône d'ombre de la planète et on peut facilement en déterminer la durée. En effet, l'ombre de Jupiter fait le tour de la planète supposée immobile, en 4332j,588, durée de la révolution sidérale de Jupiter ; son moyen mouvement est donc :

$$n = \frac{1296000''}{4332,588}.$$

D'autre part, le moyen mouvement du satellite est :

$$n' = \frac{1296000''}{16,6890}.$$

La vitesse relative ou synodique est donc $n' - n$ et par suite, la durée d'une révolution synodique, ou l'intervalle de deux éclipses, est donnée par la formule :

$$\frac{1296000}{n' - n} = 16^j,7535$$

(1) R est exprimé en rayons de la planète.

Si donc une éclipse a lieu au temps t, la suivante se produira à l'époque $t + 16^j,7535$, la troisième à l'époque $t + 2 \times 16^j,7535$, etc...

Or Rœmer constate un retard dans le moment de la production des éclipses à mesure que la Terre s'éloigne de Jupiter, depuis l'opposition jusqu'à la conjonction, et une avance dans l'autre moitié de l'orbite. Ce retard, le même pour tous les satellites, est proportionnel à l'augmentation de distance TJ. Il en conclut que la lumière emploie 8^m13^s, (493^s, Delambre; $497^s,8$, Struve) à parcourir la moyenne distance de la Terre au Soleil.

Conséquences. — 1° Un astre en mouvement est vu dans une position différente de celle qu'il occupe réellement au moment de l'observation. Ce phénomène constitue *l'aberration planétaire*, dont la correction s'obtient en retranchant du temps de l'observation, le temps employé par la lumière pour venir de l'astre : le lieu apparent observé est le lieu vrai pour le temps ainsi corrigé. Ou bien on réduit le lieu apparent au lieu vrai en calculant, à l'aide du mouvement diurne de la planète, la variation de ses coordonnées pendant le temps employé par la lumière à parcourir l'intervalle.

Un astre immobile est vu dans son lieu vrai, abstraction faite de l'aberration de Bradley.

En raison du temps énorme que met la lumière à venir des étoiles, nous voyons un état du ciel qui peut être très différent de l'état vrai [1].

[1] La différence à laquelle il est fait ici allusion, est celle qui provient des variations de position et d'éclat des étoiles. Un ciel immobile, vu de la Terre animée de son double mouvement de translation et de rotation, apparaît sous son aspect réel, sauf les très petits déplacements dus à l'aberration de Bradley, malgré le temps quelquefois très long et très différent

2° La propagation successive de la lumière combinée avec le mouvement de translation de la Terre produit l'*aberration des fixes*.

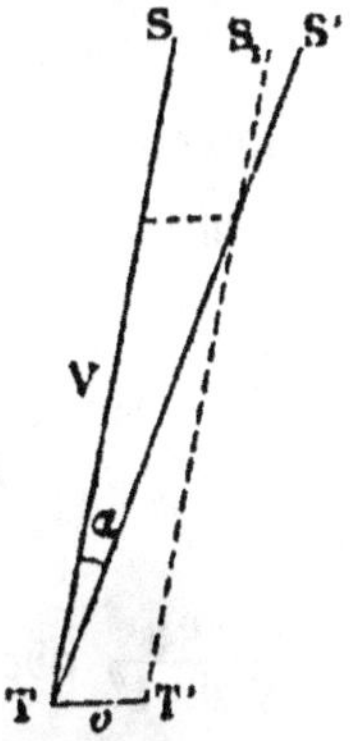

Fig. 86.

L'observation [1] montre que les rayons venant d'un astre à la Terre mobile font voir l'astre dans une direction qui est celle de la diagonale du parallélogramme construit sur la direction vraie du rayon et sur la direction de la vitesse de translation de la Terre (*fig.* 86), les longueurs des côtés étant la vitesse V de la lumière dans le vide et la vitesse v de la Terre. On a :

$$\frac{\sin a}{\sin S'TT'} = \frac{v}{V},$$

ou, par approximation

$$a = \frac{v}{V \sin 1''} \sin S'TT',$$

que la lumière emploie pour venir des diverses étoiles. Il est à remarquer, avec Arago, que cette proposition ne serait nullement exacte, si l'on supposait la Terre immobile et le ciel ou l'ensemble de tous les astres exécutant autour d'elle une révolution complète en vingt-quatre heures. L'aspect du ciel serait alors entièrement différent de la réalité, en raison de la différence des temps employés par la lumière pour nous venir des astres. Les mouvements relatifs de ces astres, en les rapprochant ou les éloignant de nous, produiraient des variations de positions relatives qui deviendraient très sensibles dans les étoiles doubles et les planètes. La démonstration de la propagation successive de la lumière, due aux expériences de Foucault et de M. Fizeau, combinée avec l'absence de pareilles inégalités dans le mouvement des astres mobiles, devient alors une preuve du mouvement de rotation de la Terre. — Voir sur ce sujet Arago, *Astronomie populaire*, t. III, p. 35.

[1] Dans l'état actuel de la science, il n'est pas possible de donner une démonstration théorique de ce théorème, qu'on doit accepter comme un résultat de l'expérience.

ou :

$$\alpha = \frac{v}{V \sin 1''} \sin STT'.$$

Le mouvement de translation produit l'aberration annuelle, la même pour toutes les étoiles et tous les points de la Terre.

Le mouvement de rotation produit l'aberration diurne, variable avec la latitude de l'observateur.

Relation de la constante de l'aberration $\alpha = \frac{v}{V \sin 1''}$ *avec le nombre* 497,8 *de Rœmer.* — La vitesse angulaire de la Terre sur son orbite est :

$$\frac{dL}{dt} = \frac{na^2}{r^2}\sqrt{1 - e^2},$$

L désignant la longitude héliocentrique. ϖ étant la longitude du périhélie, la vitesse linéaire

$$\frac{rdL}{dt} = \frac{na^2\sqrt{1-e^2}[1+e\cos(L-\varpi)]}{a(1-e^2)} = \frac{na}{\sqrt{1-e^2}}[1-e\cos(L-\varpi)]$$

se compose de deux parties, l'une constante, l'autre variable et très petite. La vitesse moyenne $\frac{na}{\sqrt{1-e^2}}$ répond à la distance $r = a$ que la lumière parcourt en 497^{s},8.

Donc :

$$\frac{a}{V} = 497^{s},8$$

$$\frac{v}{V} = \frac{na}{V\sqrt{1-e^2}} = \alpha \sin 1'' = \frac{3548'',19}{86400}\, 497,8\, \frac{1}{\sqrt{1-e^2}} = 20'',445.$$

a et V n'entrent que par leur rapport. Si l'on détermine V directement et le nombre α par les observations des étoiles, on en déduit a distance de la Terre au Soleil.

α est indépendant de la position de l'astre et de sa distance. L'aberration des fixes affecte les positions de tous les astres vus de la Terre. Elle se combine avec l'aberration planétaire et avec la parallaxe annuelle pour les astres mobiles dont la distance n'est pas infinie.

101. Aberration en longitude et latitude. — Soient S e Soleil (*fig.* 87), $S\gamma\tau$ le plan de l'écliptique, Sz l'axe de l'écliptique, $S\gamma$ l'axe des x, T la Terre, $ST = r$, $\tau S\gamma = L = 180° + \odot$;

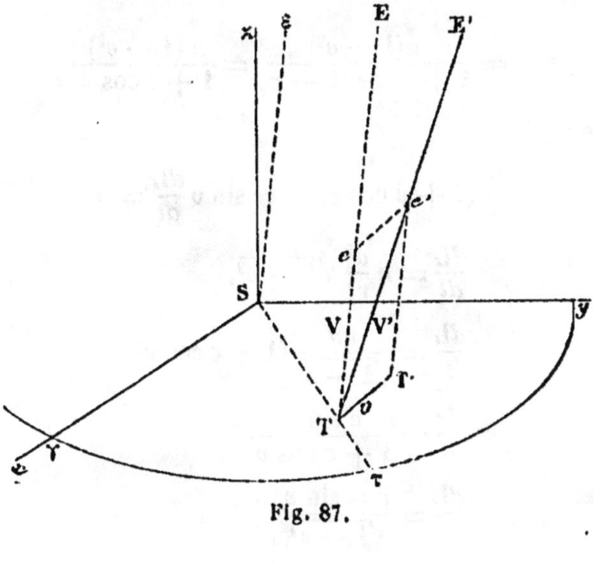

Fig. 87.

TE une parallèle à la direction vraie $S\varepsilon$ d'une étoile de longitude $\mathcal{L}$ et de latitude β, TT' la direction et la grandeur de la vitesse de la Terre, $Te = V$ la vitesse de la lumière. L'étoile sera vue dans la direction TE', et ses coordonnées apparentes seront $\mathcal{L}'$ et β'.

Les coordonnées de la Terre sont :

$$x = r \cos L,$$
$$y = r \sin L,$$
$$z = 0.$$

Les composantes de sa vitesse suivant les trois axes ou trois axes parallèles menés par T sont :

$$\frac{dx}{dt} = \cos L \frac{dr}{dt} - r \sin L \frac{dL}{dt},$$
$$\frac{dy}{dt} = \sin L \frac{dr}{dt} + r \cos L \frac{dL}{dt}.$$

D'après la théorie de la Terre, on a :

$$r = \frac{a(1 - e^2)}{1 + e \cos (L - \varpi)} = \frac{a(1 - e^2)}{1 + e \cos v}.$$

Donc :

$$\frac{dr}{dt}(1 + e \cos v) - er \sin v \frac{dL}{dt} = 0,$$
$$\frac{dL}{dt} = n \frac{a^2}{r^2} \sqrt{1 - e^2},$$
$$\frac{rdL}{dt} = \frac{na}{\sqrt{1 - e^2}} [1 + e \cos v],$$
$$\frac{dr}{dt} = \frac{e \sin v}{1 + e \cos v},$$
$$\frac{rdL}{dt} = \frac{nae \sin v}{\sqrt{1 - e^2}}.$$

Par suite :

$$\frac{dx}{dt} = \frac{na}{\sqrt{1 - e^2}} [e \sin v \cos L - (1 + e \cos v) \sin L]$$
$$\frac{dy}{dt} = \frac{na}{\sqrt{1 - e^2}} [e \sin v \sin L + (1 + e \cos v) \cos L]$$

Ou bien encore :

$$\frac{dx}{dt} = \frac{na}{\sqrt{1-e^2}} [- \sin L - e \sin \varpi],$$

$$\frac{dy}{dt} = \frac{na}{\sqrt{1-e^2}} [\cos L + e \cos \varpi].$$

Pour combiner la vitesse de la Terre avec celle de la lumière, on écrit que les composantes de V′ sur les trois axes, ou sur trois axes parallèles menés par T, sont les sommes des composantes de v et de V sur les mêmes axes, ce qui donne :

$$V' \cos \beta' \cos \mathcal{L}' = V \cos \beta \cos \mathcal{L} + \frac{dx}{dt},$$

$$V' \cos \beta' \sin \mathcal{L}' = V \cos \beta \sin \mathcal{L} + \frac{dy}{dt},$$

$$V' \sin \beta' = V \sin \beta.$$

Posons :

$$V' = V + \delta V,$$
$$\mathcal{L}' = \mathcal{L} + \delta \mathcal{L},$$
$$\beta' = \beta + \delta \beta.$$

les δ étant des quantités très petites, dont on peut négliger les carrés et les produits. Les formules s'écriront :

$$(V+\delta V)(\cos\beta - \delta\beta \sin\beta)(\cos\mathcal{L} - \delta\mathcal{L} \sin\mathcal{L}) = V\cos\beta\cos\mathcal{L} + \frac{dx}{dt}$$

ou :

$$\cos\beta \cos\mathcal{L}.\delta V - V \sin\beta \cos\mathcal{L}.\delta\beta - V \cos\beta \sin\mathcal{L}.\delta\mathcal{L} = \frac{dx}{dt}$$

$$\cos\beta \sin\mathcal{L}.\delta V - V \sin\beta \sin\mathcal{L}.\delta\beta + V \cos\beta \cos\mathcal{L}.\delta\mathcal{L} = \frac{dy}{dt}$$

$$\sin\beta.\delta V + V \cos\beta.\delta\beta = \frac{dz}{dt} = 0$$

Les deux premières égalités combinées donnent :

$$V \cos\beta.\delta\mathcal{L} = -\frac{dx}{dt}\sin\mathcal{L} + \frac{dy}{dt}\cos\mathcal{L},$$

$$\cos\beta.\delta V - V\sin\beta.\delta\beta = \frac{dx}{dt}\cos\mathcal{L} + \frac{dy}{dt}\sin\mathcal{L}.$$

Cette dernière, combinée avec la troisième, donne :

$$V\delta\beta = -\sin\beta\left[\frac{dx}{dt}\cos\mathcal{L} + \frac{dy}{dt}\sin\mathcal{L}\right].$$

En remplaçant $\frac{dx}{dt}$ et $\frac{dy}{dt}$ par leurs valeurs et posant :

$$\frac{na}{V\sqrt{1-e^2}} = \alpha \sin 1'',$$

on obtient :

$$\delta\mathcal{L} = \alpha\sec\beta\,[\sin\mathcal{L}\,(\sin L + e\sin\varpi) + \cos\mathcal{L}\,(\cos L + e\cos\varpi)]$$
$$\delta\mathcal{L} = \alpha\sec\beta\,[\cos(L-\mathcal{L}) + e\cos(\varpi-\mathcal{L})]$$
$$\delta\beta = -\alpha\sin\beta\,[-\cos\mathcal{L}\,(\sin L + e\sin\varpi) + \sin\mathcal{L}\,(\cos L + e\cos\varpi)]$$
$$\delta\beta = -\alpha\sin\beta[\sin(\mathcal{L}-L) + e\sin(\mathcal{L}-\varpi)] = \alpha\sin\beta[\sin(L-\mathcal{L}) + e\sin(\varpi-\mathcal{L})]$$

Les termes en $\varpi - \mathcal{L}$ sont constants pour chaque étoile et très petits. On peut donc, dans les différences $\mathcal{L}' - \mathcal{L} = \delta\mathcal{L}$ et $\beta' - \beta = \delta\beta$ remplacer les coordonnées vraies $\mathcal{L}$ et β par $\mathcal{L}_0$ et β_0, coordonnées affectées de cette partie constante et écrire :

$$\mathcal{L}' = \mathcal{L}_0 + \alpha\sec\beta\cos(L-\mathcal{L}) = \mathcal{L}_0 + \alpha\sec\beta\cos(180^\circ + \odot - \mathcal{L})$$
$$\beta' = \beta_0 + \alpha\sin\beta\sin(L-\mathcal{L}) = \beta_0 + \alpha\sin\beta\sin(180^\circ + \odot - \mathcal{L})$$

Donc enfin :

$$\mathcal{L}' = \mathcal{L}_0 - \alpha\sec\beta\cos(\odot - \mathcal{L}),$$
$$= \beta_0 - \alpha\sin\beta\sin(\odot - \mathcal{L}).$$

Les formules approchées de l'aberration peuvent s'obtenir directement d'une manière beaucoup plus simple en considérant comme des différentielles les changements qu'elle introduit dans les coordonnées de l'astre.

Soit T⊙ le rayon vecteur de la Terre (*fig.* 88), $\gamma T\odot = \odot$ la longitude du Soleil. La direction du mouvement de la Terre est ET perpendiculaire à T⊙, si l'on néglige l'excentricité de l'orbite. Si par l'étoile S et la ligne TE on fait passer un plan, ce plan coupe la sphère céleste suivant le grand cercle SE ; l'aberration déplace l'étoile de S en S′ sur ce cercle et l'on a :

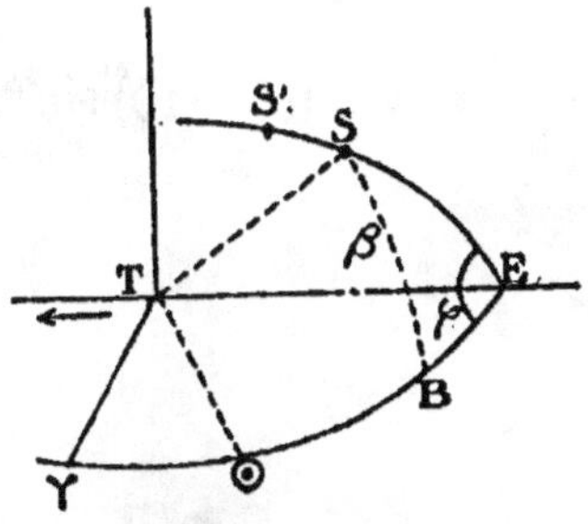

Fig. 88.

$$SS' = a = \alpha \sin STE = \alpha \sin \theta = \delta\theta,$$

$$\alpha = \frac{v}{V \sin 1''}.$$

a peut être considéré comme l'accroissement infiniment petit de l'arc SE $= \theta$ du triangle SBE. Dans ce triangle, rectangle en B, le côté SB est égal à la latitude β de l'étoile ; le côté BE a pour valeur :

$$BE = \gamma\odot + \odot E - \gamma B,$$

ou :

$$BE = 90^0 + \odot - \mathcal{L}.$$

On a alors, en appelant φ l'angle SEB :

$$\cos \theta = \cos \beta \sin (\mathcal{L} - \odot),$$
$$\sin \theta \cos \varphi = \cos \beta \cos (\mathcal{L} - \odot),$$
$$\sin \theta \sin \varphi = \sin \beta.$$

Différentions la troisième de ces relations ; il vient :

$$\cos\theta \sin\varphi . \delta\theta = \cos\beta . \delta\beta,$$

d'où l'on déduit :

$$\delta\beta = \frac{\cos\theta \sin\varphi}{\cos\beta}\delta\theta = \frac{\alpha \cos\theta \sin\varphi \sin\theta}{\cos\beta} = \alpha \sin(\mathcal{L} - \odot) \sin\beta.$$

On aurait de même :

$$\delta\mathcal{L} = -\alpha \sec\beta \cos(\mathcal{L} - \odot).$$

On obtiendra ensuite les aberrations en ascension droite et déclinaison en différentiant les formules de transformation de coordonnées et y mettant ces valeurs de $\delta\mathcal{L}$ et $\delta\beta$.

102. Ellipse d'aberration. — Si l'on compare les formules donnant $\mathcal{L}'$ et β' à celles de la parallaxe annuelle, on voit qu'elles en diffèrent :

1° En ce que α est constant pour toutes les étoiles, tandis que le coefficient de la parallaxe dépend de Δ ;

2° En ce que $\sin(\odot - \mathcal{L}')$ est remplacé par $-\cos(\odot - \mathcal{L})$ et $\cos(\odot - \mathcal{L}')$ par $\sin(\odot - \mathcal{L})$.

Dans l'espace d'une année, l'étoile paraîtra donc décrire, autour de sa position moyenne $\mathcal{L}_0, \beta_0$ une petite ellipse dont l'équation sera :

$$\frac{x^2}{\alpha^2} + \frac{y^2}{\alpha^2 \sin^2\beta} = 1$$

ou :

$$x^2 \sin^2\beta + y^2 = \alpha^2 \sin^2\beta$$

Le grand axe de cette ellipse, parallèle à l'écliptique, est le même pour toutes les étoiles. Le petit axe varie avec la latitude.

Les époques des maximums d'aberration en longitude et latitude diffèrent de trois mois (90°) de celles des maximums de la parallaxe. Sur l'ellipse de parallaxe, l'étoile est toujours dans le plan passant par la Terre, le Soleil et sa position vraie, donc à 180° de la Terre par rapport à la ligne Soleil-étoile; sur l'ellipse d'aberration, l'étoile est à 90° en avant de la position de la Terre ou du plan Soleil-Terre-étoile.

103. Aberration du Soleil. — Tous les astres sont affectés par l'aberration annuelle. Pour le Soleil, $\beta = 0$

$$\begin{aligned} \delta\odot &= \alpha\cos(180° + \odot - \odot) + \alpha e\cos(180° + \varpi - \odot) \\ &= -20'',445 - 20'',445\, e\cos(\varpi - \odot). \end{aligned}$$

La longitude observée est toujours trop petite de 20″,445. Le Soleil passe au méridien $1^s,3$ avant d'y passer réellement.

Cette aberration s'obtient directement : on a en effet :

$$v = \frac{na}{\sqrt{1-e^2}}[1 + e\cos(\odot - \varpi)]$$

et l'on en déduit pour valeur de l'aberration :

$$\frac{v}{V} = \frac{na}{V\sqrt{1-e^2}}[1 + e\cos(\odot - \varpi)],$$

$$\frac{v}{V} = 20'',445\,[1 + e\cos(\odot - \varpi)],$$

dont il faut diminuer la longitude.

104. Détermination de la constante de l'aberration. — 1° Par les positions absolues de la polaire. L'aberration en ascension droite est proportionnelle à séc ⊕, donc maxima au pôle ;

2° Par les variations de distance zénitale d'une étoile au zénit. Telle était l'étoile γ Dragon observée par Bradley. L'aberration en déclinaison est maximum vers le pôle de l'écliptique ;

3° Par la détermination de la vitesse de la lumière.

CHAPITRE XII

THÉORIE DE LA LUNE

La Lune est le satellite de la Terre, puisque, malgré le déplacement de celle-ci, elle apparaît sous un diamètre à peu près constant. Il est donc probable qu'elle se meut autour de la Terre supposée immobile, suivant les mêmes lois que celle-ci autour du Soleil. Mais il est probable aussi que le Soleil, en raison de son énorme masse et de sa proximité relative, introduit dans ce mouvement des perturbations considérables.

Le mouvement apparent de la Lune dans le ciel peut être étudié de deux manières, en comparant les positions de cet astre à celles du Soleil, et en déterminant chaque jour ses positions par rapport aux étoiles.

105. Mouvement apparent de la Lune par rapport au Soleil. — On étudie le mouvement de la Lune par rapport au Soleil en comparant les heures du lever ou du coucher des deux astres. A certaines époques, la Lune est invisible ; puis elle apparaît à l'Occident, un peu après le coucher du Soleil et très près de cet astre, sous la forme d'un croissant délié, qui tourne sa convexité vers l'Ouest (*fig.* 89) : c'est la *nouvelle Lune.* Elle retarde ensuite chaque jour son coucher sur celui du Soleil, et en même temps la portion éclairée de son disque augmente, jusqu'au moment de la *pleine Lune*, où le disque est visible tout entier ; elle est alors dans le ciel à 180° du Soleil. Elle décroît ensuite, en ne présentant plus qu'un croissant de plus en plus mince tourné en sens inverse du précédent (*fig.* 90) ; et enfin, elle disparaît de nouveau, quand

Fig. 89.

Fig. 90.

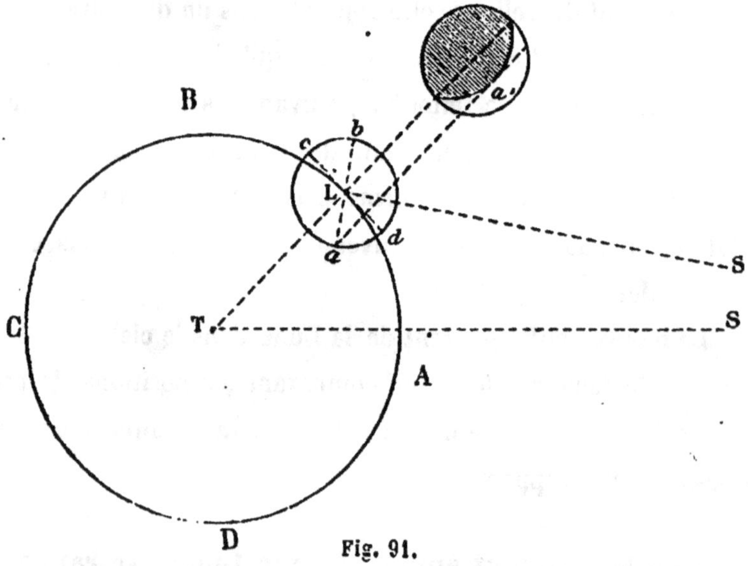

Fig. 91.

elle est revenue au cercle horaire du Soleil. Elle a accompli alors une *révolution synodique* entière par rapport à cet astre, dont la durée est le *mois lunaire*, de $29^{j.}\ 12^{h.}\ 44^{m.}\ 2^{s.},9$.

La figure 91 explique suffisamment les apparences présentées par la Lune pendant ses différentes *phases*. L'angle LTS, qui règle ces phases, est égal à la différence des longitudes de la Lune et du Soleil, abstraction faite de l'obliquité de l'orbite lunaire sur l'écliptique. C'est de ce même angle LTS que dépendent les perturbations ; car elles proviennent de la différence des actions du Soleil sur la Terre et sur la Lune.

Lorsque la Lune occupe la position A, entre la Terre et le Soleil, on dit qu'elle est en *conjonction* ou *syzygie inférieure;* c'est le moment de la nouvelle Lune. En B et D, la Lune est dite en *quadrature ;* en C, elle est en *opposition* ou *syzygie supérieure ;* c'est le moment de la pleine Lune. La révolution synodique est donc l'intervalle entre deux conjonctions.

La partie de la Lune qui n'est pas éclairée directement par le Soleil reçoit cependant les rayons réfléchis par la Terre : elle apparaît dans une demi-lumière, appelée *lumière cendrée*.

106. Mouvement de la Lune sur la sphère céleste. — Le mouvement de la Lune sur la sphère céleste se déduit de l'observation quotidienne de son ascension droite, de sa déclinaison et de son diamètre apparent.

I. — On ne peut observer en général qu'un seul bord de la Lune ; on déduit de l'instant du passage de ce bord, le moment du passage du centre de l'astre. La correction à faire est, comme nous l'avons vu (40) :

$$\frac{1}{2}\frac{\Delta}{15}\,\text{séc}\,\mathcal{D}\,\frac{1}{1-\dfrac{\delta\mathcal{A}}{3600}}$$

Δ désignant le diamètre géocentrique de la Lune, $\mathcal{D}$ sa déclinaison, $\delta\mathcal{A}$ l'augmentation de son ascension droite en une heure. On obtient ainsi le temps du passage géocentrique du centre de la Lune, puisque le temps observé du passage du bord est le même que le temps qui serait observé du centre de la Terre.

Mais l'observation directe de la Lune ne peut donner que la variation de $\mathcal{A}$ en un jour et l'on n'en peut conclure par proportionnalité la variation de $\mathcal{A}$ en une heure ; la quantité $\delta\mathcal{A}$ de la formule de correction doit donc être prise dans les tables de la Connaissance des Temps, qui donne d'heure en heure la variation calculée d'après l'ensemble d'un grand nombre d'observations.

A l'Observatoire de Paris, on calcule l'ascension droite du centre au moment du passage de l'un des bords. En appelant Δ le diamètre géocentrique, l'angle horaire du centre au moment de l'observation, vu du centre de la Terre, est :

$$\pm \frac{1}{2} \frac{\Delta}{15} \text{séc} \mathcal{D},$$

et par suite l'ascension droite $\mathcal{A}_c$ du centre au moment de l'observation se déduit de l'ascension droite $\mathcal{A}_b$ du bord par la formule :

$$\mathcal{A}_c = \mathcal{A}_b \pm \frac{1}{2} \frac{\Delta}{15} \text{séc} \mathcal{D}.$$

II. — Dans la mesure de la déclinaison, on ne peut presque jamais observer au méridien le bord supérieur et le bord inférieur; il faut donc déduire la déclinaison du centre de la Lune de l'observation d'un seul bord. De plus, il faut corriger l'observation de la parallaxe, qui est très faible pour le Soleil (8″,86 au maximum) mais très considérable pour la Lune ; la parallaxe horizontale (rayon équatorial terrestre vu normalement du centre de la Lune) atteint, à sa distance moyenne, la valeur de

$$57'3''.$$

Soient A le lieu de l'observation (*fig.* 92), Z le zénit vrai sur la direction de la normale AZ à l'ellipsoïde terrestre, Z' le

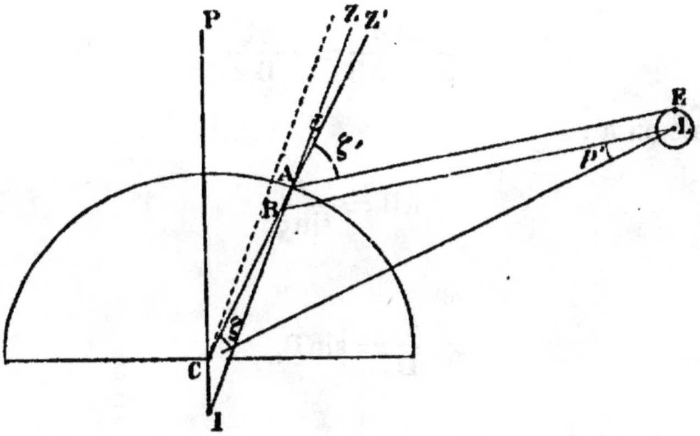

Fig. 92.

zénit géocentrique sur la direction CA prolongée. On a observé la distance zénitale du bord de la Lune

$$ZAE = z,$$

et l'on veut en déduire la distance polaire géocentrique du centre de la Lune

$$PCL = \mathfrak{P}.$$

Soient ζ' l'angle Z'AE, ε l'angle connu en chaque lieu de la normale AZ avec AZ' (¹); ζ' a pour valeur :

$$\zeta' = z - \varepsilon$$

(¹) Nous verrons plus loin comment on calcule cet angle.

Soient D la distance CL de la Terre à la Lune, ρ le rayon terrestre AC, r le rayon EL de la Lune. Considérons la droite BL parallèle à AE, et l'angle BLC $= p'$. On a, en désignant par ζ la distance zénitale géocentrique Z'CL du centre de la Lune :

$$\zeta = \zeta' - p'$$

et :

$$\frac{\sin p'}{\rho - \mathrm{AB}} = \frac{\sin \zeta'}{\mathrm{D}}.$$

Mais on a :

$$\mathrm{AB} = \frac{r}{\sin \zeta'},$$

et

$$\frac{1}{\mathrm{D}} = \sin \mathrm{P},$$

en appelant P la parallaxe horizontale de la Lune.

L'égalité devient :

$$\frac{\sin p'}{\rho - \dfrac{r}{\sin \zeta'}} = \sin \zeta' \sin \mathrm{P}.$$

Posons :

$$\frac{r}{\rho} = \sin m,$$

Nous obtiendrons la formule :

$$\sin p' = \rho \left(1 - \frac{\sin m}{\sin \zeta'}\right) \sin \zeta' \sin \mathrm{P}$$

ou

$$\sin p' = 2\rho \sin \mathrm{P} \sin \frac{1}{2}(\zeta' - m) \cos \frac{1}{2}(\zeta' + m).$$

Cette relation permet de calculer p'. On a alors, en appelant λ la colatitude du lieu, ou la distance zénitale observée PIZ du pôle :

$$\mathfrak{P} = \zeta + \varepsilon + \lambda$$

ou

$$\mathfrak{P} = \zeta' - p' + \varepsilon + \lambda$$

ou

$$\mathfrak{P} = z - p' + \lambda$$

C'est la valeur cherchée de $\mathfrak{P}$ déduite de z.

III. — Le diamètre Δ de la Lune ne peut se déduire des observations méridiennes puisqu'on n'observe qu'un seul bord ; on le calcule par les occultations d'étoiles.

On peut constater par la photographie, ou à l'aide d'un équatorial muni d'un micromètre filaire, que les différents diamètres de la Lune sont égaux. On ne peut d'ailleurs en

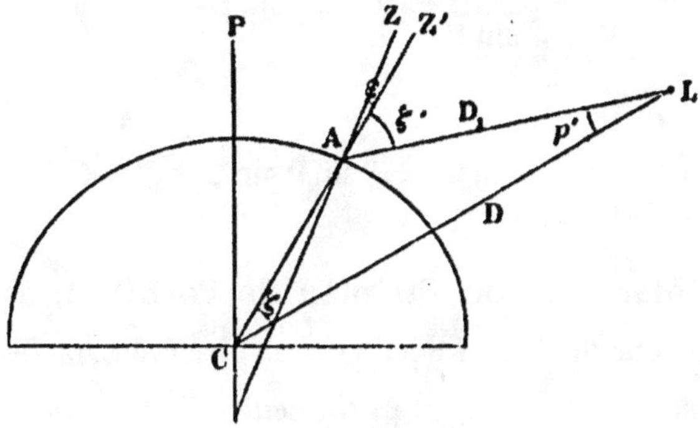

Fig. 93.

conclure que la Lune est sphérique, puisqu'elle tourne toujours vers nous la même face.

Le diamètre apparent calculé d'après les observations faites en un lieu A de la Terre (*fig.* 93) diffère sensiblement du diamètre géocentrique Δ vu de C. D et D_1 désignant les distances GL et AL, ζ' l'angle Z'AL, ε l'angle ZAZ' défini précédemment, on a :

$$\frac{D}{D_1} = \frac{\sin\frac{1}{2}\Delta_1}{\sin\frac{1}{2}\Delta} = \frac{\sin\zeta'}{\sin\zeta}.$$

On déduit ζ' de la distance zénitale z du centre de la Lune par la formule:

$$\zeta' = z - \varepsilon.$$

On calcule ζ par la relation :

$$\zeta = \zeta' - p',$$

où l'angle $p' = $ ALD est donné par la formule :

$$\frac{\sin p'}{\sin\zeta'} = \frac{\rho}{D} = \rho \sin P,$$

ou

$$\sin p' = \rho \sin P \sin\zeta'.$$

107. Détermination du plan de l'orbite lunaire. — Des ascensions droites et déclinaisons observées, on déduit les longitudes et latitudes, $\mathcal{L}$ et β, du centre de la Lune. En supposant son orbite plane, on a, pour une position A de l'astre, l'égalité

$$\operatorname{tg}\beta = \operatorname{tg}\omega \sin(\mathcal{L} - \Omega),$$

le signe Ω désignant la longitude du nœud ascendant de la Lune, point où son orbite coupe l'écliptique γB, et ω étant l'inclinaison de cette orbite sur l'écliptique. Posons :

$$x = \operatorname{tg} \omega \cos \Omega,$$
$$y = \operatorname{tg} \omega \sin \Omega.$$

L'équation devient :

$$\operatorname{tg} \beta = x \sin \mathcal{L} - y \cos \mathcal{L}.$$

On a pour chaque jour une équation analogue : on constate que ces équations sont satisfaites pour des valeurs sensiblement constantes de x et y; l'orbite de la Lune est donc bien plane. Des valeurs de x et y, calculées par la méthode des moindres carrés, on déduit ω et Ω par les formules :

$$\operatorname{tg} \Omega = \frac{y}{x},$$

et

$$\operatorname{tg}^2 \omega = x^2 + y^2,$$

ou

$$\operatorname{tg} \omega = \frac{x}{\cos \Omega} = \frac{y}{\sin \Omega}.$$

Le plan de l'orbite lunaire est alors déterminé : la valeur moyenne de ω est :

$$5^\circ\ 8'\ 48''.$$

L'époque du passage de la Lune à l'un des nœuds se détermine, comme pour le Soleil, au moyen de deux observations consécutives où la latitude de la Lune était d'abord négative, puis positive.

108. Rétrogradation du nœud. Nutation lunaire. — L'observation de la Lune prolongée pendant quelque temps montre que la ligne des nœuds rétrograde rapidement sur l'écliptique d'un mouvement sensiblement uniforme, à raison d'un tour entier en 18 ans 2/3 ou plus exactement

$$6793^{\text{jours}},39.$$

L'axe du plan de l'orbite lunaire décrit donc, en 18 ans 2/3, un cône à base circulaire autour de l'axe de l'écliptique. L'angle de ce cône est 5° 8′ 48″.

Il suit de là :

1° Que la courbe décrite par la Lune dans l'espace n'est pas une courbe fermée ; mais une courbe composée de spires successives qui coupent l'écliptique en des points rétrogradant sans cesse ;

2° Que l'inclinaison de l'orbite lunaire sur l'équateur est incessamment variable entre les valeurs

$$23° 28' + 5° 8' \quad \text{et} \quad 23° 28' - 5° 8'$$

dans l'espace de 9 ans 1/3.

Ce mouvement des nœuds de la Lune est tout à fait analogue à celui de la précession des équinoxes et provient d'une cause analogue, l'action perturbatrice du Soleil sur la Lune.

En même temps, l'inclinaison ω varie périodiquement. La rétrogradation des nœuds n'est pas continue, mais accompagnée d'un petit mouvement périodique de précession. De là, une oscillation de l'axe de l'orbite lunaire, tout à fait analogue à la nutation terrestre, appelée *nutation lunaire*, découverte par Tycho-Brahé. Mais cette nutation se fait sur un cône dont la base est circulaire, au lieu d'être elliptique, et dont le demi-angle au sommet est 8′ 47″ ; l'axe de l'orbite en fait le tour pendant que le Soleil va d'un nœud à l'autre en 173 jours. L'inclinaison ω varie donc de 5° 17′ 35″ à 5° 0′ 1″, elle est maxima chaque fois que le Soleil coïncide avec un des nœuds, minima quand le Soleil est à 90° de ces nœuds.

109. Durée de la révolution de la Lune. — On définit plusieurs sortes de révolution de la Lune :

1° La *révolution tropique* est l'intervalle pendant lequel la longitude de la Lune augmente de 360°. On l'obtient en prenant deux époques, t et t', où les longitudes de la Lune sont $\mathcal{L}$ et $\mathcal{L}' + 2m\pi$, $\mathcal{L}$ et $\mathcal{L}'$ étant à peu près les mêmes. La division de $\mathcal{L}' + 2m\pi - \mathcal{L}$ par $t' - t$ donne le moyen mouvement tropique n, et l'on a ensuite :

$$\frac{2\pi}{n} = T.$$

On trouve ainsi :

$$T = 27^j 7^h 43^m 4^s,7 = 27^j,321582.$$

2° *Révolution sidérale.* — Pendant ce temps T, l'équinoxe a rétrogradé ; pour revenir au point du ciel auquel il correspondait primitivement, il faut donc à la Lune un temps

$$T_s > T.$$

Il a pour valeur :

$$T_s = 27^j 7^h 43^m 11^s,5 = 27^j,321661$$

Le moyen mouvement sidéral est donc plus petit que n. Sa

valeur est

$$n' = \frac{2\pi}{T_s} = 13°10'35'',03$$

en un jour moyen.

3° La *révolution synodique* est l'intervalle de deux phases consécutives de même nom, temps pendant lequel le Soleil et la Lune reviennent à une même longitude. Elle a pour valeur, en désignant par N le moyen mouvement sidéral du Soleil

$$T = \frac{2\pi}{n' - N}.$$

D'où l'on déduit :

$$T = 29^j 12^h 44^m 2^s,9 = 29^j,530589.$$

4° La *révolution draconitique* est l'intervalle de deux passages consécutifs de la Lune à son nœud ascendant. Le moyen mouvement du nœud a pour valeur :

$$\frac{1296000}{6793,39} = 3^m 10^s,77$$

En l'ajoutant au moyen mouvement sidéral, on obtient :

$$13°\ 13'45'',80 = 47625^s,80,$$

et l'on en déduit pour durée de la révolution draconitique :

$$T = \frac{1296000}{47625,80} = 27^j,2122,$$

ou :

$$T = 27^j 5^h 5^m 36^s.$$

5° La *révolution tropique des nœuds* est l'intervalle entre deux retours consécutifs du Soleil au nœud ascendant de la Lune. En ajoutant le moyen mouvement du Soleil au moyen mouvement des nœuds, on obtient :

$$3548'',19 + 190'',77 = 3738'',96,$$

d'où l'on déduit pour la durée cherchée :

$$T = \frac{1296000}{3738,96} = 346^{j.m.},619.$$

Cette durée est plus petite que celle de l'année tropique en raison de la rétrogradation rapide du nœud de la Lune qui est de 19°, 3286 par an.

110. Mouvement elliptique de la Lune. — Pour étudier ce mouvement, comme nous l'avons fait pour le Soleil, il faut compter la longitude de la Lune dans son orbite, à partir du nœud ascendant et non sur l'écliptique.

Soient ☊ la longitude γN du nœud donnée par l'observation, $\mathcal{L}$ la longitude γM sur l'écliptique, déduite de l'ascension

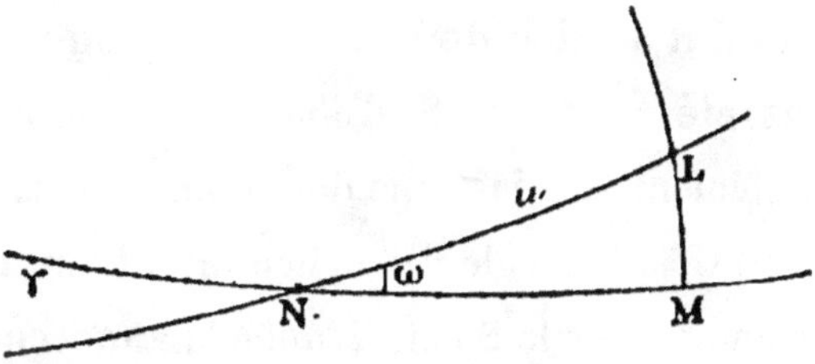

Fig. 94.

droite et de la déclinaison, ω l'inclinaison de l'orbite. On appelle *longitude dans l'orbite* (*fig.* 94), la somme :

$$☊ + NL = v,$$

et *argument de latitude* la quantité

$$NL = u.$$

On a donc :

$$v = \Omega + u,$$

et

$$\operatorname{tg}(\mathfrak{L} - \Omega) = \operatorname{tg} u \cos \omega.$$

D'où l'on déduit u et, par suite, v. On vérifie comme pour le Soleil les deux lois de Kepler et l'on détermine les éléments de la Lune. Ils ont pour valeur à l'époque janvier 1850,0 :

Longitude du nœud ascendant. . .	146°13'40",0
Inclinaison de l'orbite.	5°8'47",9
Longitude du périgée.	99°51'52",1
Excentricité.	0,05490807
Longitude moyenne de l'époque. .	122°59'55",0
Durée de révolution sidérale. . . .	27j7h43m11s,5
Ou moyen mouvement sidéral en longitude en un jour moyen. . .	13°10'35",03

111. Calcul d'un lieu de la Lune à l'époque t. Variation de ses éléments. — Si d'abord nous supposons invariables les éléments de la Lune dont nous venons de donner les valeurs en 1850,0, le calcul d'un lieu de la Lune à l'époque t s'effectue comme pour le Soleil. L'anomalie moyenne a pour valeur :

$$\zeta = nt + \varepsilon - \varpi.$$

La longitude dans l'orbite v se calcule par la formule

$$v = \varepsilon + nt + 2e \sin \zeta + \ldots,$$

d'où l'on déduit la distance u de la Lune au nœud :

$$u = v - \Omega.$$

La longitude $\mathcal{L}$ se calcule par la formule :

$$\operatorname{tg}(\mathcal{L} - \Omega) = \operatorname{tg} u \cos \omega,$$

ou par son développement :

$$\mathcal{L} = v - \operatorname{tg}^2 \frac{1}{2} \omega \sin 2(v - \Omega) + \frac{1}{2} \operatorname{tg}^4 \frac{1}{2} \omega \sin 4 (v - \Omega) + \dots$$

La latitude β s'obtient par la relation :

$$\sin \beta = \sin \omega \sin (v - \Omega),$$

et le rayon vecteur se calcule par son développement en série (**84**).

Mais les éléments de la Lune sont constamment variables.

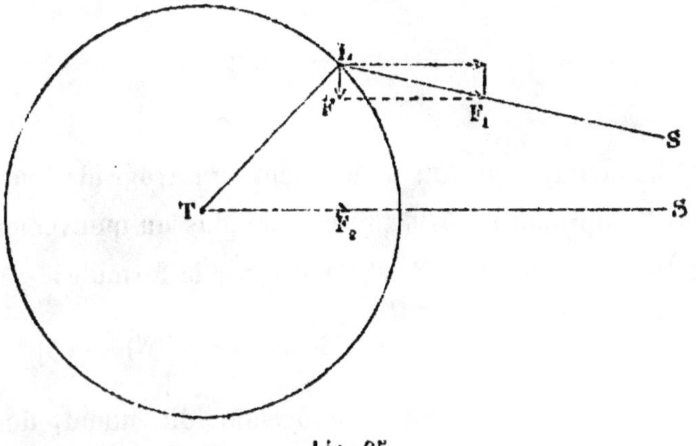

Fig. 95.

Le Soleil exerce en effet sur la Lune une action F_1 (*fig.* 95) qui n'a ni la même grandeur, ni la même direction que son action F_2 sur la Terre. Si l'on décompose F_1 en deux forces, dont l'une est égale et parallèle à F_2, l'autre composante F sera la seule qui intervienne pour modifier le mouvement relatif de la Lune par rapport à la Terre. Cette force F peut à son tour se décomposer en trois autres : l'une dirigée suivant TL, qui cause un renflement ou un rétrécissement de l'orbite ; l'autre tangente à l'orbite, qui accélère ou ralentit la marche de la Lune ; la troisième perpendiculaire au plan de l'orbite, qui produit le mouvement de rétrogradation des nœuds. Cette action du Soleil est analogue à son action sur le renflement équatorial terrestre ; on voit par ces indications sommaires comment elle peut faire varier les éléments de la Lune (¹). Ces variations sont de deux sortes : les *variations séculaires* dont la période est assez longue pour qu'on puisse les considérer comme croissant avec le temps pendant l'espace de plusieurs siècles, et les *inégalités périodiques* dont la période est beaucoup plus courte.

I. — Variations séculaires

1° Le nœud, dans son mouvement de rétrogradation, parcourt l'écliptique en 6793ʲ,39 et a de plus un mouvement de nutation. La longitude N est donnée par la formule :

$$N = N_0 - 3'12''.t + 1^\circ 25' 35''.\sin 2\,[(N) - \odot],$$

(N) désignant la longitude moyenne du nœud, dont la valeur est :

$$(N) = N_0 - 3'12''.t.$$

(¹) On lira avec fruit l'analyse purement géométrique de l'action perturbatrice du Soleil sur la Lune dans la *Popular Astronomy* de G.-B. Airy, et dans les *Outlines of Astronomy* de John Herschel.

2° L'obliquité varie entre 5° 0' 1" et 5° 17' 35";

3° Le périgée est animé d'un mouvement direct qui est de 6'40",92 par jour et de 40°40'36",03 par an. Il fait un tour en 8 ans 310 jours ou 3233j,57. Sa longitude est donnée par la formule :

$$\varpi = \varpi_0 + 6'40'',92\, t - \alpha \sin 2\, [(\varpi) - \odot],$$

(ϖ) désignant la longitude moyenne du périgée dont la valeur est :

$$(\varpi) = \varpi_0 + 6'40'',92\, t.$$

La *révolution anomalistique*, intervalle qui sépare deux retours consécutifs de la Lune au périgée, a par suite pour valeur :

$$27^{\text{j}},5546 = 27^{\text{j}}\,13^{\text{h}}\,18^{\text{m}}\,37^{\text{s}},4$$

4° L'excentricité de l'orbite de la Lune varie aussi et se calcule par une formule de la forme :

$$e = e_0 + \lambda\, e_0 \cos 2\, [(\varpi) - \odot],$$

e_0 désignant l'excentricité de l'époque 1850,0 ;

5° *Accélération séculaire du moyen mouvement.* — La longitude moyenne deviendrait $\varepsilon + nt$ à l'époque t si n était constant. On trouve qu'il varie et la valeur de la longitude est :

$$\varepsilon + nt + mt^2$$

Cette accélération séculaire du moyen mouvement a été reconnue par Halley (1695), par la comparaison des anciennes éclipses totales de Soleil avec les observations actuelles. Ces éclipses fixent très approximativement la longitude de la Lune à des époques déterminées, puisque cette longitude est égale à celle du Soleil que l'on calcule très exactement par les Tables. On a donc les valeurs de $\mathcal{L}$ à 2000 ans et 1000 ans d'intervalle. Pour en déduire le moyen mouvement, on pose :

$$\mathcal{L}_0 = A$$
$$\mathcal{L}_0 + 1000\, n = B$$
$$\mathcal{L}_0 + 2000\, n = C$$

Or, ces équations ne sont pas compatibles ; $\frac{B - A}{1000}$ est plus petit que $\frac{C - B}{1000}$; il faut donc introduire un terme séculaire de la forme mt^2 et l'on a alors :

$$\mathcal{L}_0 = A$$
$$\mathcal{L}_0 + 1000\, n + 1000000\, m = B$$
$$\mathcal{L}_0 + 2000\, n + 4000000\, m = C$$

D'où :

$$m = \frac{C - 2B + A}{2000000} = 0'',001$$

C'est l'accélération du moyen mouvement en un an. Elle est de 10″ en un siècle. D'après Hansen, elle serait de 13″.

Pour expliquer ce fait, Bossut (1762) émit l'hypothèse que la Lune se mouvait dans un milieu résistant ; la Lune se rapprocherait alors de la Terre, et, d'après la troisième loi de Kepler, prendrait une durée de révolution moindre. Laplace fit remarquer qu'il suffirait de supposer un ralentissement de la rotation de la Terre dont la valeur serait, depuis Hipparque, moindre que 0s,01. Ce serait dans ce cas l'unité de temps qui aurait changé et non la quantité mesurée.

Plus tard, Laplace montra que la variation d'excentricité

de l'orbite de la Terre peut expliquer cette accélération. En effet, l'action perturbatrice du Soleil tend à éloigner la Lune de la Terre, et d'autant plus que le périhélie est plus voisin ou l'excentricité de la Terre plus grande. Si donc l'excentricité diminue, comme cela a lieu, la Lune doit, en moyenne, se rapprocher de la Terre et son mouvement s'accélérer. Comme la variation d'excentricité est périodique, l'accélération de la Lune aura elle-même une période très longue.

Laplace avait trouvé ainsi une accélération de 10″,34 et en avait conclu que, depuis Hipparque, le jour sidéral n'a pas varié de 0ˢ,01.

Mais les calculs plus complets d'Adams (1853), de Delaunay (1864) et de MM. Puiseux, ont montré que la quantité dont la variation d'excentricité de l'orbite terrestre fait varier le moyen mouvement de la Lune n'est que de 6″,1. Il reste à expliquer les 6 secondes restantes.

D'après Delaunay et G. Darwin, cette deuxième partie de l'accélération est due à l'action des marées sur la rotation de la Terre. Il en résulte, il est vrai, une réaction qui doit retarder le mouvement de la Lune ; mais le coefficient de ce retardement est moindre que celui de la Terre. D'après Darwin, cet effet doit se produire jusqu'à ce que la révolution de la Lune soit égale à la durée de rotation de la Terre.

Pour calculer un lieu de la Lune à l'époque t, il faut donc d'abord calculer les valeurs des éléments à cette époque et les introduire dans les formules précédentes de $\mathcal{L}$, β et r.

II. — Inégalités périodiques

Mais ces valeurs ainsi calculées de ℒ diffèrent encore des longitudes observées de quantités considérables, qui peuvent atteindre 2°. L'observation et la théorie ont montré en effet l'existence de plusieurs inégalités périodiques de la longitude, dont les principales sont l'*évection*, la *variation* et l'*équation annuelle*. Elles introduisent dans l'expression de la longitude v dans l'orbite trois nouveaux termes dont nous désignerons les coefficients par a, b, c ; cette formule devient :

$$v = \varepsilon' + n't + C' + a \sin[2(\odot - ☾) - \zeta'] + b \sin 2(\odot - ☾) + c \sin \zeta$$

ζ' désigne l'anomalie moyenne de la Lune, ζ l'anomalie moyenne du Soleil; l'équation du centre C' varie ainsi que ζ' à raison de la variation de ϖ et de e et on peut prendre avec une approximation suffisante :

$$C' = 2e \sin \zeta'$$

1° *Évection*. — L'évection a été découverte par Hipparque et Ptolémée. Son nom lui a été donné par Boulliau.

Le terme qui lui correspond dans l'expression de v est :

$$a \sin [2(\odot - ☾) - \zeta'].$$

où

$$a = 1°20'30''.$$

La période, pendant laquelle elle prend toutes les valeurs de + 1° 20′ à — 1° 20′, est d'un peu plus d'un mois synodique, 31^{jm}, 8.

Des observations aux syzygies et aux quadratures ont pu révéler son existence. En effet, aux syzygies ☉ — ☾ vaut 0° ou 180°; et l'on a :

$$v = \varepsilon' + n't + (2e - a) \sin \zeta' + c \sin \zeta$$

L'excentricité paraît donc diminuée de $\frac{a}{2}$. Aux quadratures, ☉ — ☾ vaut 90° ou 270° et l'on a :

$$v = \varepsilon' + n't + (2e + a) \sin \zeta' + c \sin \zeta$$

L'excentricité paraît augmentée de $\frac{a}{2}$. Pour la ramener à être constante, il faut introduire un terme qui se réduise à $\pm a \sin \zeta'$ aux syzygies et aux quadratures.

2° *Variation*. — La variation a été découverte par Aboul-Wefa et Tycho-Brahé.

Le terme qui lui correspond dans l'expression de v est :

$$b \sin 2 (☉ - ☾),$$

où :

$$b = 2142'' = 35'42''.$$

La période est un demi-mois synodique, $14^{jm},8$.

On a reconnu son existence en observant la Lune aux octants. La différence ☉ — ☾ a alors les valeurs :

$$45^\circ \qquad 45^\circ + 90^\circ \qquad 45^\circ + 180^\circ \qquad 45^\circ + 270^\circ$$

et la variation atteint sa valeur maxima $\pm b$. On constate qu'il faut alors ajouter ou retrancher 36′ à la longitude calculée pour avoir la valeur observée.

La variation ne dépend que de la distance angulaire de la

Lune au Soleil et point de la position de la Lune dans son orbite.

3° *Équation annuelle.* — L'équation annuelle a été découverte par Tycho-Brahé.

Le terme qui lui correspond dans le développement de v est beaucoup plus petit que les précédents. Sa valeur est :

$$c \sin \zeta,$$

où

$$c = -11'16''.$$

La période est une année anomalistique.

L'équation annuelle provient de l'excentricité de l'orbite terrestre, qui rend l'action perturbatrice du Soleil maxima au périhélie, minima à l'aphélie. La durée de la révolution sidérale de la Lune évaluée vers le 1er janvier surpasse de plus d'un quart d'heure la durée qu'on lui trouve vers le 1er juillet.

On constate l'existence de l'équation annuelle en observant que de $\zeta = 0°$ à $\zeta = 180°$, le vrai lieu de la Lune en longitude est en arrière du lieu moyen calculé comme il a été dit; le maximum d'écart a lieu pour $\zeta = 90°$. De $\zeta = 180°$ à $\zeta = 360°$, le contraire a lieu. L'équation annuelle ayant le même argument ζ que l'équation du centre pour le Soleil, mais en signe contraire, le lieu vrai de la Lune est d'autant plus en avant ou en arrière de son lieu moyen que le Soleil vrai est plus en arrière ou en avant du Soleil moyen.

4° *Inégalité en latitude.* — Le changement d'inclinaison de l'orbite de la Lune, 8′47″ au maximum, se traduit par une variation égale de la latitude, découverte par Tycho-Brahé, dont l'expression est :

$$8'47'' \sin [2(☉ - ☾) - ℒ + ☊].$$

Il existe de plus un grand nombre de petites inégalités dont la théorie a démontré l'existence et donné les lois.

112. Rotation de la Lune. — En observant la surface de la Lune, on constate qu'elle présente des taches dont la position ne varie pas sur son disque. La Lune tourne donc sur elle-même en un temps égal à la durée de sa révolution sidérale, 27ʲ 7ʰ 43ᵐ 11ˢ, autour d'un axe presque perpendicu-

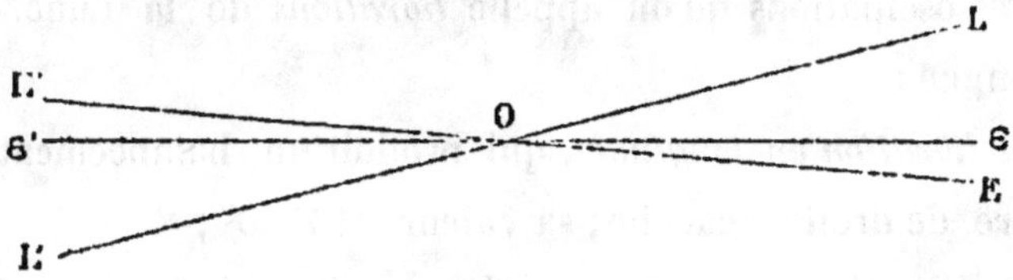

Fig. 96.

laire à l'écliptique et à l'orbite. J.-D. Cassini a remarqué que l'axe de l'écliptique, l'axe de l'orbite lunaire et l'axe de rotation de la Lune sont dans un même plan perpendiculaire à la ligne des nœuds. L'axe de rotation tourne donc autour de l'axe de l'écliptique avec la même vitesse que l'axe de l'orbite. On peut énoncer encore cette propriété en disant :

Si par le centre de la Terre on mène le plan de l'écliptique, le plan de l'orbite lunaire et un plan parallèle à l'équateur lunaire, ces trois plans se coupent suivant une même droite qui est la ligne des nœuds, et rétrograde comme elle. Le nœud descendant de l'équateur lunaire coïncide constamment avec le nœud ascendant de l'orbite lunaire. Donc le plan de l'écliptique est entre les deux autres plans (*fig.* 96), ou l'axe de l'écliptique entre les deux autres axes. $\varepsilon\varepsilon'$ désignant l'écliptique, LL' l'orbite, EE' l'équateur, on a :

$$EO\varepsilon = 1°28'45''$$
$$LO\varepsilon = 5°\ 8'48''$$
$$EOL = 6°37'33''$$

113. Librations. — La combinaison avec les autres mouvements de la Lune de son mouvement de rotation autour d'un axe incliné sur le plan de son orbite, produit dans la position des taches par rapport au contour du disque de petites oscillations qu'on appelle *librations* de la Lune. On distingue :

La libration en longitude, qui produit un balancement de l'astre de droite à gauche ; sa valeur est 4′ 20″ ;

La libration en latitude, qui produit un balancement de l'astre de haut en bas ; sa valeur est de 3′ 35″ ;

La libration diurne, qui dépend de la position de l'observateur à la surface de la Terre, a pour valeur 32″.

L'explication de ces effets est trop facile pour qu'il soit nécessaire de s'y arrêter.

114. Parallaxes. — L'observateur placé à la surface de la Terre voit les astres dans une direction autre que s'il était au centre, et, de son mouvement autour de l'axe, résulte un déplacement apparent des astres. Pour rendre comparables les observations faites en différents lieux, on les rapporte au centre de la Terre.

Dans le problème général que nous avons traité **(95)**, il

faut supposer que S est le centre de la Terre, T un point de la surface, défini par sa distance R égale au rayon de la Terre au lieu de l'observation, et ses coordonnées A et B qu'il faut déterminer.

1° En supposant la Terre sphérique, A est l'angle compris entre le méridien du lieu et le plan horaire qui passe par le point vernal.

C'est donc l'angle horaire du point vernal au moment de l'observation, ou le temps sidéral à ce moment :

$$A = \theta;$$

B est la déclinaison du lieu égale à la latitude géographique φ ; R est égal au rayon a de la Terre supposé constant.

2° En réalité, la Terre est un ellipsoïde de révolution, et il faut tenir compte de son aplatissement dont la valeur est :

$$\frac{a-b}{a} = \frac{1}{300}.$$

Dans le calcul que nous allons faire, l'unité avec laquelle est mesurée la distance Δ d'une planète ou d'une comète est la distance moyenne de la Terre au Soleil. Il faut exprimer a et b avec la même unité. Or le rayon équatorial de la Terre, vu du Soleil à sa moyenne distance, sous-tend un angle de 8″, 86. On a donc :

$$a = 1 . \mathrm{tg}\, 8'',86,$$

ou bien :

$$a = 8'',86\ \mathrm{tg}\, 1'' = 8'',86 \sin 1''.$$

Pour la Lune, on exprime la distance en rayons équatoriaux de la Terre pris pour unité.

Soit M le lieu d'observation (*fig.* 97), MN la verticale du lieu, normale à l'ellipse, MC le rayon géocentrique. Appelons φ la latitude astronomique ou géographique MNA, B la latitude géocentrique MCA, ρ le rayon géocentrique MC. Soit α l'aplatissement ; on a :

$$\frac{b}{a} = 1 - \alpha,$$

d'où

$$\frac{b^2}{a^2} = 1 - 2\alpha,$$

en négligeant α^2.

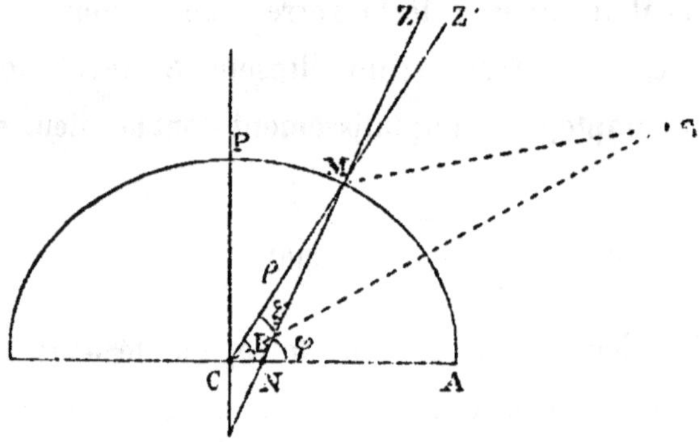

Fig. 97.

En désignant par x et y les coordonnées rectangulaires de M par rapport à CA, CP, on a :

$$\frac{x^2}{a^2} + \frac{y^2}{b^2} = 1,$$

$$\operatorname{tg} B = \frac{y}{x},$$

$$\operatorname{tg} \varphi = -\frac{dx}{dy}.$$

En différentiant l'équation de l'ellipse, on obtient :

$$\frac{xdx}{a^2}+\frac{ydy}{b^2}=0,$$

$$\frac{y}{x}\frac{dy}{dx}=-\frac{b^2}{a^2},$$

d'où :

$$\operatorname{tg} B=-\frac{b^2}{a^2}\frac{dx}{dy},$$

et par suite :

$$\operatorname{tg} B=\frac{b^2}{a^2}\operatorname{tg}\varphi,$$

$$\operatorname{tg} B=(1-2\alpha)\operatorname{tg}\varphi=\operatorname{tg}\varphi-2\alpha\operatorname{tg}\varphi.$$

On en déduit $B-\varphi$:

$$\operatorname{tg}(B-\varphi)=\frac{\operatorname{tg} B-\operatorname{tg}\varphi}{1+\operatorname{tg} B\operatorname{tg}\varphi},$$

ou, avec une approximation suffisante :

$$\operatorname{tg}(B-\varphi)=\frac{\operatorname{tg} B-\operatorname{tg}\varphi}{1+\operatorname{tg}^2\varphi},$$

$$\operatorname{tg}(B-\varphi)=-2\alpha\frac{\operatorname{tg}\varphi}{\sqrt{1+\operatorname{tg}^2\varphi}}\frac{1}{\sqrt{1+\operatorname{tg}^2\varphi}},$$

$$\operatorname{tg}(B-\varphi)=-2\alpha\sin\varphi\cos\varphi=-\alpha\sin 2\varphi,$$

d'où :

$$B-\varphi=-\frac{\alpha}{\sin 1''}\sin 2\varphi,$$

$$B=\varphi-688''\sin 2\varphi.$$

On a ensuite en négligeant toujours le carré de α :

$$\begin{aligned}
\rho &= a\sqrt{1 - e^2 \sin^2\varphi},\\
\rho &= a\,(1 - \alpha \sin^2\varphi),\\
\rho &= 8'',86 \sin 1'' \,(1 - 0,0033 \sin^2\varphi).
\end{aligned}$$

Nous substituerons donc dans les formules générales les valeurs suivantes :

$$\begin{aligned}
A &= \theta,\\
B &= \varphi - \frac{\alpha}{\sin 1''}\sin 2\varphi,\\
\rho &= a\,(1 - \alpha \sin^2\varphi).
\end{aligned}$$

On a alors :

$$(a)\left\{\begin{aligned}
&\operatorname{tg}(\mathcal{R}' - \mathcal{R}) = -\frac{\rho \cos B \sin(\theta - \mathcal{R})}{\Delta \cos \omega - \rho \cos B \cos(\theta - \mathcal{R})},\\
&\Delta' \sin \omega' = \Delta \sin \omega - \rho \sin B.
\end{aligned}\right.$$

Pour tous les astres autres que la Lune, $\frac{\rho}{\Delta}$ est très petit, et l'on peut remplacer ces formules par des valeurs approchées :

$$\mathcal{R}' - \mathcal{R} = \frac{\rho \cos B}{\Delta \cos \omega} \sin(\mathcal{R} - \theta)\,\frac{1}{\sin 1''}.$$

C'est la *parallaxe d'ascension droite*.

De même :

$$\omega' - \omega = -\frac{\rho}{\Delta \sin 1''} \sin B \cos \omega + \frac{\rho}{\Delta \sin 1''} \cos B \sin \omega \cos(\theta - \mathcal{R}).$$

Posons :

$$\operatorname{tg} \psi = \cot B \cos(\theta - \mathcal{R})$$

Nous aurons :

$$\mathcal{D}' - \mathcal{D} = -\frac{\rho}{\Delta \sin 1''} \frac{\sin B}{\cos \psi} \cos(\mathcal{D} + \psi).$$

C'est la *parallaxe de déclinaison.*

Au méridien, $\mathcal{A} = 0$, $\mathcal{A}' - \mathcal{A} = s$, la parallaxe n'altère pas l'ascension droite. La formule de la déclinaison devient :

$$\mathcal{D}' - \mathcal{D} = \frac{\rho}{\Delta \sin 1''} (\sin \mathcal{D} \cos B - \cos \mathcal{D} \sin B) = -\frac{\rho}{\Delta \sin 1''} \sin(B - \mathcal{D}),$$

ou :

$$\mathcal{D}' - \mathcal{D} = -\frac{\rho}{\Delta \sin 1''} \sin \zeta,$$

ζ désignant la distance zénitale géocentrique Z'CS de S. D'ailleurs $\mathcal{D}' - \mathcal{D}$ est égal et de signe contraire à la parallaxe de distance zénitale $z' - z$, et l'on a :

$$z' - z = \frac{\rho}{\Delta \sin 1''} \sin \zeta.$$

Pour un astre éloigné, on peut négliger la non-sphéricité de la Terre et écrire, en égalant les distances zénitales vraie et géocentrique :

$$z' - z = \frac{\rho}{\Delta \sin 1''} \sin z.$$

Cette parallaxe de distance zénitale, ou de hauteur, est maxima quand l'astre est à l'horizon ($z = 90°$); on a alors :

$$p = \frac{\rho}{\Delta \sin 1''}.$$

C'est la *parallaxe horizontale.* Elle est la plus grande possible pour $\rho = a$; sa valeur est alors :

$$\varpi = \frac{a}{\Delta \sin 1''}.$$

C'est la parallaxe horizontale équatoriale.

La valeur de ϖ détermine Δ, a étant connu ; on peut donc remplacer l'expression de la distance géocentrique par celle de la parallaxe horizontale équatoriale et déduire cette distance de la détermination de la parallaxe.

115. Parallaxe de la Lune. — Pour la Lune, on a

$$\frac{\rho}{\Delta} = \frac{1}{60}$$

en moyenne ; il faut donc conserver les formules exactes (a). Le calcul d'une position apparente de la Lune est par suite en général assez compliqué.

Il se simplifie beaucoup si la Lune est au méridien. La parallaxe d'ascension droite est nulle; la formule de déclinaison se transforme.

Nous avons obtenu la formule :

$$\Delta' \cos \beta' \cos (\alpha' - \alpha) = \Delta \cos \beta - \rho \cos B \cos (A - \alpha)$$

qui devient, au méridien et pour les ascensions droites et déclinaisons :

$$\Delta' \cos \mathrm{D}' = \Delta \cos \mathrm{D} - \rho \cos B.$$

On a aussi :

$$\Delta' \sin \mathrm{D}' = \Delta \sin \mathrm{D} - \rho \sin B.$$

On déduit de ces deux égalités :

$$0 = -\Delta \sin(\omega' - \omega) - \rho \sin(B - \omega').$$

Mais on a (*fig.* 98) :

$$\omega' - \omega = -(z' - z),$$
$$B - \omega' = \zeta' = z' - \varepsilon,$$
$$\varepsilon = \varphi - B,$$

et la formule devient :

$$\sin(z' - z) = \frac{\rho}{\Delta} \sin(z' - \varepsilon)$$

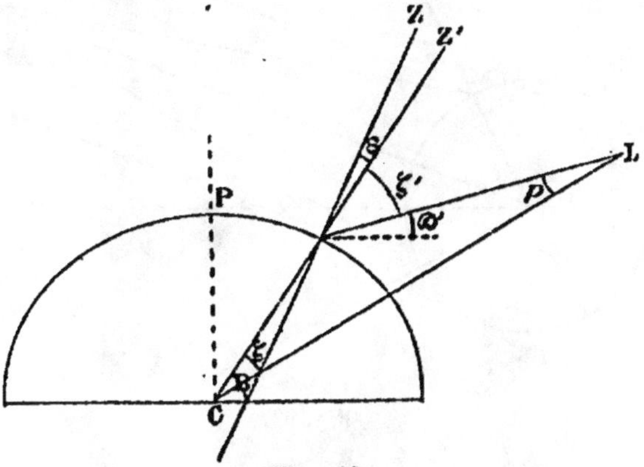

Fig. 98.

On aurait pu l'établir directement sur la figure, qui donne :

$$\frac{\sin p}{\sin \zeta'} = \frac{\rho}{\Delta}.$$

D'où

$$\sin(z' - z) = \frac{\rho}{\Delta} \sin \zeta',$$

puisque

$$p = \zeta' - \zeta = z' - z.$$

Cette relation permet de déterminer Δ par deux observations méridiennes de distance zénitale du centre de la Lune, faites au même moment en deux lieux de latitude φ et φ' (ou B et B') placés sur le même méridien. On a :

$$\sin p = \frac{\rho}{\Delta} \sin (z' - \varepsilon) = \frac{\rho}{\Delta} \sin \zeta',$$

$$\sin p_1 = \frac{\rho_1}{\Delta} \sin (z'_1 - \varepsilon_1) = \frac{\rho_1}{\Delta} \sin \zeta'_1.$$

On calcule ε et ε_1, ρ et ρ_1, on observe z' et z'_1 qu'on corrige

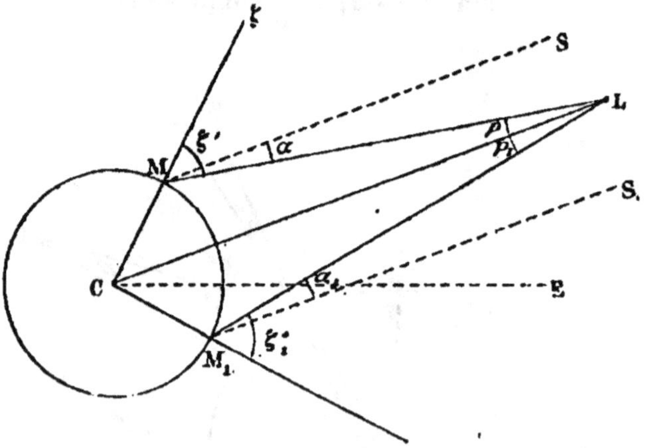

Fig. 99.

de la réfraction. On a trois inconnues p, p_1 et Δ. La figure donne ensuite (*fig.* 99) :

$$\zeta' = \text{MCL} + p,$$
$$\zeta'_1 = \text{M}_1\text{CL} + p_1,$$
$$\zeta' + \zeta'_1 = \text{B} + \text{B}_1 + p + p_1.$$

Ces trois équations permettront de calculer les inconnues.

La détermination absolue de z' et z'_1 nécessiterait la connaissance exacte des erreurs de division des cercles, du zénit, et des corrections de réfraction. On évite les erreurs qui en résulteraient en déterminant les différences de déclinaison de la Lune et d'une étoile dont la déclinaison est presque la même. Cette déclinaison de l'étoile peut être déterminée par un grand nombre d'observations. La figure donne :

$$\alpha + \alpha_1 = p + p_1$$
$$\zeta' = \zeta_s + \alpha$$
$$\zeta'_1 = \zeta'_s + \alpha_1$$

Les distances zénitales ζ_s se déduisent de la déclinaison de l'étoile et des latitudes.

En 1751, 52 et 53, La Caille au Cap, Cassini à Paris, Lalande à Berlin, Zanotti à Bologne et Bradley à Greenwich, observèrent simultanément la Lune au méridien. En réalité, ces points ne sont pas sur le même méridien ; Berlin et le Cap ont une différence de longitude de $20^m\,19^s,5$, et pendant cet intervalle de temps la Lune change de déclinaison. De plus, on n'observe pas directement le centre, mais un bord, qui peut n'être pas le même aux deux stations ; le demi-diamètre de la Lune n'est pas non plus le même aux deux stations. Des corrections sont donc nécessaires.

On a trouvé pour la Lune :

$$\varpi = 58'\,3'',$$

ou, d'après Hansen :

$$57'2'',06.$$

La même méthode s'applique aux planètes voisines de la Terre, Vénus, Mars et quelques-unes des petites planètes (Flore).

116. Parallaxe diurne. — Du lever au coucher d'un astre, sa parallaxe de hauteur varie incessamment comme l'indique la formule approchée :

$$p = \frac{\rho}{\Delta \sin 1''} \sin z,$$

De même, la parallaxe d'ascension droite varie aussi ; nulle au méridien, elle est maxima pour $\theta - Æ = 90°$, au passage de l'astre dans le premier vertical.

De là une inégalité sensible dans le mouvement diurne de la Lune (Hipparque), qui dépend de sa hauteur et dont la période est un jour.

De là aussi un moyen de déterminer la parallaxe d'un astre en l'observant au méridien et à l'horizon (parallaxe de hauteur), au méridien et dans le premier vertical (parallaxe d'ascension droite). On compare l'astre, soit en déclinaison, soit en ascension droite, à des étoiles voisines.

La distance de l'astre à l'observateur varie également ; le diamètre apparent de la Lune au méridien est plus grand que celui de la Lune à l'horizon.

117. Éclipses. — Une éclipse peut résulter de l'interposition d'un astre obscur entre un astre et l'œil de l'observateur ; elle s'appelle encore dans ce cas *occultation* ; telles sont les éclipses de Soleil, qui, par suite, ne sont pas visibles en tous les points de la Terre. Il peut arriver aussi qu'un astre se place dans l'ombre portée par un autre astre ; il se produit alors une véritable éclipse ; telles sont les éclipses de Lune, visibles pour tout un hémisphère.

Pour qu'une éclipse ait lieu, il faut que le Soleil, la Terre et la Lune soient en ligne droite, c'est-à-dire que la Lune soit en conjonction ou en opposition et au voisinage d'un de ses nœuds; il faut de plus que l'ombre de la Terre atteigne la Lune, ou inversement. Nous allons calculer la longueur du cône d'ombre portée par ces deux astres.

1° *Ombre de la Terre.* — h désignant la longueur du cône,

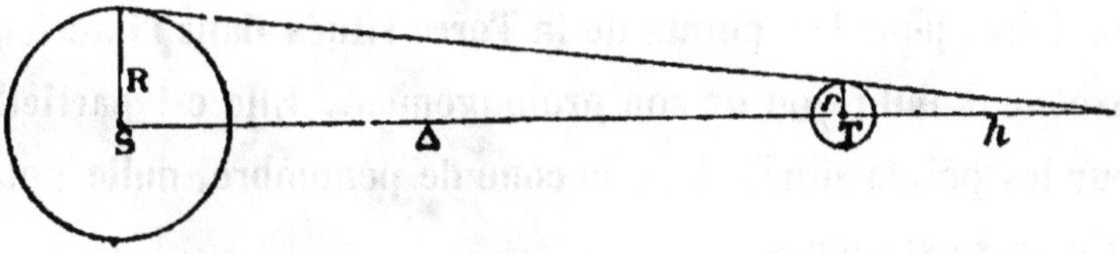

Fig. 100.

Δ la distance de la Terre au Soleil, r le rayon de la Terre, R celui du Soleil, on a (*fig.* 100) :

$$\frac{h}{\Delta + h} = \frac{r}{R},$$

$$h = \frac{r}{\frac{R}{\Delta} - \frac{r}{\Delta}},$$

$$h = r\,\frac{206265}{\frac{1}{2}D - \varpi},$$

D désignant le diamètre apparent du Soleil, ϖ sa parallaxe horizontale. On prendra pour r la valeur du rayon moyen de la Terre, à la latitude de 45°. $\frac{1}{2}$ D varie de 16′ 18″ ou 978″ à 15′ 45″ ou 945″; ϖ varie de 9″ à 8″,8.

Le minimum de h sera donc :

$$r\,\frac{206265''}{978'' - 9''} = 212{,}9\,r.$$

La Lune apogée étant à une distance égale à 63,7 r, le cône d'ombre l'atteint toujours.

2° *Ombre de la Lune.* — On calcule de même la longueur du cône d'ombre. On trouve qu'elle varie de 57,51 r à 59,73 r. Or la distance de la Terre à la Lune varie de 55,9 r à 63,7 r. L'ombre peut donc atteindre ou n'atteindre pas la Terre : dans le premier cas l'éclipse est totale, et dans le second annulaire, pour les points de la Terre situés dans l'intérieur du cône d'ombre ou de son prolongement. Elle est partielle pour les points situés dans le cône de pénombre, nulle pour les points extérieurs.

Mais l'ombre de la Lune se déplace à la surface de la Terre, d'abord en raison du mouvement relatif de la Lune et du Soleil, puis en raison du mouvement de rotation de la Terre. Le moyen mouvement diurne de la Lune étant de 13°, celui du Soleil de 1°, la Lune paraît marcher de 12° par jour, ou 30′ par heure dans le sens de l'Ouest à l'Est, par rapport au Soleil. L'ombre sur la Terre immobile et vue de la Lune marcherait donc dans le même sens, avec une vitesse de 30′ par heure. Vue du centre de la Terre, ou d'une distance 60 fois moindre, elle se déplacerait de 60 fois 30′ ou 30°.

Mais la Terre tourne dans le même sens de 15° par heure; l'ombre marche donc de 15° par heure de l'Ouest à l'Est, sur la surface de la Terre. Il en résulte qu'une éclipse de Soleil n'est visible que des points d'une zone terrestre assez étroite ; qu'elle se produit d'abord pour les points les plus occidentaux de cette bande, et successivement pour les autres, en marchant de l'Ouest à l'Est.

Au contraire, une éclipse de Lune est visible à la fois et au même instant pour tous les points qui ont à ce moment la

Lune au-dessus de leur horizon. Le point de la Terre qui a la Lune à son zénit est le pôle de l'hémisphère pour lequel l'éclipse est visible à ce moment; ce point est celui en lequel le temps sidéral est égal à l'ascension droite de la Lune, et la latitude égale à sa déclinaison. L'éclipse est visible pour plus d'un hémisphère en raison de sa durée.

118. Prédiction des Éclipses. — Pour que les mêmes éclipses de Soleil et de Lune se reproduisent dans le même ordre au bout d'une certaine période, il faut que la Lune revienne se placer dans les mêmes conditions par rapport au Soleil et à son nœud ascendant; cette période dépend donc de la révolution synodique ($29^j,53060$) et de la révolution draconitique ($27^j,21229$).

Il faut que l'on ait :

$$m.29^{j}.53060 = n.27^{j},21229,$$

ou

$$\frac{n}{m} = \frac{29,53060}{27,21229}$$

$$\frac{n}{m} = 1 + \cfrac{1}{11 + \cfrac{1}{1 + \cfrac{1}{2 + \cfrac{1}{1 + \cfrac{1}{4 + \cfrac{1}{2 + \cfrac{1}{5 + \dots}}}}}}}$$

Les réduites successives de cette fraction continue sont :

$$\frac{12}{11} \quad \frac{13}{12} \quad \frac{38}{37} \quad \frac{51}{47} \quad \frac{242}{223}$$

et l'on peut prendre cette dernière réduite pour valeur de $\frac{n}{m}$, car on a :

$$\begin{aligned} 242 \text{ rév. drac.} &= 6587^{j},37 = 18^{a}\,11^{j}, \\ 223 \text{ rév. syn.} &= 6587^{j},37. \end{aligned}$$

Donc, au bout de $18^{a}\,11^{j}$ (à peu près une révolution du nœud), les trois mobiles reviennent aux mêmes positions relatives. Cette période, appelée période Chaldéenne, comprend 41 éclipses de Soleil et 29 de Lune qui se reproduisent dans le même ordre et aux mêmes intervalles.

Il est vrai que nous ne considérons ici que les mouvements moyens de la Lune, du Soleil et des nœuds. Les inégalités sembleraient devoir rendre la concordance illusoire. En réalité, elle est fort exacte ; car le cycle Chaldéen comprend aussi 239 révolutions anomalistiques, qui valent $6585^{j},5$. Donc, après 18 ans 11 jours, la Lune revient aux mêmes positions par rapport au Soleil, à son nœud et à son périgée.

119. Conditions de possibilité d'une éclipse. — 1° *Éclipse de Lune.* — La Lune doit avoir une assez faible latitude ou être assez voisine de son nœud pour rencontrer le cône d'ombre de la Terre. Il faut qu'elle lui soit au moins tangente.

Soient $\frac{1}{2}$ D le demi-diamètre apparent du Soleil, ϖ sa parallaxe, $\frac{1}{2}$ D′ et ϖ' les mêmes quantités pour la Lune. On a :

$$\frac{1}{2}D = \frac{R}{\Delta}, \qquad \varpi = \frac{r}{\Delta},$$
$$\frac{1}{2}D' = \frac{r'}{\Delta'}, \qquad \varpi' = \frac{r}{\Delta'}. \text{ (1)}$$

(1) Tous ces rapports doivent être multipliés par 206265, pour représenter des secondes d'arc.

R étant le rayon du Soleil, r celui de la Terre, r' celui de la Lune, Δ la distance du Soleil à la Terre, Δ' la distance de la Lune à la Terre.

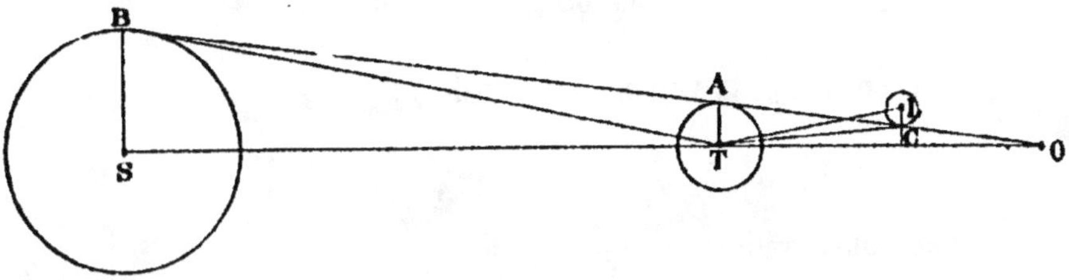

Fig. 101.

Soit STO (*fig.* 101) la trace de l'écliptique ; la latitude β de la Lune est égale à LTO. La condition du contact s'écrit :

$$LTO - LTC = CTO$$

or :

$$CTO = ACT - COT,$$

et,

$$COT = BTS - TBA,$$

et l'équation s'écrit :

$$\beta - \frac{1}{2}D' = \varpi' - \frac{1}{2}D + \varpi,$$

$$\beta = \frac{1}{2}D' - \frac{1}{2}D + \varpi' + \varpi.$$

Or, on a pour valeurs maxima :

$$\frac{1}{2}D' = 16'\,45'', \qquad \frac{1}{2}D = 16'\,18'',$$

$$\varpi' = 61'\,24'', \qquad \varpi = 9'';$$

et pour valeurs minima :

$$\frac{1}{2} D' = 14' 41'', \qquad \frac{1}{2} D = 15' 45'',$$

$$\varpi' = 53' 38'', \qquad \varpi = 8'',8.$$

On en déduit la valeur maxima de β :

$$\beta = 62' 53'',$$

et sa valeur minima :

$$\beta = 52' 9''.$$

Si donc β est plus grand que 63', l'éclipse est impossible ;

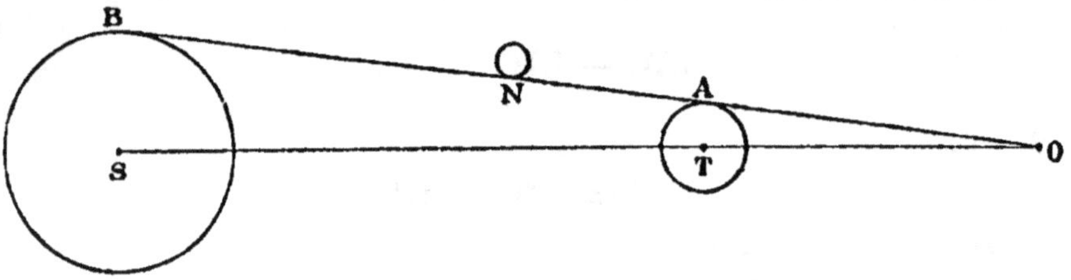

Fig. 102.

si β est compris entre 63' et 52', l'éclipse est douteuse ; si β est plus petit que 52', l'éclipse est certaine.

On déduit de là les limites de distance de la Lune au nœud par la formule :

$$\sin (\mathcal{L} - \Omega) = \cot \omega \operatorname{tg} \beta.$$

On trouve que $\mathcal{L} - \Omega$ doit être moindre que 12° pour que l'éclipse soit possible.

2° *Eclipse de Soleil.* — La Lune doit être au moins tangente en N (*fig.* 102) au cône circonscrit au Soleil et à la Terre.

On trouve comme précédemment que ℒ — ☊ doit être moindre que 17°. On conclut de là que la fréquence relative des éclipses de Lune et de Soleil est représentée par le rapport $\frac{12}{17}$ ou à très peu près $\frac{29}{41}$, valeur déjà trouvée pour le rapport des nombres d'éclipses des deux espèces, qui se produisent pendant le cycle Chaldéen. Cependant, en un lieu donné, on voit plus d'éclipses de Lune que de Soleil, chacune de ces dernières n'étant visible que d'un nombre très restreint de points de la surface de la Terre.

120. Calcul des phases d'une éclipse de Lune. — Une éclipse étant reconnue possible pour une opposition, on prend dans les Tables les ascensions droites et les déclinaisons du Soleil et de la Lune, d'heure en heure, avant et après cette opposition, et l'on détermine les mouvements horaires de ces astres en ascension droite et déclinaison. Soient μ et ν ceux du Soleil, μ' et ν' ceux de la Lune. Posons :

$$\mu' - \mu = m,$$
$$\nu' - \nu = n.$$

Le mouvement du Soleil est le même que celui de l'ombre; les coordonnées du centre de l'ombre sont :

$$180° + \mathcal{A}_{\odot} \qquad \text{et} \qquad -\mathcal{D}_{\odot}.$$

A un moment quelconque t voisin de l'opposition, où les coordonnées des centres de l'ombre et de la Lune sont $\mathcal{A}$ et $\mathcal{D}$, $\mathcal{A}'$ et $\mathcal{D}'$, la distance d des centres est donnée par la formule :

$$\cos d = \sin \mathcal{D} \sin \mathcal{D}' + \cos \mathcal{D} \cos \mathcal{D}' \cos (\mathcal{A}' - \mathcal{A}),$$

ou bien :

$$1 - 2\sin^2\frac{d}{2} = \cos(\mathcal{D}' - \mathcal{D}) - 2\cos\mathcal{D}\cos\mathcal{D}'\sin^2\frac{1}{2}(\mathcal{A}' - \mathcal{A})$$

$$1 - 2\sin^2\frac{d}{2} = 1 - 2\sin^2\frac{1}{2}(\mathcal{D}' - \mathcal{D}) - 2\cos\mathcal{D}\cos\mathcal{D}'\sin^2\frac{1}{2}(\mathcal{A}' - \mathcal{A});$$

ou avec une approximation suffisante puisque les angles sont très petits :

$$d^2 = (\mathcal{D}' - \mathcal{D})^2 - \cos^2\mathcal{D}.(\mathcal{A}' - \mathcal{A}^2),$$

équation qui se déduirait immédiatement du petit triangle rectangle SAL (*fig.* 103).

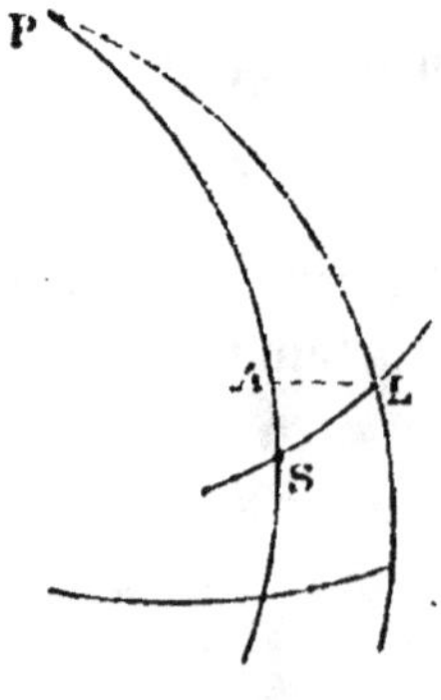

Fig. 103.

A une autre époque, $t + \tau$, la distance d des centres, sera :

$$d^2 = (\mathcal{D}' - \mathcal{D} + n\tau)^2 - \cos^2\mathcal{D}'(\mathcal{A}' - \mathcal{A} + m\tau)^2$$

équation du second degré qui donnera les valeurs de τ, correspondantes à des distances données des deux centres.

On donnera à d, dans cette formule, les valeurs suivantes :

pour le premier contact avec la pénombre $d=\frac{1}{2}D+\frac{1}{2}D'+\varpi+\varpi'$;

pour le contact intérieur $d=\frac{1}{2}D-\frac{1}{2}D'+\varpi+\varpi'$;

pour le contact extérieur avec l'ombre $d=\frac{1}{2}D'-\frac{1}{2}D+\varpi+\varpi'$;

pour le contact intérieur $d=-\frac{1}{2}D'-\frac{1}{2}D+\varpi+\varpi'$.

A chacune de ces distances répondent deux valeurs de τ (premier et deuxième contact intérieur, etc...). La valeur de d qui rend les deux racines égales répond au milieu de l'éclipse et en détermine la grandeur.

Le calcul de l'équation du second degré serait très incommode. Pour le faciliter, on remarque que la valeur de d^2 est la somme de deux carrés. On peut donc écrire :

$$d\cos\alpha = \mathcal{D}' - \mathcal{D} + n\,\tau,$$
$$d\sin\alpha = \cos\mathcal{D}'.\,(\mathcal{A}' - \mathcal{A}) + m\cos\mathcal{D}.\,\tau,$$

équations en τ et α qui se déduiraient immédiatement du triangle SAL. L'angle α est donc LSA.

Pour résoudre, on pose :

$$\mathcal{D}' - \mathcal{D} = a\cos A,$$
$$\cos\mathcal{D}'.\,(\mathcal{A}' - \mathcal{A}) = a\sin A,$$
$$n = b\cos B,$$
$$m\cos\mathcal{D}' = b\sin B,$$

A et B étant plus petits que 90°.

On a alors :

$$d\cos\alpha = a\cos A + b\cos B.\tau,$$
$$d\sin\alpha = a\sin A + b\sin B.\tau,$$

d'où :

$$d \sin(B - \alpha) = a \cos(B - A),$$
$$d \cos(B - \alpha) = a \cos(B - A) + b\tau,$$

et par suite :

$$\sin(B - \alpha) = \frac{a \sin(B - A)}{d},$$
$$\tau = \frac{d \cos(B - \alpha)}{b} - \frac{a \cos(B - A)}{b}.$$

$B - \alpha$ donné par son sinus a deux valeurs supplémentaires l'une de l'autre ; il y a donc deux valeurs de τ pour chaque valeur de d.

Si $B - \alpha = 90°$, les deux valeurs de τ sont égales et donnent l'époque du milieu de l'éclipse. On a alors :

$$\tau_m = -\frac{a}{b} \cos(B - A),$$
$$t_m = t - \frac{a}{b} \cos(B - A).$$

et la distance correspondante des centres, qui est la distance minima, est :

$$d_m = a \sin(B - A).$$

d_m doit être pris positif.

Si l'on prend pour unité le diamètre de la Lune D', la grandeur Δ de l'éclipse sera :

$$\Delta = \frac{d - d_m}{D'}$$

d étant le rayon de l'ombre augmenté de celui de la Lune ou la valeur de d qui répond au contact extérieur.

Enfin la ligne SL étant la ligne des centres, le contact a toujours lieu sur cette ligne et la position du point de contact est donnée sur le contour de la Lune, à partir du point Nord, par l'angle PLS, qu'on peut considérer comme le supplément de α ou PSL. Les deux valeurs de α donnent les points du limbe où ont lieu les contacts.

On simplifierait encore les calculs en partant du moment de l'opposition déterminé par les relations :

$$\mathcal{A}' - \mathcal{A} + m\tau_c = 0$$
$$t + \tau_c = t_c$$

On peut aussi faire les calculs en employant les longitudes et les latitudes.

121. Influence de l'atmosphère terrestre sur les éclipses de Lune. — 1° La réfraction par l'atmosphère fait que des rayons de lumière pénètrent dans le cône d'ombre géométrique. La Lune pendant les éclipses totales est éclairée d'une lumière rougeâtre. La réfraction horizontale est d'environ 33' ; il s'ensuit que le rayon qui émerge de l'atmosphère fait avec le rayon incident un angle d'un degré à peu près. L'angle au sommet du cône d'ombre est donc $\varphi + 1°$, ce qui réduit à $42\,r$ la longueur de ce cône.

2° L'absorption des rayons du Soleil par les régions basses de l'atmosphère terrestre produit le même effet qu'une augmentation du diamètre de la Terre. Il en résulte que le rayon R du disque de l'ombre doit être pris plus grand dans le rapport de 61 à 60.

Tous ces effets varient d'ailleurs avec l'état de l'atmosphère.

CHAPITRE XIII

PLANÈTES

122. Caractères distinctifs des Planètes. — Les planètes, semblables aux étoiles par leur aspect à l'œil nu, s'en distinguent par leur mouvement : elles se déplacent parmi les constellations.

On compte huit grandes planètes : Mercure, Vénus, la Terre, Mars, Jupiter, Saturne, Uranus, Neptune. Il existe de plus un grand nombre de petites planètes, dites *planètes télescopiques*, dont les orbites sont placées entre celles de Mars et de Jupiter ; on en connaît actuellement 290 ([1]). Les grandes planètes ne sortent pas du Zodiaque, zone qui s'étend à 8° 1/2 de part et d'autre de l'Écliptique. Il n'en est pas de même des planètes télescopiques qui s'écartent parfois beaucoup de cette zone. Toutes les planètes ont un mouvement direct.

Les comètes se montrent dans toutes les régions du ciel ; leur mouvement, souvent très rapide, est tantôt direct, tantôt rétrograde. En d'autres termes, l'inclinaison de leurs orbites

([1]) Mars 1890.

sur l'écliptique peut varier de 0° à 180°. Elles diffèrent essentiellement des planètes par leur constitution ; elles sont douées d'une lumière propre, tandis que les planètes sont des corps obscurs éclairés par le Soleil.

Les planètes se divisent en deux classes par la nature même de leur mouvement : les *planètes inférieures* (Mercure, Vénus) ne s'éloignent jamais beaucoup du Soleil et font avec lui le tour du ciel en un an ; les *planètes supérieures* s'éloignent du Soleil jusqu'à 180° et font le tour du ciel dans des espaces de temps variables.

123. Mouvement apparent des Planètes. — Les planètes sont des points mobiles, que nous observons d'un point qui est lui-même mobile. Leur mouvement apparent résulte de la combinaison de la parallaxe annuelle avec le mouvement propre de l'astre.

I. — Un astre immobile, vu d'un point mobile, semble décrire une orbite identique à celle du point mobile, autour du point où il serait vu si le point mobile occupait le centre de sa propre orbite. Son mouvement est de même sens, mais il est constamment à 180° de la position du point mobile. C'est ce que nous avons déjà vu à propos du mouvement apparent du Soleil (**94**).

II. — La combinaison de ce mouvement parallactique avec le mouvement réel de la planète donne pour sa trajectoire une courbe épicycloïdale dont on peut faire l'épure de diverses manières.

1° Supposons la Terre et une planète supérieure animées de leurs mouvements réels autour du Soleil (*fig.* 104) : soient T et P les positions initiales : au bout d'un certain intervalle de temps, la Terre vient en T_1, la planète en P_1, puisque sa vitesse angulaire est moindre. Si l'on imagine la Terre immobile en S, elle verra d'abord la planète en P' tel que $PP' = TS$, puis en P'_1 au sommet du parallélogramme $ST_1\ P_1P'_1$. On construira donc facilement l'orbite relative point par point.

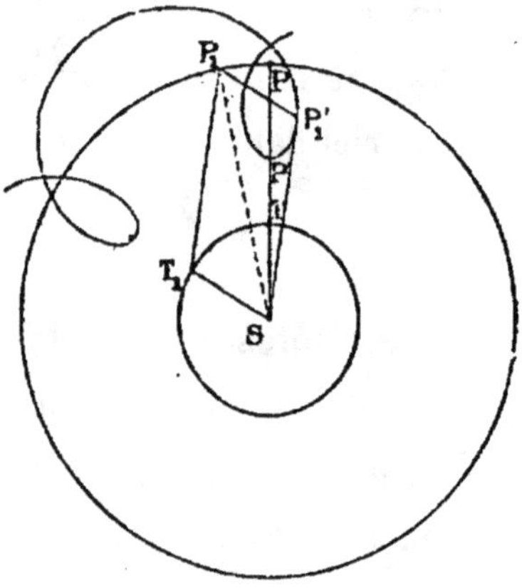

Fig. 104.

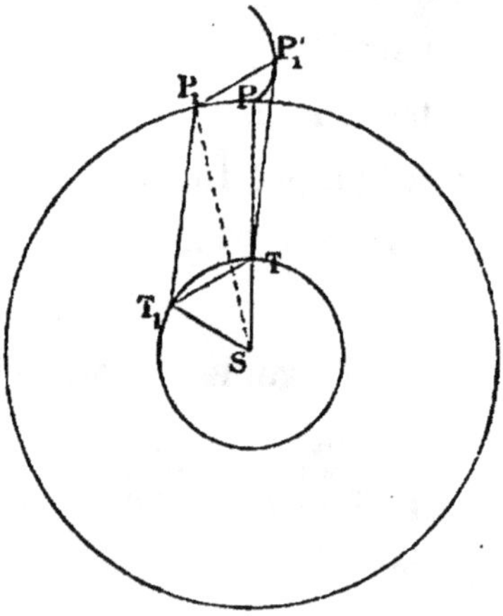

Fig. 105.

La construction est analogue (*fig.* 105) si l'on suppose la Terre immobile en T. L'orbite est déplacée de la longueur TS parallèlement à elle-même.

2° Supposons avec les anciens la Terre immobile en T, (*fig.* 106), tandis que la planète se meut sur l'*épicycle* C, de rayon égal à celui de l'orbite terrestre, dont le centre parcourt un grand cercle, appelé *déférent*, qui n'est autre que l'orbite réelle de la planète. Au bout d'un certain temps, la planète serait venue de P en P_1 sur l'épicycle immobile, l'arc PP_1 étant égal à l'arc TT_1 des deux figures précédentes. Mais le centre C de l'épicycle s'est déplacé jusqu'en C'_1, et la position réelle de la planète est P'_1, au sommet du parallélogramme $CC'_1\ P'_1\ P_1$.

3° Si l'on suppose enfin que le Soleil tourne autour de la Terre immobile en entraînant l'orbite de la planète (*fig.* 107), le Soleil au bout d'un certain temps est venu en S_1 ($SS_1 = TT_1$) :

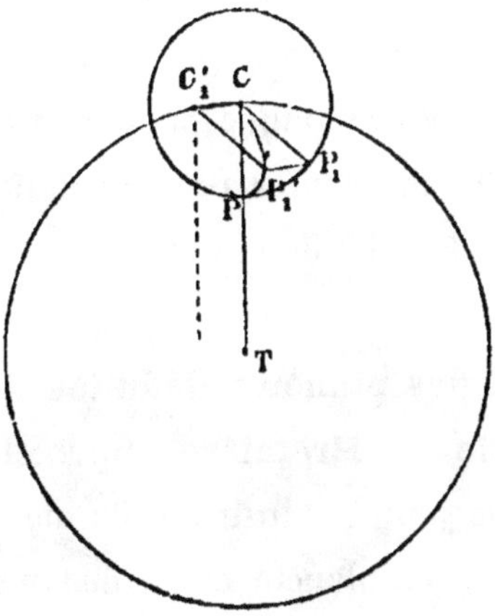

Fig. 106.

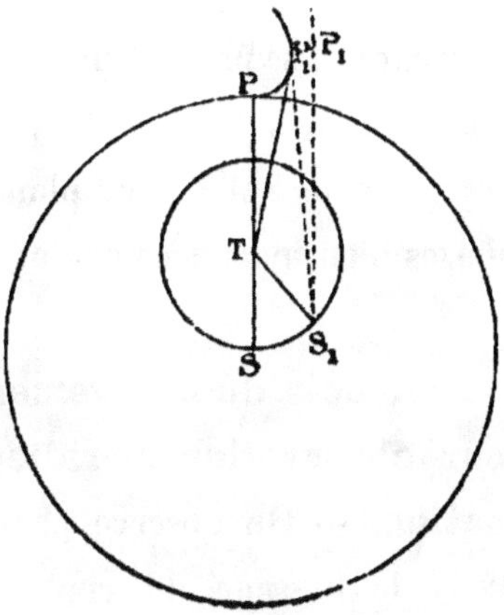

Fig. 107.

la planète, si elle était immobile sur son orbite, serait sur S_1P_1 ; en réalité elle est en P'_1 à une distance de S_1 égale à SP et sur une direction $S_1P'_1$ faisant avec S_1P_1 un angle égal à son déplacement angulaire sur son cercle.

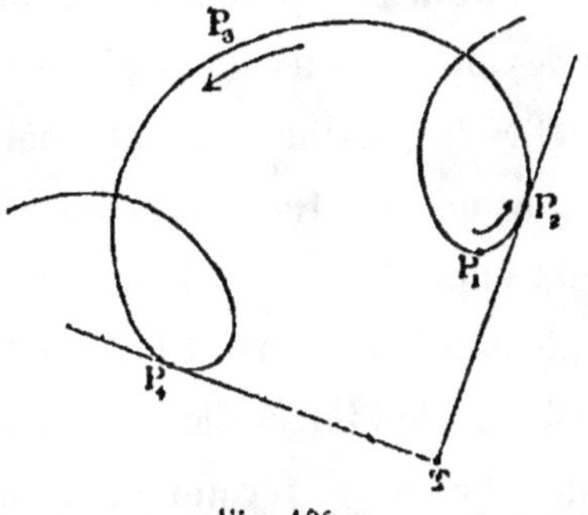

Fig. 108.

La marche apparente de la planète est la même dans ces trois hypothèses.

En P_1 (*fig.* 108), la planète est en opposition; elle apparaît au milieu du ciel à minuit. Son diamètre est maximum et sa vitesse rétrograde est maxima. La planète est *stationnaire* en P_2, puis son mouvement devient direct; sa vitesse est maxima et son diamètre minimum à la conjonction P_3. Elle est de nouveau stationnaire en P_4 et son mouvement redevient rétrograde, etc...

Le mouvement des planètes inférieures s'étudie de la même manière. L'opposition est remplacée par la conjonction inférieure, où il se produit un *passage* de la planète sur le Soleil, si elle est assez voisine du plan de l'écliptique pour se projeter sur le Soleil. Les planètes inférieures présentent des phases bien marquées analogues à celles de la Lune.

124. Lois du mouvement des planètes déduites de leur observation méridienne. — Première approximation. — On observe chaque jour aux instruments méridiens le passage du centre de la planète et sa distance zénitale, comme nous l'avons fait pour le Soleil. On en déduit l'ascension droite et la distance polaire de la planète, et ensuite sa longitude et sa latitude.

De ces éléments, on déduit, comme il suit, les lois du mouvement de la planète.

1° De la détermination quotidienne des longitudes, on déduit par interpolation les époques des oppositions de la planète, c'est-à-dire les époques auxquelles la longitude de la planète est égale à celle du Soleil augmentée de 180°. On constate ainsi que l'intervalle de deux oppositions est à très peu près constant. A ces moments, le Soleil, la Terre et la planète sont en ligne droite. On peut donc, de l'intervalle des oppositions, déduire le rapport des durées de révolution de la planète et du Soleil (ou de la Terre).

Soit, en effet, n le moyen mouvement diurne du Soleil, n' le moyen mouvement diurne de la planète ; son moyen mouvement relatif a pour valeur $n - n'$. Les durées de révolution du Soleil et de la planète sont :

$$T = \frac{2\pi}{n}$$

$$T' = \frac{2\pi}{n'}.$$

Si l'on a mesuré l'intervalle t de deux oppositions, on a :

$$t = \frac{2\pi}{n - n'} = \frac{TT'}{T' - T}.$$

d'où :

$$T' = \frac{Tt}{t - T}.$$

On a donc un moyen de calculer n' et T', en négligeant les excentricités. L'exactitude sera assez grande si l'on prend deux oppositions, séparées par un long intervalle de temps, auxquelles la planète sera revenue à la même longitude.

L'intervalle t de deux oppositions s'appelle *révolution synodique* de la planète ; l'intervalle T' entre deux retours de la planète à la même longitude est la *révolution tropique*. La *révolution sidérale*, intervalle de deux retours consécutifs de la planète au même point du ciel, se déduit de T' en tenant compte du mouvement du point vernal.

L'opposition se définit exactement comme le moment où la longitude de la planète est égale à celle du Soleil augmentée de 180°, sa latitude étant quelconque : on en détermine le moment exact par interpolation entre deux longitudes observées dont l'une est plus grande que $180° + \odot$ et l'autre plus petite. La longitude héliocentrique est à ce moment la même que la longitude géocentrique.

2° En mesurant les distances itinéraires des planètes au Soleil, on constate qu'elles sont presque constantes.

Pour calculer ces distances, Copernic supposait uniformes les mouvements de la Terre et de la planète, et leurs orbites circulaires. A partir d'une opposition SO (*fig.* 109), il observait à des époques déterminées la distance angulaire STP de la planète au Soleil. L'angle TSO et l'angle PSO étant connus d'après son hypothèse et la connaissance des durées de révolution de la Terre et de la planète, il pouvait construire le triangle STP (ST = 1). Il trouva que les distances ne sont pas absolument constantes, ce qui le força à compliquer son système.

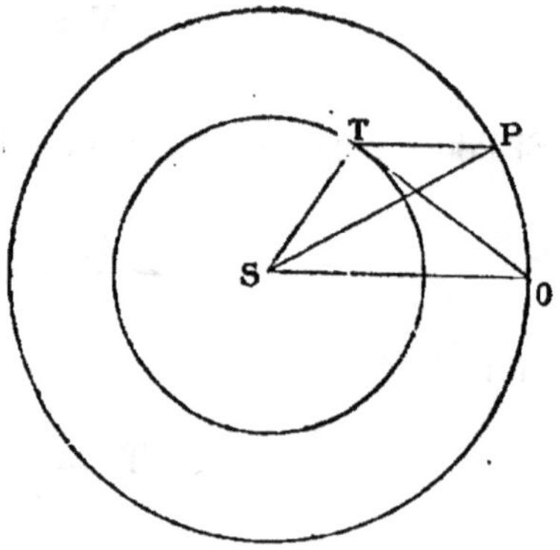

Fig. 109.

Kepler supposait seulement le mouvement de la Terre uniforme. Au bout d'une révolution de la planète, celle-ci est revenue en O, la Terre est venue en T, et de la mesure de STO à ce moment, il concluait la longueur SO. Les moyens mouvements étant incommensurables, les oppositions donnent toutes les positions possibles de la planète, dont on peut alors tracer l'orbite par points : c'est ainsi que Kepler étudia le mouvement de Mars.

125. Deuxième approximation. — Détermination du mouvement héliocentrique d'une planète par des observations géocentriques, faites à des époques con-

venablement choisies. — On établit d'abord que la planète se meut dans un plan passant par le centre du Soleil, qui coupe l'écliptique suivant une droite fixe et sous une inclinaison constante.

1° Pour déterminer le nœud, on remarque que la latitude géocentrique ou héliocentrique de la planète est nulle à ce moment, la planète étant dans l'écliptique. On obtient donc par interpolation le temps du passage au nœud ascendant ou

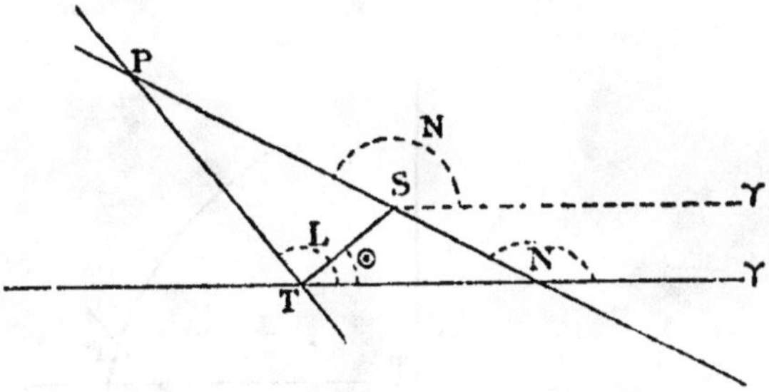

Fig. 110.

descendant, et la longitude géocentrique de la planète à ce moment, rapportée à un équinoxe fixe. On calcule la longitude du Soleil pour le même moment.

2° La droite menée du Soleil à l'un des nœuds fait un angle constant avec la ligne des équinoxes. Supposons la planète à son nœud en P et soient S et T les positions du Soleil et de la Terre (*fig.* 110). La figure PST est dans le plan de l'écliptique et l'on a :

$$\frac{SP}{ST} = \frac{r}{r'} = \frac{\sin STP}{\sin SPT} = \frac{\sin(L - \odot)}{\sin(N - L)}.$$

A une autre époque, où la planète sera au même nœud, on

aura de même :

$$\frac{r_1}{r'_1} = \frac{\sin(L' - \odot')}{\sin(N - L')}.$$

On trouve que toutes ces équations sont satisfaites par les mêmes valeurs de r et N et l'on en déduit la longitude héliocentrique N du nœud ascendant. Le nœud descendant est à 180°.

3° La planète se meut dans un plan qui passe par la ligne

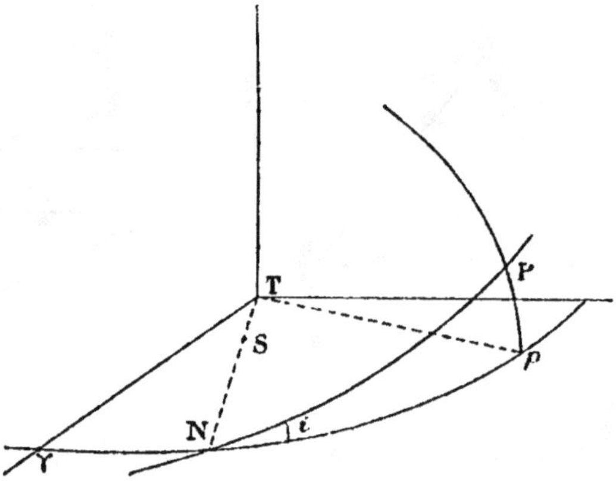

Fig. 111.

des nœuds. Ou bien : si par une position quelconque de la planète et la ligne des nœuds on fait passer un plan, ce plan a une inclinaison constante sur l'écliptique.

Pour le démontrer, au moment où la Terre est sur la ligne des nœuds, et où la longitude du Soleil est par conséquent égale à N ou à 180° + N, on détermine, par interpolation, la latitude géocentrique de la planète $\beta = Pp$ et sa longitude géocentrique $\gamma p = L$. Le triangle P N p (*fig.* 111) donne :

$$\operatorname{tg}\beta = \operatorname{tg} i \sin(L - N)$$

On en déduit i. Toutes les valeurs coïncident, quelles que soient les positions de la planète.

4° Il reste à déterminer le mouvement de la planète dans le plan de son orbite. Il faut pour cela connaître le rayon vecteur et la longitude dans l'orbite à un moment quelconque, ou l'angle du rayon vecteur avec la ligne des nœuds. Cet angle u augmenté de N est égal à la longitude v dans l'orbite. On l'appelle argument de latitude.

A chaque opposition, on a, par interpolation, la longitude héliocentrique de la planète tout comme si on l'observait du Soleil ; car, à ce moment, le Soleil, la Terre et la planète sont en ligne droite. Au bout de plusieurs révolutions, on a donc un certain nombre de ces longitudes distribuées assez régulièrement sur toute l'orbite ; i étant connu, on en conclut la longitude dans l'orbite par la relation

$$\text{tg}\,(v - \text{N}) \cos i = \text{tg}\,(\text{L} - \text{N})$$

On compare ces longitudes avec leur expression empirique

$$v = nt + \varepsilon + \text{A} \sin(nt + \alpha) + \text{B} \sin 2\,(nt + \alpha) + \ldots$$

et de ces équations on conclut les valeurs de ε, A, B et α, la valeur de n étant déjà connue. On trouve que des valeurs constantes des inconnues satisfont.

On peut alors calculer la longitude héliocentrique pour une époque quelconque à laquelle on a observé la longitude géocentrique de la planète $\text{L}' = \gamma\text{T}p$, ainsi que sa latitude $\beta' = p\text{P}$.

Reste à déterminer le rayon vecteur de la planète et sa distance à la Terre. Soient (*fig.* 112) S le Soleil, T la Terre, P la planète au moment où l'on a observé la longitude $L' = \gamma T p_1$ de celle-ci et sa latitude $\beta' = p'p_1$.

On déduit des Tables du Soleil la longitude $\odot = \gamma$ TS' et la distance TS = R ; on calcule, à l'aide de la série empirique précédente, la longitude v de la planète dans son orbite, et,

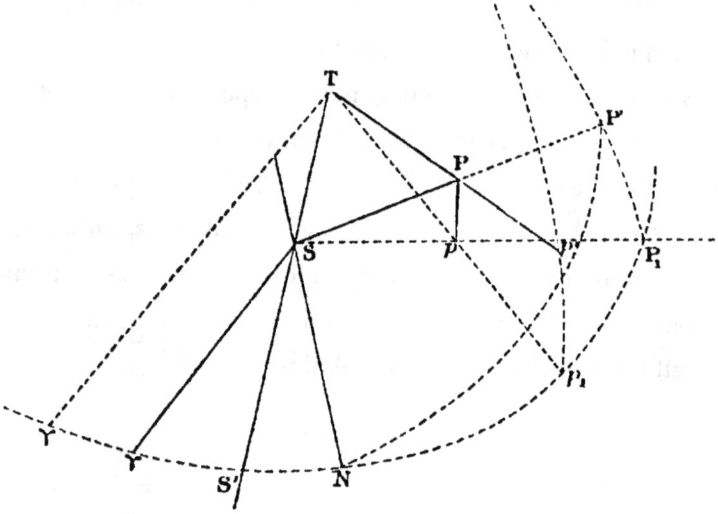

Fig. 112.

la longitude du nœud N étant connue, ainsi que l'inclinaison i, on en déduit la longitude héliocentrique γSP_1 de la planète par la relation

$$\operatorname{tg}(L - N) = \operatorname{tg}(v - N)\cos i,$$

et sa latitude héliocentrique $P'P_1$, par la formule :

$$\operatorname{tg}\beta = \operatorname{tg} i \sin(L - N).$$

Le triangle STp, projection de STP sur le plan de l'écliptique, donne alors :

$$\frac{\sin STp}{\sin SpT} = \frac{Sp}{ST},$$

ou bien :

$$\frac{\sin (L' - \odot)}{\sin (L' - L')} = \frac{r_1}{R},$$

d'où l'on déduit r_1, *distance accourcie* de la planète au Soleil. On a ensuite le rayon vecteur lui-même SP par la relation :

$$SP = r = \frac{r_1}{\cos \beta}.$$

On calcule de la même manière la distance accourcie à la Terre $Tp = r_1'$ et la distance vraie $TP = r'$.

L'équation

$$r_1 = R \frac{\sin (L' - \odot)}{\sin (L - L')}$$

montre que les meilleures conditions de détermination de r sont celles où

$$L' - \odot = 90°,$$

ou

$$L' - \odot = 270°;$$

la planète est alors en quadrature et passe au méridien 6 heures après ou avant le Soleil.

Ayant ainsi pour des époques t, t', t''.... les longitudes dans l'orbite v, v', v''... et les rayons vecteurs r, r', r''...., on calcule $\frac{1}{2} r^2 \frac{dv}{dt}$ et l'on vérifie la loi des aires.

On trace l'orbite par points et l'on en reconnait la forme elliptique. On vérifie cette forme en posant :

$$r = \frac{a(1-e^2)}{1+e\cos(v-\varpi)},$$

ou :

$$r\,[1 + e\cos v\cos\varpi + e\sin v\sin\varpi] = a(1-e^2).$$

On pose :

$$e\cos\varpi = x,\ e\sin\varpi = y,\ a(1-e^2) = p.$$

On a alors :

$$r + xr\cos v + yr\sin v = p,$$
$$r' + xr'\cos v' + y\,r'\sin v' = p',$$
$$\dots\dots\dots\dots\dots\dots$$

On déduit de l'ensemble des observations les valeurs les plus probables de e, ϖ et a et l'on constate que les résidus sont de l'ordre des erreurs d'observation. Les deux lois de Kepler sont alors démontrées :

1° Une planète décrit autour du Soleil une orbite plane telle que l'aire balayée par le rayon vecteur est proportionnelle au temps.

2° Cette orbite est une ellipse dont le Soleil occupe un des foyers.

Ayant fait ces déterminations pour toutes les planètes, on a les temps T, T', T''... des révolutions sidérales et leurs moyennes distances au Soleil exprimées en fonction du rayon moyen de l'orbite terrestre. On en conclut la troisième loi de Kepler :

3° Les carrés des temps des révolutions sidérales des planètes sont proportionnels aux cubes des grands axes de leurs orbites. Cette loi s'exprime par la formule

$$\frac{T^2}{a^3} = \frac{T'^2}{a'^3} = C^{te},$$

ou, en fonction du moyen mouvement :

$$n^2\, a^3 = C^{te}.$$

Pour la Terre :

$$a = 1, \quad T = 365^j,2564,$$

par suite :

$$n^2\, a^3 = \frac{4\,\pi^2}{(365,2564)^2} = 0,00029591.$$

On a aussi :

$$n = \frac{V}{r},$$

V étant la vitesse linéaire de la planète. Le moyen mouvement n a pour valeur $\frac{V}{a}$, et la loi de Kepler peut s'écrire :

$$V^2\, a = C^{te},$$

ce qui montre que la vitesse linéaire décroît à mesure que a augmente.

On peut encore prendre pour constante la valeur

$$\frac{a^3}{T^2} = k,$$

ce qui donne pour la Terre ($a = 1$) :

$$k = \frac{1}{(365,2564)^2} = 0,0000074956$$

ou :

$$\text{Log } k = \bar{6},87480$$

Pour une autre planète, dont on a déterminé la durée de révolution sidérale T_1, on obtient le grand axe de l'orbite par la formule :

$$a' = \sqrt[3]{k\,T'^2}$$

C'est donc en déterminant comme nous l'avons fait la durée de la révolution sidérale des planètes qu'on obtient le rapport de leur moyenne distance au Soleil au demi-grand axe de l'orbite terrestre.

Comme nous l'avons vu pour le Soleil (**83**), les éléments nécessaires pour fixer la position d'une planète sont au nombre de 7 :

1° et 2° La longitude du nœud et l'inclinaison de l'orbite, qui fixent la position du plan de l'orbite.

3° La longitude du périhélie, qui fixe la position du grand axe.

4° et 5° Le demi-grand axe a et l'excentricité e, qui fixent la forme de l'orbite et ses dimensions.

6° Le moyen mouvement n, qui fixe la durée T de la révolution.

7° La longitude moyenne de l'époque, que l'on peut remplacer par l'époque du passage au périhélie.

La troisième loi de Kepler réduit ces éléments à 6.

126. Détermination de l'orbite d'une Planète par des observations faites à des époques quelconques. — La connaissance des lois du mouvement elliptique des Planètes permet de déterminer les éléments de l'orbite d'un de ces astres par trois observations de ses positions apparentes dans le ciel, faites à trois époques distinctes peu de temps après sa découverte. Nous ne pouvons qu'indiquer ici la marche à suivre dans la solution de ce problème, que Gauss a traité d'une manière complète dans son bel ouvrage intitulé : *Theoria motus corporum cœlestium in sectionibus conicis solem ambientium* (Hambourg, 1809).

On a observé de la Terre la longitude L′ et la latitude β′ de la planète, à un moment où les coordonnées écliptiques de la Terre sont 180° + ⊙ et B, données par les tables du Soleil (B = o). Les coordonnées héliocentriques L, β et r de la Planète sont liées à ces données par les relations :

$$(1)\quad \begin{cases} \Delta' \cos\beta' \cos\alpha' = \Delta \cos\beta \cos\alpha - R \cos A, \\ \Delta' \cos\beta' \sin\alpha' = \Delta \cos\beta \sin\alpha - R \sin A, \\ \Delta' \sin\beta' = \Delta \sin\beta, \end{cases}$$

qui contiennent en outre l'inconnue Δ, distance de la Terre à la planète. Il faut les transformer en y introduisant les éléments cherchés de l'orbite. On comptera les longitudes à partir du nœud ascendant ; elles deviennent L — N, L′ — N et 180° + ⊙ — N ou 180° — (N — ⊙).

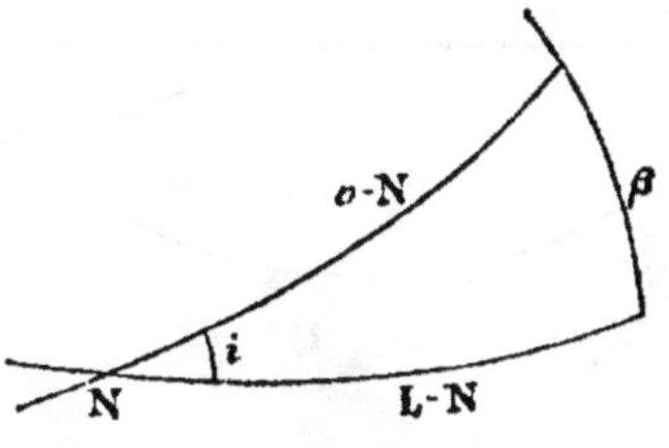

Fig. 113.

De plus, il faut éliminer β, et pour cela introduire la longitude dans l'orbite v. On a (*fig.* 113) :

$$\cos\beta \cos\alpha = \cos(v - N),$$
$$\cos\beta \sin\alpha = \sin(v - N) \cos i,$$
$$\sin\beta = \sin(v - N) \sin i.$$

Posons :

$$\Delta = r, \qquad \Delta' = r' ;$$

Les formules deviennent :

$$(2) \begin{cases} r' \cos\beta' \cos(L' - N) = r\cos(v - N) + R\cos(N - \odot), \\ r' \cos\beta' \sin(L' - N) = r\sin(v - N)\cos i - R\sin(N - \odot), \\ r' \sin\beta' = r\sin(v - N)\sin i. \end{cases}$$

Les inconnues sont N, i, r, r' et v.

Il faut joindre à ces relations l'équation :

$$r = \frac{a(1 - e^2)}{1 + e\cos(v - \varpi)}$$

qui introduit trois nouvelles inconnues a, e et ϖ.

La loi des aires donnera une cinquième relation. On exprimera que le secteur elliptique PSA (*fig.* 114) est à l'aire de l'ellipse comme le temps écoulé depuis le passage au périhélie est au temps de la révolution entière. On aura ainsi une nouvelle équation :

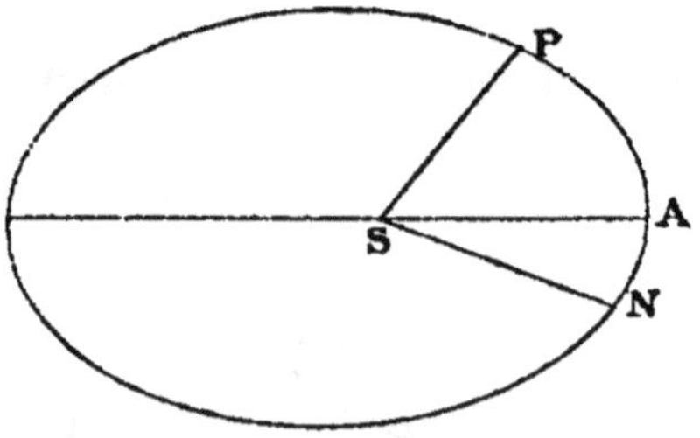

Fig. 114.

$$f(r, v, a, e, \varpi, \theta) = 0$$

qui introduit une neuvième inconnue, l'époque θ du passage au périhélie.

Entre ces cinq équations, on éliminera les inconnues r', v et r ; il restera deux équations entre les six éléments N, i, a, e, ϖ et θ. Les quantités connues sont L', β' et $\odot$.

Pour obtenir les six éléments, il faudra donc faire trois observations de L' et β' à trois époques distinctes. On aura ainsi six équations pour les six inconnues.

Ces observations se font en général au moment de l'opposition. C'est en effet l'époque la plus favorable pour la découverte des planètes nouvelles.

La recherche des planètes télescopiques se fait à l'équatorial, à l'aide de cartes écliptiques sur lesquelles on a marqué les positions de toutes les étoiles visibles jusqu'à la treizième grandeur, dans une zone qui s'étend à quelques degrés de part et d'autre de l'écliptique. Lorsque l'observateur a constaté dans le ciel l'existence d'une étoile qui n'est pas marquée sur la carte, il en détermine la position par rapport aux étoiles voisines et reconnait bien vite si cette position est variable. Dans ce cas il a trouvé une planète, dont trois observations exactes, à quelques jours d'intervalle, lui permettent de calculer une première orbite. Il peut alors déterminer la distance de la planète à la Terre, par conséquent corriger de la parallaxe ses premières observations, c'est-à-dire les réduire au centre de la Terre. Il reprend alors avec ces nouvelles données le calcul des éléments définitifs.

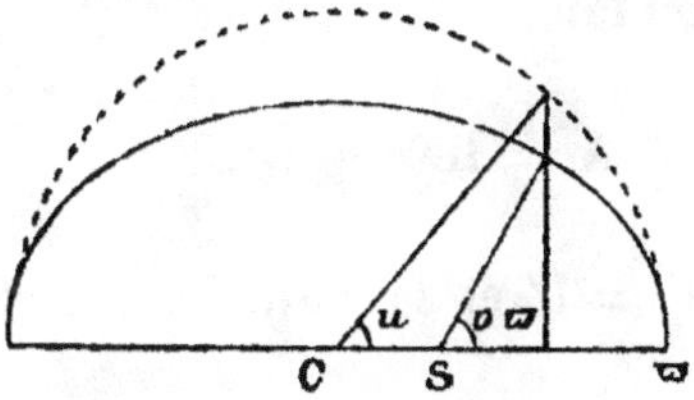

Fig. 115.

127. Calcul d'un lieu de la Planète. — Les éléments une fois connus, on calcule un lieu héliocentrique de la planète par les mêmes formules qui ont servi pour le Soleil et pour la Lune. ζ désignant l'anomalie moyenne, u l'anomalie excentrique, $v - \varpi$ l'anomalie vraie (*fig.* 115) on a :

$$\zeta = nt + \varepsilon - \varpi,$$

ou

$$\zeta = n(t - 0),$$
$$\zeta = u - e \sin u,$$
$$r = a(1 - e \cos u),$$
$$\operatorname{tg} \frac{1}{2}(v - \varpi) = \sqrt{\frac{1+e}{1-e}} \operatorname{tg} \frac{1}{2} u.$$

On a ensuite l'argument de latitude $v - N$, d'où l'on déduit β et $L - N$, par suite L, par les formules (*fig.* 116):

$$\operatorname{tg}(L - N) = \operatorname{tg}(v - N) \cos i,$$
$$\operatorname{tg} \beta = \sin(L - N) \operatorname{tg} i.$$

On peut aussi développer u, r et $v - N$ en séries de sinus ou cosinus des multiples de ζ, l'excentricité étant suffisamment petite.

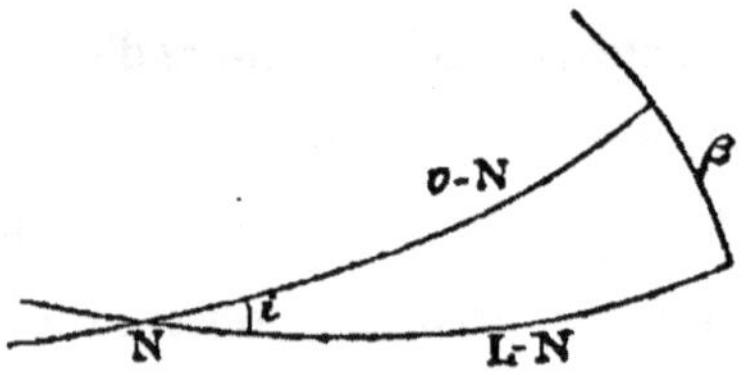

Fig. 116.

On passe de là aux coordonnées géocentriques par les formules (1) de la page 336, où l'on fait

$$\Delta = r, \qquad \alpha = L, \qquad A = 180^\circ + \odot.$$

Les inconnues sont $\Delta' = r'$, $\alpha' = L'$ et la latitude géocentrique β'. On a :

$$r' \cos \beta' \cos L' = r \cos \beta \cos L + R \cos \odot,$$
$$r' \cos \beta' \sin L' = r \cos \beta \sin L - R \sin \odot,$$
$$r' \sin \beta' = r \sin \beta.$$

On résout ces équations comme nous l'avons fait et l'on en déduit l'ascension droite et la déclinaison par les formules de transformation.

On peut encore employer les formules (2), qui donnent L', β' et r' en fonction de v — N, N et i. On peut aussi passer directement de v — N à Ⱥ et Ꝺ, par une transformation facile des formules générales.

Enfin, ayant les coordonnées pour le centre de la Terre, on les affecte de la parallaxe pour les avoir rapportées à un point de la surface.

Ce sont ces coordonnées que l'on compare à l'observation pour perfectionner les éléments de la planète. Mais il faut remarquer:

1° Que ces coordonnées sont rapportées à l'équinoxe fixe et à l'écliptique (ou l'équateur) fixe de l'époque. On doit les ramener à l'équinoxe apparent du moment de l'observation. Il faut donc tenir compte de la précession générale, de la nutation et de l'aberration; ce qui revient à changer la valeur de ε, longitude moyenne de l'époque, comme nous l'avons fait pour le Soleil:

$$\varepsilon_1 = \varepsilon + 50,''236t + 0,000113t^2 + \Psi + \text{aberration}.$$

On peut encore ramener l'observation à l'équinoxe fixe.

2° Que le calcul donne les coordonnées pour midi moyen (ou minuit moyen) de Paris. Il faut calculer les coordonnées pour le moment du passage au méridien. C'est le problème général que nous avons déjà résolu : trouver l'ascension droite et la déclinaison de l'astre au moment où l'ascension droite est égale au temps sidéral du lieu.

Soient $\Delta\mathcal{A}$, $\Delta'\mathcal{A}$, $\Delta''\mathcal{A}$ les différences première, seconde et troisième des ascensions droites à midi moyen.

L'ascension droite au temps moyen t sera

$$\mathcal{A} + t\Delta\mathcal{A} + \frac{t(t-1)}{1.2}\Delta'\mathcal{A} + \ldots,$$

où t est exprimé en fractions de jour moyen.

Si θ est le temps sidéral à midi moyen, au temps t il sera $\theta + t.\dfrac{86636,56}{86400}$; donc :

$$\theta + t\frac{86636,56}{86400} = \mathcal{A} + t\Delta\mathcal{A} + \frac{t(t-1)}{1.2}\Delta'\mathcal{A} + \ldots$$

D'où l'on déduit :

$$t = \frac{\mathcal{A} - \theta}{\dfrac{86636,56}{86400} - \Delta\mathcal{A} - \dfrac{(t-1)}{2}\Delta'\mathcal{A} - \ldots}.$$

On résout par approximation en substituant à t dans le dénominateur la valeur approchée

$$\frac{\mathcal{A} - \theta}{\dfrac{86636,56}{86400} - \Delta\mathcal{A}}.$$

En un autre lieu que celui pour lequel a été calculée l'éphéméride, l'ascension droite $\mathcal{A}$ se rapporte à l'heure sidérale $\theta - L$, L étant la longitude ouest de ce lieu. Donc le temps de la culmination sera, en temps moyen du 1er méridien :

$$t' = \frac{\mathcal{A} - (\theta - L)}{\dfrac{86636,56}{86400} - \Delta\mathcal{A} - \left(\dfrac{t-1}{2}\right)\Delta'\mathcal{A}}.$$

On interpolera ensuite la valeur de la déclinaison pour l'époque t (ou t') du passage au méridien.

3° La position apparente de l'astre mobile n'est pas sa position vraie au moment de l'observation. La lumière emploie en effet $497^s,8$ à parcourir le demi-grand axe R_0 de l'orbite terrestre. Donc pour parcourir la distance r' de la planète à la Terre, elle emploie :

$$497^s,8 \frac{r'}{R_0},$$

ou, en prenant R_0 pour unité :

$$497^s,8 . r'.$$

L'observation de la planète se rapporte donc à une époque $t - 497^s,8\, r'$. Ou bien il faut, pour avoir l'ascension droite et la déclinaison à l'époque t, les augmenter de leurs variations pendant ce temps $497^s.8\, r'$. Ces variations se prennent dans les éphémérides ou se déduisent de l'observation même.

Si l'on veut corriger les ascensions droites et les déclinaisons de l'éphéméride pour l'époque t et en déduire l'ascension droite et la déclinaison observée à ce moment, il faut appliquer la même correction en signe contraire.

128. Détermination des stations et rétrogradations des Planètes. — Il existe une autre manière élémentaire de comparer la théorie et l'observation.

Les valeurs de L', combinées avec la troisième loi de Kepler, montrent comment et à quelles époques se produisent les stations et rétrogradations des planètes.

On a pour une planète :

$$\frac{dL}{dt} = n = \frac{v}{r},$$

où n désigne le moyen mouvement et v la vitesse linéaire.

Pour la Terre :

$$\frac{d\odot}{dt} = N = \frac{V}{R}.$$

Donc, pour les planètes supérieures, r étant supérieur à R, on a :

$$V > v$$

Pour les planètes inférieures au contraire, r étant inférieur à R, on a :

$$V < v.$$

En négligeant l'inclinaison

$$\beta = \beta' = 0,$$

et l'on a :

$$\text{tg } L' = \frac{r \sin L + R \sin \odot}{r \cos L + R \cos \odot}.$$

On en déduit :

$$\frac{1}{\cos^2 L'} \frac{dL'}{dt} = \frac{\left(r \cos L \frac{dL}{dt} + R \cos \odot \frac{d\odot}{dt}\right)(r \cos L + R \cos \odot}{(r \cos L + R \cos \odot)^2}$$

$$\frac{+\left(r \sin L \frac{dL}{dt} + R \sin \odot \frac{d\odot}{dt}\right)(r \sin L + R \sin \odot)}{(r \cos L + R \cos \odot)^2},$$

Cette égalité peut encore s'écrire :

$$\frac{1}{\cos^2 L}\frac{dL'}{dt} = \frac{(r^2\cos^2 L + rR\cos L\cos\odot)\dfrac{v}{r}}{r'^2\cos^2 L'}$$

$$+ \frac{(R^2\cos^2\odot + Rr\cos L\cos\odot)\dfrac{V}{R}}{r'^2\cos^2 L'}$$

$$+ \frac{(r^2\sin^2 L + rR\sin L\sin\odot)\dfrac{V}{v} + (R^2\sin^2\odot + Rr\sin L\sin\odot)\dfrac{V}{R}}{r'^2\cos^2 L'}$$

ou :

$$r'^2\frac{dL'}{dt} = rv + RV + (Rv + rV)\cos(\odot - L).$$

A l'opposition ou conjonction inférieure :

$$\odot - L = 180^\circ,$$

donc :

$$r'^2\frac{dL'}{dt} = (r - R)(v - V).$$

Les facteurs $r - R$ et $v - V$ sont de signes contraires; donc $\dfrac{dL'}{dt}$ est négatif. Par suite, la vitesse est rétrograde et maxima.

Si $\dfrac{dL'}{dt} = 0$, il y a station et l'on a :

$$\cos(\odot - L) = -\frac{rv + RV}{Rv + rV}.$$

Le cosinus étant < 1, il faut que l'on ait aussi :

$$rv + RV < Rv + rV,$$

ou bien encore :

$$(r - R) v < (r - R) V.$$

C'est en effet ce qui a lieu. S'il s'agit d'une planète supérieure

$$r - R > o$$

et alors $v < V$. Si au contraire la planète est inférieure

$$r - R < o$$

et $v > V$.

Les stations ont lieu pour deux valeurs de ⊙ — L, l'une inférieure, l'autre supérieure à 180° de la même quantité, ou bien encore pour des valeurs équidistantes de 0° (conjonction).

Tous ces résultats fournis par la théorie sont d'accord avec l'observation.

129. Perturbation des éléments elliptiques des Planètes. — Les éléments des planètes, comme ceux de la Terre et de la Lune, sont soumis à des perturbations résultant des actions réciproques de ces planètes les unes sur les autres. Ces perturbations ou inégalités sont de deux ordres : les unes sont représentées par des séries ordonnées suivant les puissances du temps ; les autres ne contiennent le temps que sous le signe sinus ou cosinus. Les premières sont les variations séculaires des éléments : leurs effets s'accumulent et finiraient par déformer complètement les orbites des planètes, si, dans la réalité, elles n'obéissaient pas à des périodes de très longue durée, au bout desquelles elles agiront en sens contraire. Les secondes ont des périodes beaucoup plus courtes, et reprennent, au bout d'intervalles de temps plus ou moins courts, les mêmes valeurs tantôt positives et tantôt négatives.

L'excentricité, la longitude du nœud, celle du périhélie et l'inclinaison de l'orbite sur l'écliptique sont soumises à ces deux genres de variation, comme on l'a vu pour les éléments de l'orbite terrestre. Une planète ne se meut donc pas autour du Soleil sur une ellipse, ou, en d'autres termes, elle se meut sur une ellipse dont les éléments varient sans cesse. Il suit de là que, lorsqu'on veut calculer pour une époque déterminée un lieu de la planète, il faut d'abord calculer les valeurs des éléments pour cette époque; et c'est avec ces éléments sans cesse variables qu'on emploie les formules données plus haut.

Mais, au milieu de toutes ces variations, il est deux éléments qui conservent des valeurs constantes, ou du moins soumises seulement à des variations périodiques très courtes. Ce sont les grands axes des orbites et les durées des révolutions sidérales ou les moyens mouvements. Cette invariabilité des grands axes ou des moyens mouvements a été établie par les recherches de Lagrange et de Laplace, et constitue un des traits caractéristiques les plus importants du système planétaire.

CHAPITRE XIV

DIMENSIONS DU SYSTÈME PLANÉTAIRE

130. La troisième loi de Kepler permet de déterminer les distances de toutes les planètes au Soleil dès que l'on connaît l'une d'elles. L'unité adoptée pour mesurer ces distances est la distance moyenne a de la Terre au Soleil. On en déduit la distance moyenne a' d'une autre planète par la relation :

$$\frac{a'^3}{a^3} = \frac{T'^2}{T^2},$$

T et T′ désignant les durées des révolutions sidérales de la Terre et de la planète considérée. On a aussi :

$$r = \frac{a(1 - e^2)}{1 + e \cos(v - \varpi)},$$

$$r' = \frac{a'(1 - e'^2)}{1 + e' \cos(v' - \varpi')},$$

et l'on peut à l'aide de ces formules déterminer à toute époque le rapport de r' à r lorsque le rapport de a' à a est connu, ou inversement.

Il faut donc déterminer la distance moyenne a de la Terre au Soleil ; l'unité avec laquelle on la mesure est le rayon équatorial terrestre et c'est en définitive la mesure de la Terre qui sert de base à la mesure de l'univers. La détermination de la forme et de la grandeur de la Terre, ainsi que celle de la distance de la Terre au Soleil, furent au XVIIe et au XVIIIe siècle, la principale occupation des astronomes de l'Observatoire de Paris et de l'Académie des Sciences.

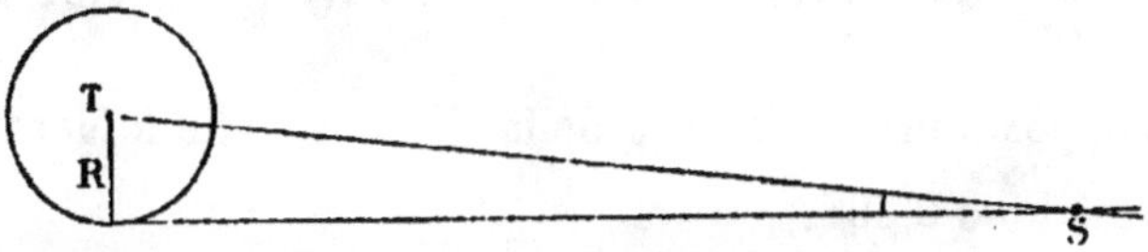

Fig. 117.

La mesure de a revient à la mesure de la parallaxe solaire qui lui est liée par la relation :

$$\sin \varpi = \frac{R}{a},$$

ou, avec une approximation suffisante :

$$\varpi = \frac{R}{a \sin 1''},$$

R désignant le rayon équatorial de la Terre (*fig.* 117) et ϖ la parallaxe horizontale équatoriale du Soleil.

La mesure directe de la parallaxe solaire par le procédé que nous avons employé pour celle de la Lune ne donnerait pas une approximation suffisante, surtout en raison des phénomènes de réfraction anormale qui se produisent autour du Soleil. On la déduit donc de la parallaxe d'un astre plus voisin déterminée par la méthode ordinaire (Mars) ou par l'observation des passages de l'astre sur le Soleil (Vénus).

131. Parallaxe de Mars. — La méthode générale de mesure des parallaxes (**114**) peut s'appliquer à Mars et aux petites planètes dont la distance à la Terre n'est pas trop considérable. On a, par exemple, pour Mars :

$$a' = 1{,}52, \quad e = 0{,}093, \quad \text{dist. au périhélie } 1{,}52(1-e) = 1{,}379\,;$$

et pour la Terre

$$a = 1, \quad e = 0{,}017, \quad \text{dist. à l'aphélie } 1(1+e) = 1{,}017.$$

A l'opposition, la distance de la Terre aphélie à Mars périhélie est donc 0,362.

Les éléments de la planète Flore sont :

$$a' = 2{,}20, \qquad e = 0{,}157\,;$$

La distance au Soleil au périhélie est donc

$$2{,}20\,(1 - e) = 1{,}855,$$

et sa distance minima à la Terre est par suite 0,838.

On peut aussi déterminer la distance d'une de ces planètes par la mesure de sa parallaxe diurne, à l'aide d'observations faites en un seul lieu.

Les planètes inférieures s'approchent aussi à des distances assez faibles de la Terre au moment de leur conjonction inférieure : on a en effet

pour Vénus $a' = 0{,}723$, dist. à la conj. inf. 0,277 ;
pour Mercure $a' = 0{,}387$, dist. à la conj. inf. 0,613.

Mais la méthode générale ne peut pas s'appliquer à ces astres ; à la conjonction inférieure, ils sont noyés dans les rayons du

Soleil et n'apparaissent que sous forme d'un croissant très délié. Il est vrai qu'en raison du prolongement des cornes, on peut en mesurer les deux bords ; mais les étoiles auxquelles il faudrait comparer ces astres sont invisibles. On les compare alors au Soleil lui-même et les meilleures conditions sont celles d'un *passage* sur le disque du Soleil.

132. Passages de Vénus sur le Soleil. — Au moment d'un passage, un observateur au centre de la Terre voit Vénus se projeter en v' sur le disque (*fig.* 118) ; un observateur à

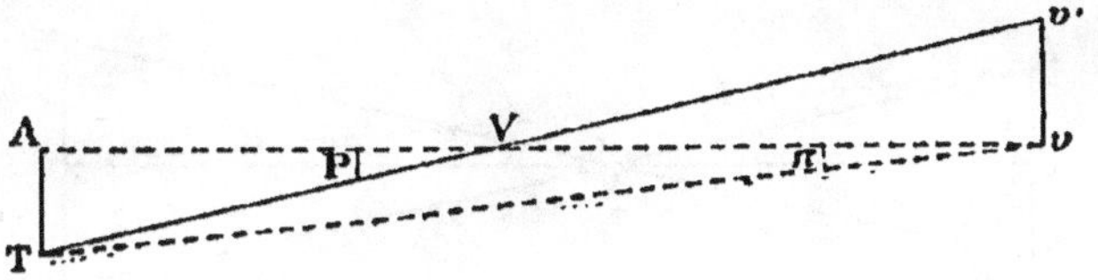

Fig. 118.

la surface la voit en v. On mesure la distance angulaire $v\,v'$. Soit π la parallaxe solaire AvT, P la parallaxe de Vénus AVT. On a :

$$\frac{\text{in}\,\pi}{\sin(P-\pi)} = \frac{TV}{Vv} = \frac{r-r'}{r'},$$

r et r' désignant les distances de la Terre et de Vénus au Soleil. On en déduit :

$$\frac{\pi}{P-\pi} = \frac{r-r'}{r'},$$

$$\frac{\pi}{P} = 1 - \frac{r'}{r}.$$

Par suite, si l'on peut mesurer l'angle $P-\pi$ sous lequel, de la

Terre, est vu l'arc vv', on aura π, puisque le rapport $\frac{r'}{r}$ est connu ; et il y a avantage à mesurer l'angle $P - \pi$, car il est beaucoup plus grand que π. On a en effet :

$$r' = 0{,}723,$$

$$r - r' = 0{,}277,$$

$$\frac{r'}{r - r'} = \frac{723}{277} = 2{,}97.$$

L'arc vv' est donc 2,97 fois le rayon de la Terre. Si l'on place deux observateurs aux extrémités A et B d'un diamètre

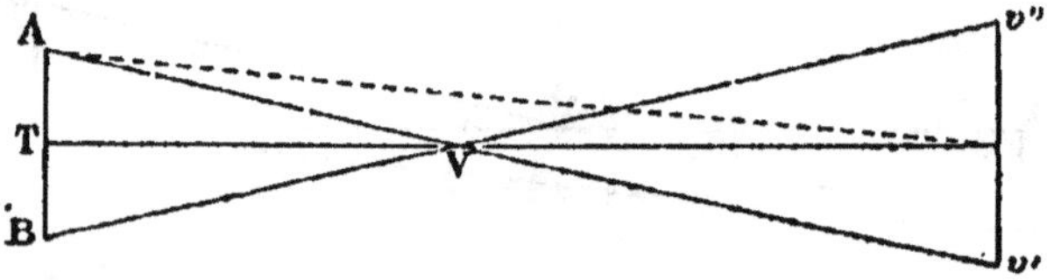

Fig. 119.

de la Terre, l'angle sous lequel sera vu $v'v''$ (*fig.* 119) sera 5,94 fois la parallaxe solaire et la méthode semble par suite préférable à la précédente.

Pour Mercure, on n'aurait pas le même avantage, car

$$a' = 0{,}387$$

$$\frac{r'}{r - r'} = \frac{387}{613} = 0{,}63$$

L'angle observé serait au contraire plus petit que la parallaxe solaire.

I. Conditions d'un passage de Vénus. — Il faut, pour qu'un passage ait lieu, que la planète soit en conjonction inférieure et que sa latitude géocentrique soit moindre que le demi-diamètre du Soleil, c'est-à-dire que la planète soit au voisinage d'un de ses nœuds.

Ces passages se reproduisent tous les 113 ans à peu près et deux fois de suite à 8 ans d'intervalle : les considérations suivantes permettent d'établir ces périodes.

1° La longitude du nœud ascendant est actuellement 75° 19′. La longitude héliocentrique de la Terre doit être la même et la longitude géocentrique du Soleil avoir la valeur :

$$75^\circ\ 19' + 180^\circ = 255^\circ\ 19'.$$

C'est ce qui a lieu dans les premiers jours de Décembre.

2° La longitude du nœud descendant est à 180° de la première ; c'est donc dans les premiers jours de Juin que peut avoir lieu un passage au nœud descendant.

3° Après un passage, il peut s'en reproduire un second au même nœud, 8 ans après. Un troisième est impossible. En effet

8 rév. sid. de la Terre (365j,2563) font.	2922j,048
5 rév. syn. de Vénus (583j,9127) font.	2919j,563
13 rév. sid. de Vénus (224j,7007) font.	2921j,110

Ainsi la planète revient en conjonction 2j,5 avant 8 ans et à son nœud un jour avant 8 ans. Or, aux environs du nœud, la variation en latitude géocentrique est de 12′ à 14′ par jour, donc de 18′ à 21′ en 1j,5. Le diamètre du Soleil étant 32′, un deuxième passage est possible à la condition qu'au premier la planète n'ait pas été à son nœud, ni très voisine du nœud. L'un des passages doit avoir lieu avant le nœud, l'autre après. Mais un troisième passage 8 ans après, ne peut avoir lieu ;

4° Après un passage à un nœud, il s'en reproduit un autre au même nœud après une période de 235 ans. En effet

235 rév. sid. de la Terre font. 85835j.,230
382 rév. sid. de Vénus font. 85835j.,700

De même, le deuxième passage qui s'est produit 8 ans après le premier, se reproduit 243 ans après le premier. En effet :

243 rév. sid. de la Terre font. 88757j.,298
395 rév. sid. de Vénus font. 88756j.,81

Le calcul exact permet de choisir entre ces deux périodes.

Mais dans l'intervalle, il a pu se produire deux passages à l'autre nœud, pourvu que la Terre et Vénus aient fait un nombre entier de tours plus la moitié d'un au même moment. La première période 235 ne donne rien, puisque 382 est pair. Mais dans le deuxième cas, $\frac{243}{2}$ et $\frac{395}{2}$ donnent 121,5 et 197,5 qui satisfont à la condition. On a donc le tableau suivant :

NŒUD ASCENDANT	NŒUD DESCENDANT	INTERVALLES successifs	ÉPOQUES des PASSAGES
t			1631 déc.
$t + 8$		8	1639 —
	$t + 8 + 121,5$	121,5	1761 juin 6
	$t + 8 + 121,5 + 8$	8	1769 — 3
$t + 243$		105,5	1874 déc. 8
$t + 243 + 8$		8	1882 — 6
	$t + 243 + 8 + 121,5$	121,5	2004 juin 7
	$t + 243 + 8 + 121,5 + 8$	8	2012 — 5
$t + 2 \times 243$		105,5	2117 déc. 10
$t + 2 \times 243 + 8$		8	2125 — 8

Les intervalles successifs sont 8 et 121,5 avec 105,5, ou 113,5 ± 8.

II. Mesure de P — π. — En deux stations A et B de même longitude (*fig.* 120), on mesure micrométriquement ou avec l'héliomètre les distances angulaires α, β des centres des deux astres à des moments déterminés. La somme des angles ou leur différence donne P — π.

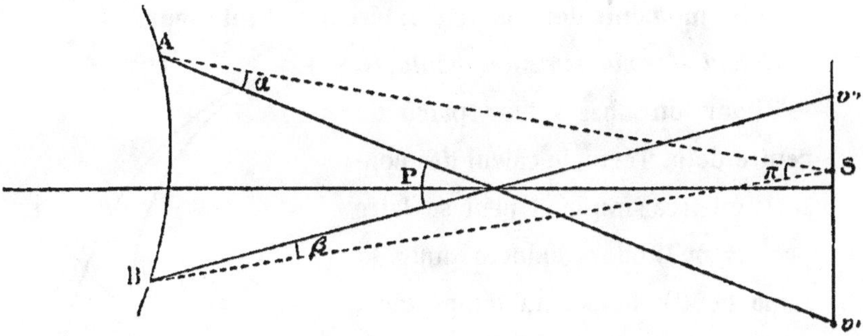

Fig. 120.

Emploi de la photographie. — Si l'on prend au même instant aux deux stations deux images avec des instruments identiques, la superposition de ces deux images donne immédiatement les distances Sv', Sv'' et par suite P — π, si l'on connaît la valeur angulaire des dimensions linéaires de l'image. Plusieurs images successives permettent de tracer la corde que paraît décrire Vénus sur le disque du Soleil, et des longueurs des cordes correspondant à chaque station on peut conclure leur distance.

Méthode de Halley. — A la mesure micrométrique des longueurs de ces cordes, on peut substituer celle des temps employés à les parcourir ou la mesure des durées des passages. Le calcul montre que l'erreur relative sur π, mesuré par ce procédé, est la même que l'erreur relative sur la différence des durées. Or, dans le passage de 1874, la différence des durées pouvait aller à $30^m = 1800^s$; une erreur de 10^s produirait donc une erreur de $\frac{1}{180}$ sur π, la même qui, dans une mesure directe, correspondrait à une erreur de $0'',1$. Si l'on peut répondre des durées à une seconde près, l'erreur sera seulement $\frac{1}{1800}$, et tout revient à observer avec exactitude les moments des contacts extérieurs et intérieurs.

Calcul des moments des contacts. — Pour un observateur placé au centre de la Terre, le calcul des contacts est très simple et peut se faire par les méthodes données pour la Lune (**120**). Soient au temps zéro, voisin de la conjonction, S le centre du Soleil (*fig.* 121), A et D son ascension droite et sa déclinaison, V le centre de Vénus, α et δ son ascension droite et sa déclinaison, Δ la distance SV ; on a :

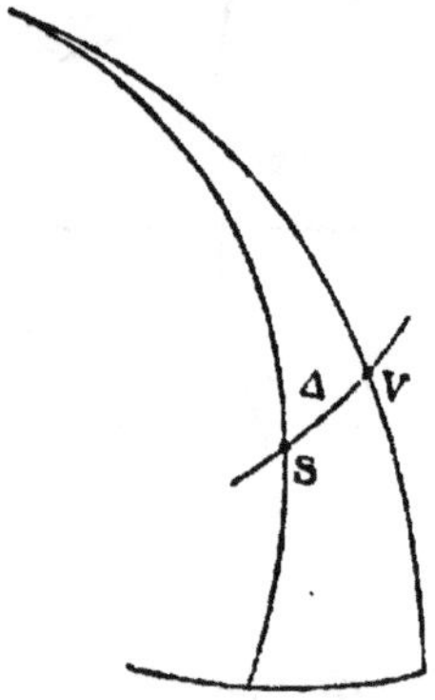

Fig. 121.

$$\cos\Delta = \sin D \sin\delta + \cos D \cos\delta \cos(A - \alpha),$$

ou

$$-\sin^2\frac{1}{2}\Delta = -\sin^2\frac{1}{2}(D-\delta) - \cos D\cos\delta\sin^2\frac{1}{2}(A-\alpha).$$

Après un temps τ, m étant la variation de $A - \alpha$ en l'unité de temps et n celle de $D - \delta$, on aura :

$$\sin^2\frac{1}{2}\Delta_1 = \sin^2\frac{1}{2}(D-\delta+n\tau) + \cos D\cos\delta\sin^2\frac{1}{2}(A-\alpha+m\tau)$$

ou, en prenant les arcs pour les sinus :

$$\Delta_1^2 = (D - \delta + n\tau)^2 + \cos D \cos \delta . (A - \alpha + m\tau)^2.$$

Si l'on prend pour valeur de Δ_1 la somme des demi diamètres angulaires, ou leur différence, on aura deux équations du second degré qui donneront les moments des contacts extérieurs ou intérieurs, vus du centre de la Terre. On a vu, à propos des éclipses de Lune, comment on peut aisément calculer les racines de l'équation du deuxième degré.

Pour un observateur placé à la surface de la Terre, il faudra remplacer A, α, D et δ par leurs valeurs affectées de la parallaxe, ce qui introduira la différence $P - \pi$ des parallaxes de Vénus et du Soleil.

On en déduira la différence des temps des contacts vus de ce lieu et vus du centre de la Terre, par suite la différence des durées des passages pour ces deux points. Le même calcul donnera la différence des mêmes durées pour le centre de la Terre et un autre lieu de la surface. On en conclut la différence des durées en ces deux lieux de la surface.

En réalité, on calcule cette différence avec les valeurs déjà connues des parallaxes, et l'on détermine les corrections que ces valeurs doivent recevoir pour représenter le mieux possible les observations.

Méthode de Delisle. — Si les coordonnées géographiques d'un lieu sont très exactement connues, l'observation d'un contact en un lieu, comparée à ce qu'elle serait pour le centre de la Terre, donne la parallaxe.

Phénomènes accompagnant l'observation des contacts. — Mais il est impossible d'observer les contacts avec la précision nécessaire, 1ˢ à 2ˢ. Les observations de 1761 et 69 ont montré qu'il se forme, entre les disques de Vénus et du Soleil, au moment où leur contact va se produire, un *ligament* ou *goutte noire*, qui empêche la détermination de l'instant du contact géométrique. En un même lieu les appréciations diffèrent de 20ˢ à 30ˢ.

Les mêmes phénomènes ont été constatés dans les passages de Mercure. Lalande crut les expliquer en les attribuant à l'irradiation : la rupture du ligament ou sa formation caractériserait alors l'instant du contact géométrique. Mais l'irradiation n'existe pas dans les lunettes (Bessel, Arago) et un objectif de grande ouverture, bien corrigé d'aberration, fait voir un contact géométrique.

L'apparition de la goutte provient, pour les grands objectifs, de l'aberration et d'un défaut de mise au point ; s'ils sont bien construits, ils peuvent donner de bons résultats comme l'ont prouvé les observations des astronomes français en 1874. Avec les objectifs de moindre ouverture, il faut tenir compte de la diffraction qui produit un éclairement des bords de l'image focale d'un astre ayant un disque sensible.

III. Résultats obtenus. — Les dernières observations des passages de Vénus, effectuées par les deux procédés précédents, ont donné les résultats suivants. Les astronomes français, observant avec des objectifs de grande ouverture, ont trouvé pour la parallaxe solaire 8″, 84 ; les photographies françaises ont donné d'autre part le nombre 8″, 82 (Obrecht). Les petits objectifs anglais avaient conduit à des valeurs variant de 8″,7 à 9″,0 et la photographie anglaise n'avait fourni aucun résultat.

Le nombre vers lequel tendent les diverses valeurs est 8″,82. On en conclut la distance a de la Terre au Soleil par la relation

$$\pi = \frac{R}{a \sin 1''},$$

d'où

$$a = \frac{R}{\pi \sin 1''} = \frac{R.206265}{8,82},$$

$$a = R.23386.$$

Or le rayon équatorial de la Terre a pour valeur :

$$R = 6378253^{m.},$$ (Clarke)

ou

$$R = 6378393^{m.}$$ (Faye)

soit environ :

$$6378^{km.},300.$$

On en conclut, pour la distance cherchée :

$$a = 149163000^{km.},$$

ou

$$a = 37290750 \text{ lieues de 4 km.},$$

cette valeur étant approchée à 40.000 lieues près, puisque une erreur de 0'',1 sur la parallaxe entraine pour la distance une erreur de 1,700,000 km.

133. Distance de la Terre au Soleil déduite de la vitesse de la lumière. — La vitesse V de la lumière, mesurée directement, peut donner de deux manières, la distance de la Terre au Soleil :

1° Par combinaison avec le nombre 493' déduit des éclipses

des satellites de Jupiter. On a effet :

$$493^s.V = a.$$

2° Par combinaison avec la constante de l'aberration 20″,445. On a trouvé en effet (**104**) :

$$\frac{na}{V\sqrt{1-e^2}} = 20'',445.$$

On en déduit a, V étant connu.

CHAPITRE XV

NOTIONS DE GÉODÉSIE

134. Définitions. — L'objet de la géodésie est la détermination de la forme de la Terre et la mesure de ses dimensions.

L'étude du mouvement diurne nous a permis (**27**, 3°) de déterminer les coordonnées astronomiques de chacun des points de la surface de la Terre et de graduer cette surface en y traçant les lignes de même longitude et les lignes d'égale colatitude. Ces déterminations sont entièrement indépendantes de la forme de la Terre ; elles permettent de nous faire immédiatement une première idée de sa forme. Si l'on marche du nord au sud le long d'une ligne de même longitude ou *méridienne*, on remarque que la distance zénitale du pôle céleste va constamment en augmentant ; de même suivant une ligne d'égale colatitude ou *parallèle*, la différence de longitude des points successifs au plan origine va constamment en augmentant, soit positivement, soit négativement. Il suit de là que la surface de la Terre est partout convexe.

Pour aller plus loin dans l'étude de cette forme, on pourrait concevoir une surface géométrique, une sphère par exemple, de grandeur déterminée, définie de position par rapport à l'axe de la Terre et tournant avec elle. La position absolue d'un lieu de la surface de la Terre sera fixée si l'on connaît le point où la verticale de ce lieu vient rencontrer la sphère, la direction de cette verticale par rapport à la normale à la sphère en ce point, et la distance du lieu à la sphère comptée sur cette verticale. Il faudra pour cela connaître :

1° Les coordonnées astronomiques ou géographiques du lieu, sa longitude et sa latitude ;

2° Les coordonnées astronomiques du pied de la verticale sur la sphère, qu'on appellera les coordonnées géodésiques du lieu (1) ;

3° L'altitude du lieu au-dessus de la surface de la sphère ou surface géodésique.

Les coordonnées géodésiques fixent la position du pied de la verticale sur la sphère ; les coordonnées astronomiques du lieu permettent de mener par ce point un plan parallèle au méridien géographique du lieu et, dans ce plan, la verticale. L'altitude fixe enfin la position du lieu.

On conçoit donc qu'il serait possible de déterminer ainsi par points la forme de la surface réelle de la Terre, quelle qu'elle soit, en la rapportant à une *surface géodésique* connue. Mais on voit aussi qu'en général le problème ainsi posé serait d'une difficulté à peu près inextricable.

La nature nous fournit heureusement une simplification

(1) L'origine des longitudes terrestres étant le méridien de Paris, on prendra pour origine des longitudes géodésiques le plan méridien de la surface géodésique parallèle à ce méridien.

du problème. Les eaux recouvrent la plus grande partie de la surface de la Terre et nous offrent une surface dépouillée de tous les accidents que présente celle des continents. Nous pouvons de plus débarrasser la surface des océans des inégalités causées par les vagues et les marées. Si l'on suppose la Terre entièrement recouverte d'eau tranquille, on aura une surface beaucoup plus simple que la surface réelle et qui, d'ailleurs, n'en différera pas beaucoup : l'altitude moyenne des continents ne dépasse pas 700 mètres. Or, il est possible de réaliser cette surface et de déterminer l'altitude au-dessus d'elle de chaque point des continents. On l'obtient en effet par le *nivellement géométrique*, à l'aide du niveau d'eau, ou mieux du niveau à bulle d'air associé à une lunette micrométrique. C'est à la surface ainsi définie qu'on donne le nom de *surface de la Terre* ou *géoïde*. La position d'un lieu est alors définie par la longitude et la colatitude du point où sa verticale perce le géoïde et par son altitude au-dessus de cette surface. Le problème de la géodésie consiste alors à déterminer la forme du géoïde par rapport à une surface idéale convenablement choisie, qui sera la *surface géodésique*.

La première chose à faire est donc de rapporter chaque point de la *surface réelle* sur la *surface du géoïde*, en l'y projetant verticalement. C'est ce qu'on appelle déterminer ses coordonnées *réduites au niveau de la mer*. Il faudra ensuite déterminer le point correspondant de la surface géodésique.

Le problème ainsi posé serait encore d'une difficulté presque insurmontable, si les trois surfaces, surface réelle, géoïde et surface géodésique, différaient considérablement les unes des autres. En effet, dans le cas d'une grande différence, rien ne prouve que la verticale d'un point de la surface réelle serait encore la verticale du point où elle rencontre le géoïde, et encore la normale à la surface géodésique au point où elle rencontrerait celle-ci. Les coordonnées astronomiques de ces trois points seraient différentes, et la recherche des relations qui les relient extrêmement compliquée. Mais des considérations très simples montrent que les trois surfaces peuvent ne pas différer beaucoup. Les fleuves qui communiquent avec les mers n'ont jamais des pentes très considérables, et leurs sources, dans l'intérieur des continents, sont situées au plus à un millier de mètres au-dessus de leurs embouchures. La surface des continents, qui suit l'inclinaison des fleuves, ne diffère donc pas beaucoup en général de la surface des mers prolongée. D'autre part, l'équilibre des eaux à la surface de la Terre en rotation ne peut subsister qu'à la condition que cette surface ne diffère pas d'un ellipsoïde de révolution autour de l'axe, et cet ellipsoïde diffère lui-même très peu d'une sphère. En choisissant donc pour surface géodésique celle d'un ellipsoïde de révolution, nous satisferons à la condition que les trois surfaces en question soient très voisines l'une de l'autre, et nous pourrons admettre que la verticale d'un point de la surface réelle se confond avec celle du point où cette verticale perce le géoïde, aussi bien qu'avec la normale à la surface géodésique au point correspondant. Les coordonnées astronomiques des trois points seront les mêmes, et, dès lors, étant donnée la surface géodésique, celle du géoïde et la surface réelle s'en déduiront immédiatement par la connaissance des altitudes. Les lignes géodésiques tracées sur la surface réelle donneront par leurs projections des lignes géodésiques sur les deux autres surfaces.

Mais on conçoit aussi que, si la surface des eaux tranquilles et, dans son ensemble, celle des continents satisfait à la condition d'équilibre qui vient d'être dite, il devra arriver cependant que, sur les rivages, et aussi dans l'intérieur des terres, partout où l'homogénéité des couches géologiques ne sera pas parfaite autour d'un point, la verticale en ce point ne se confondra plus avec la normale à l'ellipsoïde géodésique ; d'où ce qu'on appellera une anomalie locale. Le problème de la figure de la Terre comprendra donc, comme tous les problèmes astronomiques, deux approximations successives : dans une première approximation, on déterminera les dimensions et la forme de l'ellipsoïde géodésique par la condition qu'en chaque point sa normale se confonde le mieux possible avec la normale au géoïde ; dans une deuxième approximation, on déterminera les déviations réelles de la verticale par rapport à la normale à l'ellipsoïde ainsi choisi.

135. Détermination des coordonnées astronomiques d'un lieu. — Nous avons donné, dans la première partie de ce cours, les méthodes de détermination des colatitudes avec assez de détails pour qu'il n'y ait pas besoin d'y revenir. En géodésie, on emploie uniquement aujourd'hui à cette détermination le cercle méridien et la mesure des distances zénitales d'étoiles circumzénitales, dont la distance au pôle a été mesurée avec grand soin dans les Observatoires fixes convenablement situés. On évite par là les erreurs provenant de la réfraction.

La détermination des différences de longitude se fait uniquement par la méthode télégraphique. On peut l'appliquer de deux manières :

1° Une même horloge, au moyen de deux parleurs télégraphiques, bat la seconde au même instant physique dans les deux stations. Les deux observateurs déterminent les temps des passages d'une même étoile, ou d'une série des mêmes étoiles, aux méridiens des deux stations ; la différence des temps observés pour une même étoile, après correction faite des erreurs instrumentales, est la différence de longitude cherchée. Ces observations peuvent se faire par la méthode de l'œil et de l'oreille, ou par enregistrement chronographique.

2° Chaque station est munie de son horloge, dont chaque observateur détermine la correction et la marche par des observations à peu près simultanées dans les deux stations. A un moment qui répond à peu près au milieu des observations, une des horloges envoie automatiquement à l'autre station des signaux de seconde en seconde, qui sont comparés aux battements de l'autre horloge. La différence des heures ainsi obtenues, corrigées de l'état de chaque pendule calculé au moyen de sa marche, donne la différence des longitudes. Les observations et les signaux se font par enregistrement chronographique.

La première méthode exige l'usage continu de la ligne télégraphique pendant toute la durée des observations ; la deuxième n'emploie la ligne que pendant l'envoi des signaux. La première semble, il est vrai, indépendante de la marche de la pendule ; il n'en est rien cependant, car, en raison de la différence de longitude des deux stations, il s'écoule un certain temps entre les passages d'une même étoile aux deux instruments ; il faut donc tenir compte de la marche de la pendule pendant ce temps. On peut par conséquent regarder les deux méthodes comme équivalentes en précision ; la nécessité de ne pas interrompre le service public sur les lignes télégraphiques pendant toute la nuit fait qu'aujourd'hui on n'emploie que la deuxième.

L'usage d'une ligne télégraphique et d'électro-aimants pour la transmission et l'inscription des signaux, introduit des causes d'erreur qu'il importe d'éliminer. L'armature de l'électro-aimant enregistreur ne commence à se mettre en mouvement que lorsque la charge du fil a atteint un potentiel déterminé ; par conséquent, les deux appareils enregistreurs placés, l'un à la station qui envoie les signaux, l'autre à celle qui les reçoit, ne se mettent pas en mouvement au même instant physique, même si l'on a la précaution d'amener les courants à la même intensité dans les deux électro-aimants par une dérivation à la station de départ. En lançant le courant alternativement dans les deux sens, on a reconnu que le retard de l'un des signaux sur l'autre peut atteindre $0^s,024$ dans une ligne aérienne de 863 kilomètres (Paris-Marseille), $0^s,233$ dans un câble sous-marin de 926 kilomètres (Marseille-Alger) et $0^s,8$ dans un câble transatlantique (Brest-New-York). Il ne faudrait pas croire, d'ailleurs, que l'alternance des signaux doive éliminer complètement l'influence de ce retard sur le résultat moyen ; cette élimination ne serait absolue que si les pertes le long de la ligne se produisaient d'une façon absolument symétrique de part et d'autre du milieu du trajet, condition qui n'est évidemment jamais remplie. Il est probable que les divergences observées entre les résultats obtenus à diverses époques dans la détermination d'une même différence de longitude tiennent à la cause qui vient d'être signalée.

Les erreurs instrumentales des lunettes méridiennes peuvent être et sont entièrement éliminées par les méthodes dont nous avons indiqué le principe. De même les ascensions droites absolues des étoiles, qui interviennent dans la deuxième méthode où les étoiles observées ne sont pas les mêmes aux deux stations, peuvent être regardées comme connues avec toute la précision nécessaire. Mais l'observateur introduit son *erreur personnelle* (40) dans le résultat de l'observation, qui se trouve par suite entaché d'une erreur égale à la différence des deux erreurs personnelles. Pour l'en débarrasser, les deux observateurs opèrent alternativement aux deux stations ; ou bien ils déterminent, avec les mêmes instruments et par la même méthode, la différence de longitude de deux points voisins, dont la distance perpendiculairement au méridien est connue, et ils en concluent la différence cherchée. Toutes les méthodes supposent la constance de l'équation personnelle pendant la durée des opérations.

La troisième coordonnée d'un point à la surface de la Terre, son altitude au-dessus du niveau de la mer ou au-dessus du géoïde s'obtient par une suite de nivellements géométriques, exécutés à l'aide du niveau à lunette, depuis le lieu d'observation jusqu'au bord de la mer, où le niveau moyen de l'eau a été déterminé, au moyen du marégraphe, par une longue suite d'observations.

Par ces procédés, le géodésien est en mesure de tracer sur la surface de la Terre les lignes d'égale longitude, ou méridiennes, et de les graduer en colatitude. Il peut de même tracer les lignes d'égale colatitude ou les parallèles. Ces lignes peuvent être réduites au niveau de la mer, et elles sont alors tracées sur le géoïde. D'après ce mode de tracé, une méridienne est le lieu des pieds des verticales qui sont toutes parallèles à un même méridien céleste. Un parallèle est le lieu des pieds des verticales qui font toutes le même angle avec l'axe du monde. C'est la comparaison de ces lignes, et, en particulier, des méridiennes, avec d'autres lignes tracées géométriquement sur le géoïde, qui va permettre de déterminer la forme et les dimensions de cette surface.

136. Lignes géodésiques. — Le cercle méridien, qui sert à déterminer les méridiennes et les parallèles, sert aussi à tracer sur la Terre les lignes géodésiques. On appelle ainsi toute ligne telle que ses plans osculateurs soient tous normaux à la surface du géoïde. C'est aussi la ligne de plus courte distance entre deux points.

Pour tracer une telle ligne à partir d'un point A (*fig.* 122),

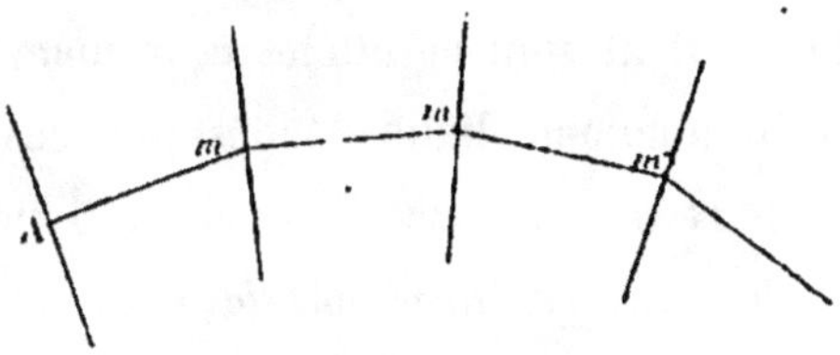

Fig. 122.

dans une direction déterminée Am, on prend sur cette direction et dans l'horizon de A un point m assez rapproché de A, et l'on regarde le segment Am comme un arc de la ligne cherchée. On se transporte en m et l'on détermine le plan qui passe par la verticale en ce point et par l'arc mA. Sa trace sur l'horizon de m, au-delà de ce point, détermine un deuxième arc mm' de la ligne cherchée, et ainsi de suite. La lunette méridienne, transportée successivement en m, m'..., et réglée en chacun de ces points de manière à décrire un plan vertical passant par le point précédent, détermine ainsi une suite d'arcs qui, pris deux à deux de part et d'autre d'un même point m', sont dans le plan osculateur de la ligne en ce point ; et ce plan contient la verticale en m'. La ligne ainsi tracée satisfait donc à la définition de la ligne géodésique.

La direction de la ligne est définie par l'angle que fait avec le méridien du point A le plan vertical qui passe par Am, ou par *l'azimut de m sur l'horizon du point A*.

Or, lorsque partant de Paris, par exemple, on trace ainsi la ligne géodésique dont le premier élément est dans le méridien de Paris, on trouve que cette ligne coïncide très exactement avec la méridienne astronomique de Paris, déterminée comme il a été dit précédemment. Il résulte de cette coïncidence que la méridienne de Paris est une courbe plane ; car, d'après sa définition comme méridienne, toutes les verticales qu'elle contient sont parallèles à un même plan ; et, d'après sa définition comme ligne géodésique, ces verticales se rencontrent deux à deux successivement. Donc, en premier lieu, *les méridiens terrestres sont des plans.*

137. Tracé et mesure d'une méridienne ou d'une ligne géodésique. — Le tracé d'une ligne géodésique, méridienne ou autre, ne pourrait se faire directement que dans une région peu accidentée et découverte. La mesure directe de sa longueur entre deux points serait généralement impossible. On substitue donc au procédé direct l'emploi d'une chaîne de triangles, dans lesquels on n'a à mesurer directement que des angles, et qu'on dirige de manière qu'ils soient traversés par la ligne qu'on veut tracer et mesurer. La mesure de la longueur d'un des côtés d'un de ces triangles, ou d'une *base*, permet ensuite de calculer la longueur de la ligne.

Soit A (*fig.* 123) l'extrémité de la ligne qu'il s'agit de tracer et de mesurer sur le géoïde. Deux autres points B et C, visibles du point A, et visibles l'un de l'autre, formeront les deux autres sommets d'un triangle, dont on mesurera les

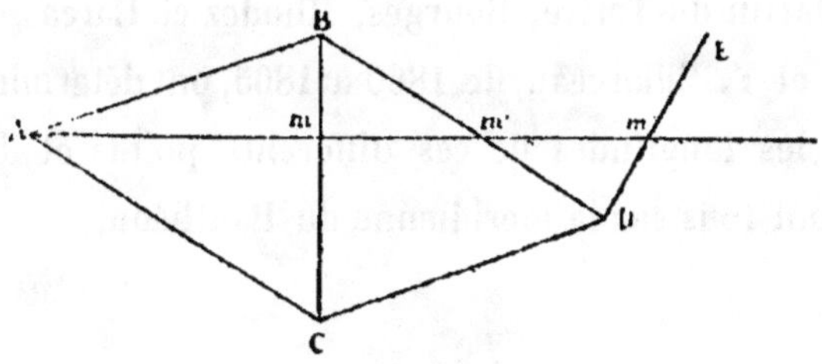

Fig. 123.

trois angles à l'aide du théodolite. On mesurera en outre les angles mAB et mAC, ou les azimuts de B et de C par rapport à la direction du premier élément A n de la ligne géodésique qu'il s'agit de tracer. Ce seront les azimuts absolus s'il s'agit de la méridienne du point A. L'un des côtés, AB par exemple, étant connu en longueur absolue, on pourra déterminer le point m par les longueurs des deux segments Bm et Cm, et aussi calculer la longueur Am. Un deuxième triangle formé de même sur BC et ayant son sommet en D, servira à déterminer le point m' où un plan vertical passant par m rencontrera le côté BD, et à calculer la longueur mm', et ainsi de suite.

La ligne $Amm'm''$... ainsi tracée est une ligne géodésique; car les triangles sont supposés horizontaux, et chaque segment Am, mm',... est la trace sur le plan de chacun d'eux du plan vertical passant d'abord par A, puis par m, m', etc.

En chacun des points ainsi déterminés, on installera une lunette méridienne, et l'on constatera que, si Am est la méridienne du point A, tous les autres points sont sur cette même méridienne. Cette vérification est effective : sur la ligne géodésique tracée par Méchain et Delambre à partir du Panthéon par le procédé des triangles, et qui passe par Dunkerque, Saint-Martin-du-Tertre, Bourges, Rhodez et Carcassonne, Le Verrier et Y. Villarceau, de 1860 à 1865, ont déterminé directement les longitudes de ces différents points et démontré qu'ils sont tous sur la méridienne du Panthéon.

138. Première notion sur la forme de la Terre. — Si l'on calcule les différents segments de cette méridienne et que l'on détermine, par le procédé que nous indiquerons plus loin, les angles que font entre elles les verticales des points A, m, m',... extrémités de ces segments, c'est-à-dire les différences des colatitudes de ces points, on trouve que le segment est à peu près proportionnel à cet angle. On a donc :

$$Am = K\varphi, \qquad Am' = K\varphi', \qquad Am'' = K\varphi''...$$

Il en résulte que la ligne Amm' est à fort peu près un arc de cercle. Or le rapport K reste le même pour les différentes méridiennes que l'on a tracées à la surface de la Terre. Cette surface est donc très sensiblement sphérique, et le rayon de cette sphère est :

$$R = \frac{Am}{\varphi},$$

ou, en exprimant φ en secondes d'arc,

$$R = \frac{Am}{\varphi \sin 1''},$$

La sphéricité très approchée de la Terre résulte encore d'une autre observation, qui pourrait aussi servir à en mesurer le rayon. Si d'un point élevé, le pont d'un navire, on examine la ligne d'horizon, on trouve que la dépression de l'horizon (**21**, V) est très sensiblement la même dans tous les azimuts, ou que cette ligne d'horizon est une circonférence de cercle. De là une autre expression du rayon de la Terre, qui pourrait servir à le déterminer. Nous avons trouvé pour la dépression δ de l'horizon :

$$\delta \sin 1'' = \sqrt{\frac{2h}{R + h}}$$

d'où, en négligeant h en présence de R :

$$R = \frac{2h}{\delta^2 \sin^2 1''}.$$

Il faut évidemment corriger de la réfraction la valeur mesurée de la dépression.

Le rayon de la Terre supposée sphérique est 6,371,000 mètres.

Cette sphéricité de la Terre, obtenue comme première approximation de sa forme, nous oblige à revenir sur la mesure et le calcul de la chaîne des triangles géodésiques que nous n'avons qu'indiqués plus haut.

Les angles mesurés en A, B et C sur le cercle azimutal du théodolite sont les angles formés par deux horizontales ou deux perpendiculaires à la verticale en ces points. Ce sont donc les angles dièdres d'un triangle sphérique qui serait tracé sur le géoïde (ou, si celui-ci n'est pas exactement une sphère, sur une sphère tangente), et dont les sommets sont les pieds sur le géoïde des verticales passant par les trois points A, B, C de la surface réelle. Ce sont donc ces triangles dont nous avons à calculer les éléments, et les longueurs de leurs côtés sont celles qu'elles auraient sur le géoïde ou sur la sphère tangente. En conséquence :

1° La longueur directement mesurée de l'un des côtés, ou la base, doit être ramenée à ce qu'elle serait si on l'avait mesurée sur le géoïde entre les pieds des verticales de ses deux extrémités. C'est ce qu'on appelle *réduire la base au niveau de la mer*. Cette réduction ramène toutes les longueurs calculées dans la chaîne au même niveau de la mer;

2° Les éléments des triangles successifs et les segments de la méridienne doivent être calculés comme appartenant à des triangles sphériques tracés sur une sphère de rayon R.

139. Mesure de la base; sa réduction au niveau de la mer. — En général, on ne mesure pas la longueur d'un des côtés AB du premier triangle, mais une longueur moindre *ab* qu'on rattache à ce côté par un ou plusieurs triangles. On choisit pour le tracé de cette *base* une plaine bien unie, et l'on y jalonne la direction de la base entre ses extrémités *a* et *b* par le procédé qui nous a servi à tracer une ligne géodésique. On mesure ensuite la distance *ab* en portant tout le long de la ligne ainsi tracée une règle de longueur constante.

Jusqu'à ces derniers temps, l'unité de longueur à laquelle étaient rapportées les mesures géodésiques était la toise de Paris, représentée par la longueur à 14° Réaumur d'une règle de fer, dite Toise du Pérou, dont Godin, Bouguer et La Condamine avaient fait usage pour la mesure du degré à l'Equateur, et qui est conservée à l'Observatoire de Paris. Depuis que l'usage du système métrique est devenu à peu près universel, c'est au mètre, défini comme il le sera plus loin, qu'on rapporte les longueurs géodésiques, et c'est en mètres que sont graduées les règles employées à la mesure des bases.

Les règles géodésiques se font aujourd'hui en platine iridié, comme les étalons du mètre, et on leur donne une longueur de 4 mètres. Cette longueur étant variable avec la température, il faut connaître à chaque instant la température exacte de la règle. Borda a donné, en 1789, le meilleur procédé de mesure, en construisant les règles bimétalliques qui ont servi à Delambre et Méchain dans la mesure des bases de Perpignan et de Melun. Sur la règle de platine est couchée une règle de cuivre de même longueur, fixée en son milieu, libre à ses extrémités qui portent des verniers mobiles, en vertu de l'inégale dilatation des deux métaux, devant une graduation tracée sur la règle de platine. Des expériences préliminaires, faites en plongeant la règle dans un bain d'eau à diverses températures, font connaître: 1° la longueur absolue de la règle de platine en mètres à la température de 0°; 2° les divisions auxquelles s'arrêtent les zéros des verniers aux différentes températures; et 3° la dilatation absolue de la règle de platine. Sa longueur est donc connue à chaque instant par la lecture du thermomètre bimétallique.

Borda avait construit pour la mesure des bases de la triangulation française exécutée par Méchain et Delambre, quatre règles identiques, que l'on plaçait successivement bout à bout le long de la ligne de base; on établissait le contact des règles les unes avec les autres à l'aide de languettes mobiles en platine, dont la longueur s'ajoutait à celle de chaque règle. Bessel (1838) fit usage de quatre règles en fer et zinc terminées par deux couteaux, à arête verticale à l'une des extrémités, à arête horizontale à l'autre. On plaçait ces règles bout à bout, en ayant soin qu'elles ne se touchassent pas et l'on mesurait la distance des arêtes croisées de deux règles voisines, en intercalant entre elles un coin de verre gradué, qui s'enfonçait plus ou moins profondément.

Aujourd'hui, on emploie uniquement le procédé de Porro, réalisé pour la première fois en Espagne, dans la mesure de la base de Madridejos. On fait usage d'une seule règle platine et cuivre, dont la longueur est la distance de deux traits marqués vers les extrémités sur la face plate de la règle. Un microscope micrométrique A, dont l'axe est rigoureusement vertical, étant fixé au-dessus d'une des extrémités de la base, on apporte sous ce microscope l'une des extrémités *a* de la règle, placée à peu près horizontalement dans la direction exacte de la base. Au-dessus de l'autre extrémité *b*, on dispose un microscope B semblable au premier; on mesure micrométriquement les distances des axes de ces microscopes aux deux traits qui marquent les extrémités de la règle; on lit en même temps les indications du thermomètre bimétallique et celles d'un niveau à bulle d'air placé sur la règle. On transporte ensuite la règle dans la direction de la base, de manière que son extrémité a vienne se placer sous le microscope B resté immobile, et l'on fixe le microscope A verticalement au-dessus de l'extrémité b. On répète les mêmes mesures, ainsi de suite, tout le long de la base.

La longueur de chaque portée, ou la distance des axes verticaux des deux microscopes, a été ainsi mesurée avec la règle à une température connue et sous une inclinaison déterminée. Il faut en conclure sa longueur horizontale exprimée en mètres. Soit β le coefficient de dilatation de la règle, l_0 sa longueur en mètres à 0°, m et n les lectures des microscopes converties en mètres, t la température, i l'inclinaison de la règle; la distance des axes des microscopes en mètres sera :

$$(l_0 + m + n)(1 + \beta t) \cos i.$$

La longueur B de la base sera la somme des portées semblables, en nombre n, qui peut s'écrire, pour éviter d'avoir à multiplier de grands nombres l'un par l'autre :

$$B = nl_0 + \Sigma(m+n) + l_0 \Sigma\beta t + \Sigma(m+n)\beta t - 2(l_0+m+n)\sum \sin^2 \frac{1}{2} i.$$

La longueur horizontale de la base doit être ensuite rapportée au niveau de la mer, c'est-à-dire projetée sur le géoïde entre les verticales des points extrêmes. L'altitude h de la surface horizontale sur laquelle a été tracée la base (altitude du point de départ) est connue par un nivellement géomé-

(1) Le calcul direct de la réduction à l'horizon par la formule en cos i exigerait l'emploi de logarithmes à 7 décimales. Celui de la correction de longueur $2(l_0 + m + n) \sum \sin^2 \frac{1}{2} i$ se fait avec des logarithmes à 3 décimales.

trique poursuivi jusqu'à la mer. Le rayon R du géoïde, confondu en ce point avec une sphère, peut être considéré comme connu avec une exactitude bien suffisante. On a alors pour longueur réduite B_0 de la base dont B est la longueur mesurée :

$$B_0 = B \frac{R}{R + h},$$

ou bien :

$$B_0 = B - B \frac{h}{R + h},$$

et avec une exactitude bien suffisante :

$$B_0 = B - B \frac{h}{R}.$$

Cette réduction de la base au niveau de la mer y réduit en même temps toute la triangulation.

Il faut remarquer que la base mesurée est toujours plus petite que la longueur des côtés des triangles qu'il faudra en déduire, et beaucoup plus petite que la longueur de l'arc de méridien qu'il s'agit de mesurer. Ainsi dans la triangulation française de Dunkerque à Formentera, la base de Melun a une longueur de 6,075 toises, le plus grand côté d'un des triangles (Desierto de las palmas à Iviça) atteint 82,555 toises, et l'arc total de méridien mesure 70,5259 toises. L'opération consiste donc à conclure du petit au grand ; il est par suite essentiel que la base soit mesurée avec une erreur absolue très petite, puisque l'erreur relative sera la même sur le résultat définitif des opérations. La base de Madridejos a été mesurée avec une erreur d'environ 2 millimètres sur une longueur totale de 14,663 mètres, soit une erreur relative de $\frac{1}{7000000}$.

140. Mesure et calcul des triangles. — Dans les anciennes triangulations, on choisissait le plus souvent comme sommets des triangles, des pointes de clocher ou des mâts élevés sur des échafaudages ; il en résultait que l'instrument de mesure des angles, lorsqu'on le transportait à ce sommet, ne pouvait être placé exactement au point qu'on avait visé des deux autres stations. De là une erreur dans la mesure des angles, absolument semblable à celle que nous avons appelée erreur d'excentricité dans l'emploi des cercles divisés (**18**) et qui se calculait de même. Aujourd'hui, on s'astreint à faire toujours coïncider le centre de la station avec le centre du théodolite ; et, à cet effet, le *signal* que l'on vise et le théodolite peuvent se placer dans les mêmes crapaudines sur un support fixe. Le signal est toujours un feu, lampe à pétrole ou lumière électrique, dont les rayons, concentrés par des réflecteurs, illuminent la surface d'un objectif fixé au centre de la station ; cet objectif envoie la lumière en faisceaux à peu près parallèles vers la station où est placé le théodolite. Il n'y a donc plus à faire de *réduction au centre de la station*. De plus l'emploi de ces feux permet d'opérer de nuit et, par conséquent, d'éviter les réfractions anormales que la présence du soleil et l'échauffement inégal des couches d'air causeraient pendant le jour. On emploie uniquement dans la mesure des angles la méthode de réitération (**19, IV**).

La mesure des angles s'obtient ainsi avec une précision d'une seconde d'arc à peu près. Il résultera de cette erreur sur les angles une erreur sur les longueurs des côtés, qui dépendra de la forme des triangles : cette forme doit donc être choisie telle qu'elle rende l'erreur la plus petite possible et la même sur chacun des côtés. Nous avons vu (**9**) que les erreurs sur les angles d'un triangle rectiligne sont liées aux erreurs sur la longueur du côté opposé par la relation

$$\frac{\delta a}{a} - \cot A.\delta A = \frac{\delta b}{b} - \cot B.\delta B = \frac{\delta c}{c} - \cot C.\delta C.$$

Supposons que l'un des côtés b, la base par exemple, ait été mesurée avec tout le soin imaginable, de sorte que $\delta b = 0$; on aura, entre les erreurs commises dans la mesure des angles A et B et l'erreur qui en résultera sur a, la relation

$$\delta a = a\,(\cot A.\delta A - \cot B.\delta B),$$

ou, comme les erreurs δA et δB sont de même grandeur,

$$\delta A = \pm\,\delta B,$$
$$\delta a = a\delta A\,(\cot A \pm \cot B).$$

L'erreur sur a sera la plus petite possible si $A = B$.

On devra donc, autant que possible, se rapprocher de la forme équilatérale dans le conditionnement des triangles. Il faudra tout au moins éviter des angles trop petits, inférieurs par exemple à 1/3 d'angle droit.

Les côtés de ces triangles sont des lignes géodésiques tracées sur le géoïde. On peut, vu leur peu d'étendue relativement au rayon du globe terrestre, les considérer comme tracés sur la surface d'une sphère tangente au géoïde, ayant son centre sur l'axe de rotation, et dont le rayon R est celui qui a été déterminé plus haut (**138**).

Dans les triangles tels que ABC (*fig.* 123), on connaît la longueur α en mètres de l'un des côtés et les trois angles

A, B et C. Il faut exprimer les côtés en parties du rayon, $a = \frac{\alpha}{R}$, $b = \frac{\beta}{R}$, $c = \frac{\gamma}{R}$, et les côtés inconnus seront donnés par les relations

$$\sin b = \sin a \frac{\sin B}{\sin A}, \qquad \sin c = \sin a \frac{\sin C}{\sin A}.$$

Le théorème de Legendre permet de calculer directement les longueurs des côtés en mètres comme s'il s'agissait d'un triangle rectiligne. En voici l'énoncé :

« Le triangle sphérique très peu courbe, dont les angles sont A, B, C, et les côtés opposés α, β, γ, répond toujours à un triangle rectiligne qui a les côtés de même longueur, et dont les angles sont $A - \frac{1}{3}\varepsilon$, $B - \frac{1}{3}\varepsilon$, $C - \frac{1}{3}\varepsilon$, ε étant l'excès de la somme des angles du triangle sphérique proposé sur deux angles droits. La surface du triangle rectiligne est égale à celle du triangle sphérique. »

Le triangle sphérique étant tracé sur une sphère de rayon R, on a entre ses côtés et l'un des angles A la relation

$$\cos A = \frac{\cos \frac{\alpha}{R} - \cos \frac{\beta}{R} \cos \frac{\gamma}{R}}{\sin \frac{\beta}{R} \sin \frac{\gamma}{R}}.$$

R étant fort grand par rapport à α, β, γ, on peut, sans erreur sensible, remplacer les cosinus et sinus par leurs développements en fonction de l'arc, en se bornant à la quatrième puissance de celui-ci :

$$\cos \frac{\alpha}{R} = 1 - \frac{\alpha^2}{2R^2} + \frac{\alpha^4}{24R^4}, \qquad \sin \frac{\beta}{R} = \frac{\beta}{R} - \frac{\beta^3}{6R^3},$$

et de même pour $\cos \frac{\beta}{R}$, $\cos \frac{\gamma}{R}$ et $\sin \frac{\gamma}{R}$.

L'équation précédente deviendra :

$$\cos A = \frac{\frac{1}{2R^2}(\beta^2+\gamma^2-\alpha^2)+\frac{1}{24R^4}(\alpha^4-\beta^4-\gamma^4)-\frac{1}{4R^4}\beta^2\gamma^2}{\frac{\beta\gamma}{R^2}\left(1-\frac{\beta^2}{6R^2}-\frac{\gamma^2}{6R^2}\right)}$$

Supprimant $\frac{1}{R^2}$, transportant au numérateur le facteur $1-\frac{\beta^2}{6R^2}-\frac{\gamma^2}{6R^2}$ élevé à la puissance -1, développant jusqu'aux quantités du quatrième ordre inclusivement et réduisant, on aura (¹) :

$$\cos A = \frac{\beta^2+\gamma^2-\alpha^2}{2\beta\gamma}+\frac{\alpha^4+\beta^4+\gamma^4-2\alpha^2\beta^2-2\alpha^2\gamma^2-2\beta^2\gamma^2}{24\beta\gamma R^2}.$$

On peut donc écrire :

$$(1) \qquad \cos A = \frac{M}{2\beta\gamma}+\frac{N}{24\beta\gamma R^2}.$$

Soit maintenant A′ l'angle opposé au côté α dans le triangle rectiligne dont les côtés seraient égaux en longueur aux arcs α, β, γ, on aura :

$$\cos A' = \frac{\beta^2+\gamma^2-\alpha^2}{2\beta\gamma} = \frac{M}{2\beta\gamma}.$$

Élevant les deux membres au carré, et mettant $1 - \sin^2 A'$

(¹) En développant le numérateur jusqu'aux termes du quatrième ordre inclusivement, on néglige les termes du sixième ordre. Le dénominateur $\beta\gamma$ étant du deuxième, on voit que le développement de cos A est poussé jusqu'aux termes du quatrième ordre exclusivement.

au lieu de $\cos^2 A'$, il viendra :

$$-4\beta^2\gamma^2 \sin^2 A' = \alpha^4 + \beta^4 + \gamma^4 - 2\alpha^2\beta^2 - 2\alpha^2\gamma^2 - 2\beta^2\gamma^2 = N.$$

L'équation (1) sera donc ramenée à la forme

$$\cos A = \cos A' - \frac{\beta\gamma}{6R^2} \sin^2 A'.$$

Posons $A = A' + \omega$, ω étant une quantité évidemment très petite, dont nous allons déterminer l'ordre de grandeur. On aura, en rejetant le carré de ω :

$$\cos A = \cos A' - \omega \sin A' ;$$

d'où l'on tire, après la substitution de la valeur de $\cos A$,

$$\omega = \frac{\beta\gamma}{6R^2} \sin A'.$$

Nous voyons par là que ω est du second ordre par rapport à $\frac{\beta}{R}$ et $\frac{\gamma}{R}$; ainsi ce résultat est exact, aux quantités près du quatrième ordre. Donc à cause de $A = A' + \omega$,

$$A = A' + \frac{\beta\gamma}{6R^2} \sin A'.$$

Mais $\frac{1}{2}\beta\gamma \sin A'$ est l'aire du triangle rectiligne ; désignons la par s, nous aurons

$$A = A' + \frac{s}{3R^2},$$

et semblablement

$$B = B' + \frac{s}{3R^2},$$

$$C = C' + \frac{s}{3R^2}.$$

Mais dans le triangle rectiligne

$$A' + B' + C' = 180°,$$

donc

$$A + B + C = 180° + \frac{s}{R^2}.$$

On peut donc considérer $\frac{s}{R^2}$ comme étant l'excès de la somme des trois angles du triangle sphérique sur deux angles droits, ou l'*excès sphérique* de ce triangle.

La quantité $x = \frac{\beta\gamma}{6R^2} \sin A'$ représente un arc ; pour la convertir en angle, il faut la diviser par sin 1″, de sorte que les véritables expressions de A′, B′, C′ dont on fera usage dans la pratique seront :

$$A' = A - \frac{1}{3}\frac{s}{R^2 \sin 1''},$$

$$B' = B - \frac{1}{3}\frac{s}{R^2 \sin 1''},$$

$$C' = C - \frac{1}{3}\frac{s}{R^2 \sin 1''}.$$

De là il résulte que

$$s = R^2 \sin 1'' \left[A + B + C - 180°\right].$$

Or le deuxième membre est l'aire du triangle sphérique exprimée en mètres carrés, R étant exprimé en mètres. On sait en effet, qu'en prenant pour unité d'angle l'angle droit et pour unité d'aire l'aire du triangle trirectangle construit sur la sphère de rayon R, la mesure de l'aire d'un triangle sphérique est l'excès sur 2 de la somme des nombres qui mesurent ses angles. L'aire du triangle trirectangle est le 1/8e de celle de la sphère, donc en mètres carrés $\frac{4\pi R^2}{8}$; et, en appelant T l'aire du triangle sphérique,

$$T = \frac{4\pi R^2}{8} \frac{A + B + C - 180^\circ}{90^\circ} = \frac{\pi R^2}{180^\circ}(A + B + C - 180^\circ).$$

Or

$$\frac{\pi}{180} = \frac{\text{arc } 1''}{\text{angle } 1''} = \sin 1''.$$

Donc

$$T = R^2 \sin 1'' [A + B + C - 180^\circ].$$

Ainsi l'aire du triangle sphérique peut s'évaluer comme celle du triangle rectiligne, ce qui permettra de la calculer aisément et avec une approximation bien suffisante pour les besoins de la geodésie.

C'est en appliquant le théorème de Legendre que l'on calcule les éléments successifs d'une chaîne de triangles géodésiques. S'il s'agit d'un triangle tel que ABC (*fig.* 123) dans lequel on a mesuré les trois angles et mesuré ou calculé un côté α, on obtiendra directement l'excès sphérique ε par la relation :

$$\varepsilon = A + B + C - 180^\circ.$$

ε ne sera jamais qu'un petit nombre de secondes d'arc. On calculera les autres côtés par les formules :

$$\beta = \alpha \frac{\sin\left(B - \frac{1}{3}\varepsilon\right)}{\sin\left(A - \frac{1}{3}\varepsilon\right)},$$

$$\gamma = \alpha \frac{\sin\left(C - \frac{1}{3}\varepsilon\right)}{\sin\left(A - \frac{1}{3}\varepsilon\right)}.$$

Dans un triangle tel que ABD, qui doit donner le segment AD de la méridienne et l'angle en D, on ne connaît qu'un côté α et les deux angles adjacents B et C. On calculera d'abord l'aire du triangle par la formule :

$$s = \frac{1}{2}\alpha^2 \frac{\sin B' \sin C'}{\sin (B' + C')},$$

dans laquelle on prendra pour B′ et C′ les angles B et C eux-mêmes. On aura alors l'excès sphérique en secondes d'arc par la formule :

$$\varepsilon = \frac{s}{R^2 \sin 1''} = \frac{\alpha^2}{2R^2 \sin 1''} \frac{\sin B \sin C}{\sin (B + C)}.$$

On aura donc :

$$A' = 180^\circ - \left(B + C - \frac{2}{3}\varepsilon\right),$$

et aussi :

$$A = 180^\circ + \varepsilon - (B + C).$$

On calculera les côtés β et γ par les formules précédentes ou par les équivalentes :

$$\beta = \alpha \frac{\sin\left(B - \frac{1}{3}\varepsilon\right)}{\sin\left(B + C - \frac{2}{3}\varepsilon\right)},$$

$$\gamma = \alpha \frac{\sin\left(C - \frac{1}{3}\varepsilon\right)}{\sin\left(B + C - \frac{2}{3}\varepsilon\right)}.$$

Il importe de savoir dans quelles limites de grandeur des triangles il est permis de faire usage du théorème de Legendre, et quelle est l'erreur qui résulte de son application. Le plus grand triangle de la triangulation française est, comme nous l'avons déjà dit, le triangle Iviça, Montgo et Desierto de las Palmas, dont le côté connu Iviça-Montgo est de 56559 toises. L'excès sphérique est de 39″. En calculant le plus grand côté, Puissant a trouvé (*Géodésie*, t. I, p. 230) :

par le calcul direct. . . . . 82555,40 toises,
par l'application du théorème de Legendre 82555,44 toises;

différence 0,04 toise, quantité presque insensible et bien inférieure aux erreurs possibles d'observation.

Legendre a démontré que sa méthode convient encore à tout triangle géodésique formé par des lignes de plus courte distance sur un sphéroïde peu différent d'une sphère ; et Gauss l'a étendue plus encore en montrant que la surface courbe peut être quelconque. Cette méthode, ainsi que le remarque Puissant, est donc complètement indépendante de l'aplatissement de la Terre.

Le calcul des segments successifs Am, mm', $m'm''$... donne la longueur totale de la méridienne entre les deux points A et M. Il faut ensuite déterminer l'amplitude de cet arc, c'est-à-dire l'angle des verticales extrêmes ou la différence des colatitudes de A et de M. Le point A est la station même de départ : on en détermine directement la colatitude. Mais le point M est un point inconnu du dernier côté du dernier triangle PQR (*fig.* 124). On détermine directement les colatitudes des points Q et R, il faut en conclure celle de M.

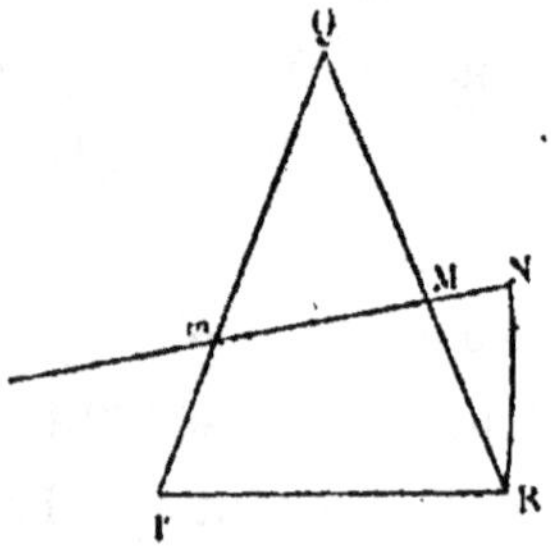

Fig. 124.

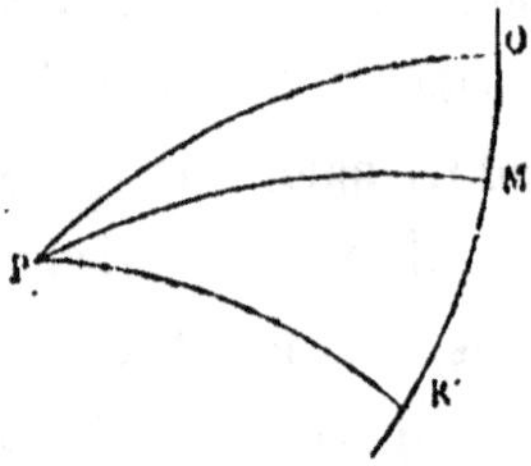

Fig. 125.

Soient Q', M', R' (*fig.* 125), les zénits des points Q, M, R, ou les points en lesquels les trois verticales vont percer la sphère céleste. Les trois points sur la Terre étant sur une ligne géodésique, leurs projections sur le ciel seront sur un même arc de grand cercle. En joignant chacun des points Q', M', R' au pôle P du ciel, on forme deux triangles PQ'M' et PR'M', dans lesquels PM', PQ' et PR' sont les colatitudes λ, λ' et λ'' des points M, Q et R, et où les côtés M'Q' et M'R' sont les angles a et b qui répondent aux segments connus MQ et MR du côté QR. On a dans ces triangles :

$$\cos\lambda' = \cos\lambda\cos a + \sin\lambda\sin a\cos PM'Q',$$
$$\cos\lambda'' = \cos\lambda\cos b - \sin\lambda\sin b\cos PM'Q'.$$

Multipliant la première de ces équations par sin b, la deuxième par sin a, et les ajoutant membre à membre, on élimine cos PM'Q' et on obtient :

$$\cos\lambda' \sin b + \cos\lambda'' \sin a = \cos\lambda \sin(a + b),$$

d'où

$$\cos\lambda = \frac{\cos\lambda' \sin b + \cos\lambda'' \sin a)}{\sin(a + b)}.$$

Les angles a, b et $a + b$ sont extrêmement petits, vu la petitesse des côtés des triangles géodésiques auprès du rayon de la Terre ; on peut donc écrire :

$$\cos\lambda = \frac{b \cos\lambda' + a \cos\lambda''}{a + b}.$$

On peut aussi déterminer par le calcul l'arc MN qu'il faut ajouter à la méridienne AM pour que son extrémité ait la même latitude que le sommet le plus méridional R du dernier triangle.

Les divers éléments dont nous avons indiqué le mode de mesure sont suffisants pour permettre de calculer la longueur en mètres d'un arc de méridienne et son amplitude totale. En réalité, le géodésien en mesure un plus grand nombre. Il mesure au moins une seconde base qu'il relie, comme la première, à l'extrémité opposée de la chaîne des triangles ; c'est ainsi que Delambre et Méchain ont mesuré une seconde base à Perpignan. En chaque sommet, il observe tous les signaux visibles. Enfin il détermine la colatitude de plusieurs des sommets, d'où il peut conclure celle des extrémités d'un certain nombre de segments de l'arc total. De là des données surabondantes qu'il y a lieu de combiner suivant les règles du calcul des probabilités, de manière à atténuer autant que possible l'influence des erreurs d'observation. Il obtient ainsi ce qu'on appelle un *réseau compensé*, beaucoup plus précis que le réseau simple primitif. Nous n'entrerons pas dans le détail de ces calculs qui nécessitent un travail considérable.

141. Historique des principales triangulations géodésiques. — Je renverrai pour cet historique à l'excellent ouvrage de Saigey, intitulé : *Petite physique du Globe*, Paris, 1842. Dans le tome II, p. 54 à 105, se trouve le résumé de toutes les entreprises géodésiques exécutées dans les diverses parties du monde depuis le milieu du XVIIe siècle jusqu'au milieu du XIXe. Depuis cette époque, l'arc anglo-français, de 22° d'amplitude, a été prolongé vers le sud par l'arc espagnol et la jonction de celui-ci aux arcs algériens, effectuée en 1879 par le colonel Perrier et le général Ibanez, ce qui porte son amplitude à 28°. L'arc russe a été porté à 25° ; l'arc indien à 24° ; l'arc de Lacaille au Cap de Bonne-Espérance a été mesuré de nouveau et prolongé à 4° ; enfin, sous l'impulsion de l'Association Géodésique internationale, l'Europe entière a été couverte d'un réseau de triangles, qui permettront de calculer des arcs de parallèles aussi bien que de méridiens et de relier ceux-ci les uns aux autres.

142. Résultats de la comparaison des arcs mesurés sur divers méridiens. — La comparaison des arcs de 1° mesurés sur des méridiens très divers, et celle des rayons de courbure qui s'en déduisent par la formule $\rho = \frac{\text{arc } 1^\circ}{3600''} 206265$, ont fait voir :

1° Que, sur une même méridienne, les arcs de 1°, et par suite aussi les rayons de courbure, vont en croissant de l'équateur au pôle ;

2° Que, sur deux méridiens, les arcs de 1° pris à une même latitude, ont très sensiblement la même longueur ;

3° Que cette longueur est la même à égale latitude dans les deux hémisphères. Ce résultat est encore incertain, puisque nous n'avons dans l'hémisphère austral que l'arc du cap de Bonne-Espérance.

On conclut de là :

1° Que les méridiennes sont des courbes identiques et que, par conséquent, le géoïde est très probablement une surface de révolution ;

2° Que cette surface est analogue à celle d'un ellipsoïde de révolution autour de son petit axe.

Cette conclusion est corroborée par la théorie de la figure de la Terre. Toutes les hypothèses géologiques et cosmogoniques s'accordent pour admettre que notre planète a été primitivement fluide. Or, la figure la plus simple d'équilibre d'une masse fluide hétérogène continue en mouvement de rotation est celle d'un ellipsoïde de révolution autour de son petit axe. Il serait même possible d'en fixer l'aplatissement, si l'on connaissait la loi des densités à l'intérieur du globe.

Nous sommes donc amenés à chercher à vérifier cette assimilation du géoïde à un ellipsoïde de révolution. A cet effet, on établit théoriquement la relation qui existe, dans l'ellipse méridienne, entre la longueur d'un arc et les latitudes de ses extrémités. L'application de cette relation à l'ensemble des mesures effectuées d'arcs de méridien permet d'obtenir les valeurs les plus probables des deux axes de l'ellipsoïde. Les résidus donnés par l'introduction de ces valeurs dans les équations primitives doivent être de l'ordre des erreurs d'observation.

143. Rectification d'un arc d'ellipse. — Soit l'ellipse dont l'équation est :

$$\frac{x^2}{a^2} + \frac{y^2}{b^2} = 1.$$

En un point M (*fig.* 126) de colatitude $\lambda = \text{MNP}$, l'élément

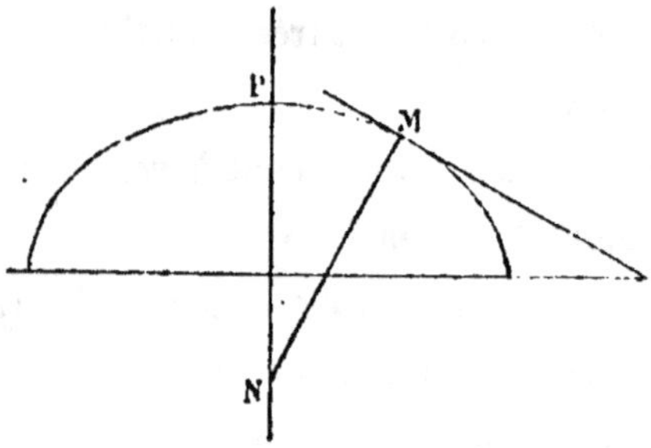

Fig. 126.

différentiel de l'arc d'ellipse est :

$$ds = \rho d\lambda,$$

et le rayon de courbure ρ a pour expression

$$\rho = \frac{(a^4 y^2 + b^4 x^2)^{\frac{3}{2}}}{a^4 b^4}.$$

Il faut dans cette équation exprimer x et y en fonction de la colatitude du point M, et de plus remplacer b par sa valeur déduite de celle de l'excentricité e

$$e = \frac{\sqrt{a^2 - b^2}}{a}.$$

Or, la colatitude est égale au supplément de l'angle que fait la tangente à la courbe en M avec l'axe des x. Donc

$$\operatorname{tg}\lambda = -\frac{dy}{dx} = \frac{b^2x}{a^2y}, \qquad \text{d'où} \qquad \frac{x}{y} = \frac{a^2}{b^2}\operatorname{tg}\lambda.$$

De là et de l'équation de la courbe, on déduit

$$x = \frac{a\sin\lambda}{\sqrt{1 - e^2\cos^2\lambda}}, \qquad y = \frac{a(1 - e^2)\cos\lambda}{\sqrt{1 - e^2\cos^2\lambda}}.$$

et par suite,

$$\rho = \frac{a(1 - e^2)}{(1 - e^2\cos^2\lambda)^{\frac{3}{2}}} = a(1 - e^2)(1 - e^2\cos^2\lambda)^{-\frac{3}{2}}.$$

Par conséquent

$$ds = a(1 - e^2)(1 - e^2\cos^2\lambda)^{-\frac{3}{2}}\,d\lambda,$$

expression qu'il faut intégrer entre les limites λ' et λ''.

A cet effet, on développe le binome $(1 - e^2\cos^2\lambda)^{-\frac{3}{2}}$ par la règle de Newton, ce qui donne :

$$1 + \frac{3}{2}e^2\cos^2\lambda + \frac{15}{8}e^4\cos^4\lambda + \frac{105}{48}e^6\cos^6\lambda + \cdots$$

En remplaçant dans cette expression les puissances de $\cos\lambda$ par leurs valeurs en fonction des cosinus des multiples de l'argument, comme nous l'avons fait § **84**, on aura un développement de la forme

$$ds = a(1 - e^2)\,[A + B\cos 2\lambda + C\cos 4\lambda + D\cos 6\lambda + \ldots]\,d\lambda,$$

dans lequel

$$\begin{aligned}
A &= 1 + \frac{3}{2}\cdot\frac{1}{2}e^2 + \frac{15}{8}\cdot\frac{3}{8}e^4 + \frac{105}{48}\cdot\frac{10}{32}e^6 + \cdots,\\
B &= \frac{3}{2}\cdot\frac{1}{2}e^2 + \frac{15}{8}\cdot\frac{4}{8}e^4 + \frac{105}{48}\cdot\frac{15}{32}e^6 + \cdots,\\
C &= \frac{15}{6}\cdot\frac{1}{8}e^4 + \frac{105}{48}\cdot\frac{6}{32}e^6 + \cdots,\\
D &= \frac{105}{48}\cdot\frac{1}{32}e^6 + \cdots.
\end{aligned}$$

Si l'on effectue la multiplication par $1 - e^2$ et si l'on se borne aux termes en e^4, on obtient

$$ds = a\left[1 - \frac{1}{4}e^2 - \frac{3}{64}e^4 + \left(\frac{3}{4}e^2 + \frac{12}{64}e^4\right)\cos 2\lambda + \frac{15}{64}e^4\cos 4\lambda\right]d\lambda,$$

et, en intégrant entre les limites λ' et λ'',

$$\begin{aligned}
s = a\Big[&\left(1 - \frac{1}{4}e^2 - \frac{3}{64}e^4\right)(\lambda'' - \lambda')\\
&+ \frac{1}{2}\left(\frac{3}{4}e^2 + \frac{12}{64}e^4\right)(\sin 2\lambda'' - \sin 2\lambda') + \frac{1}{4}\cdot\frac{15}{64}e^4(\sin 4\lambda'' - \sin 4\lambda').
\end{aligned}$$

On poursuivrait aisément ce développement pour des puissances plus élevées de e.

Il est commode d'y introduire la colatitude moyenne de l'arc $\lambda = \dfrac{\lambda'' + \lambda'}{2}$, et son amplitude $m = \lambda'' - \lambda'$; il vient alors

$$\begin{aligned}
s = a\Big[&\left(1 - \frac{1}{4}e^2 - \frac{3}{64}e^4\right)m\\
&+ \left(\frac{3}{4}e^2 + \frac{12}{64}e^4\right)\sin m\cos 2\lambda + \frac{1}{2}\cdot\frac{15}{64}e^4\sin 2m\cos 4\lambda\Big]
\end{aligned}$$

expression générale de la longueur d'un arc de méridien sur l'ellipsoïde dont l'axe équatorial est a, et l'excentricité e, entre les colatitudes λ' et λ''.

Si l'amplitude est d'un degré, $m = 1^0$; la longueur de l'arc est assez petite relativement à a pour que, dans le calcul, on substitue au sinus l'arc lui-même ou $\frac{\pi}{180}$. On aura alors, en négligeant les termes en e^4

$$s_1 = \frac{a\pi}{180}\left(1 - \frac{1}{4}e^2\right) + \frac{a\pi}{180}\frac{3}{4}e^2 \cos 2\lambda,$$

ou, en remplaçant $\cos 2\lambda$ par $2\cos^2\lambda - 1$

$$s_1 = \frac{a\pi}{180}\left(1 - \frac{1}{4}e^2\right) - \frac{a\pi}{180}\frac{3}{4}e^2 + \frac{a\pi}{180}\frac{3}{2}e^2\cos^2\lambda$$

$$= \frac{a\pi}{180}\left(1 - e^2\right) + \frac{a\pi}{180}\frac{3}{2}e^2\cos^2\lambda.$$

A l'équateur, $\lambda = 90^0$, et la longueur de l'arc d'un degré se réduit à

$$s_e = \frac{a\pi}{180}(1 - e^2).$$

La longueur d'un arc de 1^0 à la colatitude λ peut alors s'écrire

$$s_1 = s_e + \frac{3}{2}\frac{a\pi}{180}e^2\cos^2\lambda,$$

à partir de l'équateur, l'accroissement de longueur de l'arc de 1^0 est proportionnel au carré du cosinus de la colatitude moyenne. Au pôle, la longueur de l'arc de 1° est $\frac{a\pi}{180}\left(1 + \frac{1}{2}e^2\right)$.

144. Mesure de la grandeur et de l'aplatissement de la Terre. — Si l'on mesure deux arcs de méridien d'amplitude m et m' aux deux colatitudes moyennes λ et λ', on aura les deux équations

$$s = a\left[\left(1 - \frac{1}{4}e^2 - \frac{3}{64}e^4\right)m + \left(\frac{3}{4}e^2 + \frac{12}{64}e^4\right)\sin m \cos 2\lambda + \frac{1}{2}\frac{15}{64}e^4 \sin 2m \cos 4\lambda\right],$$

$$s' = a\left[\left(1 - \frac{1}{4}e^2 - \frac{3}{64}e^4\right)m' + \left(\frac{3}{4}e^2 + \frac{12}{64}e^4\right)\sin m' \cos 2\lambda' + \frac{1}{2}\frac{15}{64}e^4 \sin 2m' \cos 4\lambda'\right],$$

d'où l'on pourra déduire les valeurs de a et de e.

On procédera par approximations successives, en négligeant d'abord les termes en e^4. On aura alors

$$s = a\left[\left(1 - \frac{1}{4}e^2\right)m + \frac{3}{4}e^2 \sin m \cos 2\lambda\right],$$

$$s' = a\left[\left(1 - \frac{1}{4}e^2\right)m' + \frac{3}{4}e^2 \sin m' \cos 2\lambda'\right].$$

Mais

$$e^2 = \frac{a^2 - b^2}{a^2}, \quad b = a(1 - e^2)^{\frac{1}{2}} = a\left(1 - \frac{1}{2}e^2\right),$$

au degré d'approximation auquel nous nous tenons. Par suite

$$a\left(1 - \frac{1}{4}e^2\right) = \frac{a + b}{2}, \qquad \frac{1}{4}ae^2 = \frac{a - b}{2}.$$

Les équations précédentes peuvent donc s'écrire :

$$s = \frac{a+b}{2} m + 3 \frac{a-b}{2} \sin m \cos 2\lambda,$$

$$s' = \frac{a+b}{2} m' + 3 \frac{a-b}{2} \sin m' \cos 2\lambda',$$

d'où l'on déduira a et b. Ces équations pourront même se simplifier encore, si les arcs m et m' sont de petite amplitude, en remplaçant sin m et sin m' par m et m'.

De ces valeurs de a et de b, on conclut l'excentricité, ou plus ordinairement *l'aplatissement* de la Terre, défini par la relation :

$$\epsilon = \frac{a-b}{a}.$$

On pourrait alors, avec ces valeurs approchées de a et de e^2, calculer les termes en e^4 des équations primitives, et obtenir des valeurs plus exactes de a et de b.

Mais, quand on combine ainsi deux à deux les arcs de méridien mesurés jusqu'ici, on arrive pour chaque couple à des valeurs très différentes de a et de e^2. La cause de ces divergences doit-elle être cherchée dans les erreurs d'observation, ou bien la forme du géoïde diffère-t-elle assez de celle d'un ellipsoïde de révolution, pour que nous ayions à essayer une autre forme ? Les erreurs d'observation portant sur la triangulation et sur la mesure des bases sont aujourd'hui tellement petites, qu'il n'y a pas lieu de se préoccuper de leur influence. Mais il n'en est pas de même des latitudes mesurées aux extrémités d'un arc et en différents points de sa longueur. Les réfractions et d'autres causes inconnues encore aujourd'hui font varier de plus de 1″ la latitude d'un Observatoire fixe ; à plus forte raison la latitude d'une station géodésique ne peut-elle être déterminée à ce degré d'approximation. D'autre part, les défauts d'homogénéité du sol, s'il en existe aux environs de la station, y produisent nécessairement une déviation de la verticale réelle par rapport à la normale au géoïde en ce point, telle qu'elle serait si le globe était entièrement liquide. C'est ce qu'on appelle une *anomalie locale*, et la grandeur de la déviation qui en résulte dans la latitude atteint aisément, d'après le colonel Clarke, une valeur de $\pm 1'',5$. Or une erreur de $2''$ à $3''$ sur l'amplitude de l'arc mesuré introduit dans les éléments a et e de l'ellipsoïde des variations considérables. Il est donc permis d'attribuer les divergences qui se présentent dans les déterminations des éléments de l'ellipsoïde terrestre lorsque l'on combine les arcs des méridiens deux à deux, aux erreurs des latitudes des extrémités de ces arcs, ces erreurs étant soit des erreurs réelles d'observation, soit des anomalies locales de la direction de la verticale. Mais ces dernières ne paraissent suivre et ne doivent suivre en effet aucune loi régulière. On est donc en droit de les considérer comme des erreurs accidentelles qui, en raison de leur grandeur, ne disparaîtront que dans la combinaison d'un grand nombre d'observations. On est ainsi conduit à déterminer les éléments de l'ellipsoïde terrestre par l'ensemble de toutes les mesures d'arc effectuées, en déterminant les corrections que doivent recevoir les latitudes observées pour que tous ces arcs s'appliquent le mieux possible sur une même ellipse, les corrections étant elles-mêmes soumises à la condition de se compenser les unes les autres.

Je renverrai pour le mode de calcul à suivre dans cette détermination au *Traité d'astronomie* de Brünnow-André, t. I,

p. 480, et au *Traité de mécanique céleste* de M. Tisserand, t. II, p. 334.

Les valeurs les plus probables des éléments de l'ellipsoïde terrestre déduits de la mesure des arcs de méridien ont été données par le colonel Clarke (*Geodesy*, 1880, p. 319) :

$$a = 6378253 \text{ mètres} \pm 75^{m}$$

$$\frac{a-b}{a} = \frac{1}{293{,}46 \pm 1{,}07}$$

145. Détermination du mètre. — Le mètre, d'après sa définition légale, doit être la dix-millionième partie du quart du méridien terrestre. Si, dans l'expression de l'arc d'ellipse d'amplitude m et de colatitude moyenne λ, on fait $m = 90°$, $\lambda = 45°$, on a pour longueur de l'arc de méridien compris entre le pôle et l'équateur :

$$S = a\left(1 - \frac{1}{4}e^2 - \frac{3}{64}e^4\right)\frac{\pi}{2}.$$

On élimine a en divisant cette expression par celle de la longueur s de l'arc mesuré de Dunkerque à Barcelone, ce qui donnera la longueur cherchée en fonction de la longueur de l'arc français mesuré en toises, et de l'excentricité e. Mais à l'époque où la Commission du mètre dut déduire sa longueur de celle de l'arc de méridien mesuré par Delambre et Méchain, elle n'avait à sa disposition, pour calculer l'aplatissement de la Terre, que l'arc du Pérou. La valeur de e^2 était donc fort mal connue ; les commissaires la prirent égale à 0,005970, ce qui répond à un aplatissement de 1/324, valeur tout à fait inexacte. Fort heureusement, il se trouve que l'influence de cette erreur sur la valeur du mètre est extrêmement faible.

Elle eût été presque nulle si le milieu de l'arc français eût répondu à la colatitude de 45°. Dans ce cas en effet s se réduit à :

$$s = a\left[\left(1 - \frac{1}{4}e^2 - \frac{3}{64}e^4\right)m - \frac{1}{2}\frac{15}{64}e^4 \sin 2m\right],$$

et par conséquent

$$\frac{s}{S} = \frac{2}{\pi}m - \frac{1}{2}\frac{15}{64}\frac{2}{\pi}e^4 \sin 2m.$$

Les termes en e^2 ont disparu, il ne reste que le très petit terme qui dépend de e^4. Or, en fait, les colatitudes des points extrêmes de l'arc sont 38° 58′ et 48° 38′, dont la moyenne 43° 48′ diffère peu de 45°. Il eût suffi que l'arc fût prolongé jusqu'à l'île de Formentera (51° 20′) pour obtenir tout le bénéfice de cette position particulière de l'arc mesuré. La mort de Méchain interrompit les travaux, qui ne furent repris par Biot et Arago que plusieurs années après l'établissement du mètre.

Mais il n'en est pas moins vrai que l'erreur sur l'aplatissement de la Terre n'a eu sur la longueur adoptée du mètre qu'une influence très faible. Si en effet on calcule la distance du pôle à l'équateur avec les données actuelles introduites dans la formule de S, on trouve :

$$S = 10001877 \text{ mètres.}$$

L'erreur serait donc de 1877 mètres sur le quart du méridien et, par conséquent, le mètre serait trop court de $0^{mm},1877$.

Si l'on s'en tenait à la définition légale du mètre, on voit que sa longueur serait une quantité incessamment variable avec les progrès de la géodésie : condition incompatible avec l'existence d'un étalon de mesure. Cette définition ne doit être retenue que comme donnant un moyen mnémonique commode et très suffisamment exact de se rappeler les dimensions du globe terrestre. Le mètre véritable est la longueur à 0° de la barre de platine déposée aux Archives de France à Paris ; c'est cette longueur qui a été adoptée par la Conférence internationale des poids et mesures, et c'est elle que l'on a reproduite avec toute l'exactitude possible sur les étalons à traits envoyés aux diverses puissances qui ont pris part à cette Conférence.

146. Examen critique des résultats précédents. — Il résulte des calculs faits sur les arcs de méridien mesurés jusqu'ici, et en particulier sur les trois grands arcs russe, anglo-français et indien, qu'à part les anomalies locales de latitude qu'on peut considérer comme des erreurs accidentelles puisqu'elles ne sont soumises à aucune loi, ces arcs peuvent être regardés comme appartenant à une même ellipse, dont les axes sont déterminés de grandeur et de position. Suit-il nécessairement de là que la Terre ait pour surface l'ellipsoïde de révolution engendré par cette ellipse tournant autour de son petit axe?

Pour que la démonstration fût complète, il faudrait évidemment que les distances mesurées de deux points situés sur deux de ces méridiens et à une même latitude, à l'équateur par exemple, fussent proportionnelles à la différence de longitude des deux méridiens. C'est ce qui n'est pas démontré aujourd'hui. D'une manière générale, il reste à mesurer sur le géoïde la longueur d'une ligne géodésique menée entre deux points quelconques, non situés sur le même méridien, dont les coordonnées astronomiques sont connues, et à comparer cette longueur à celle de la ligne géodésique tracée sur l'ellipsoïde entre les points correspondants.

Le tracé d'une ligne géodésique quelconque à partir d'un point A, dont les coordonnées sont L et λ, se fait par le même procédé que nous avons indiqué; et la direction de cette ligne est définie par son azimut, ou par l'angle que fait le premier élément *Am* avec la méridienne du point A. On prolonge cette ligne autant qu'on le veut, et, par une triangulation, on en détermine la longueur de A en B; on détermine aussi l'azimut de la ligne en B.

La détermination de la longueur de la ligne se faisant, nous l'avons vu, avec une précision qui ne laisse rien à désirer, tandis qu'il n'en est pas de même de celle des coordonnées astronomiques, la meilleure comparaison de l'observation à la théorie se fera par la résolution du problème suivant.

« On donne la longueur $AB = s$ d'un arc de ligne géodésique d'un ellipsoïde de révolution, la longitude et la colatitude de A, ainsi que l'azimut de la ligne en A. Calculer la longitude et la colatitude du point B, ainsi que l'azimut de la ligne géodésique en ce point. »

La théorie générale de la courbure des surfaces donne la solution rigoureuse de ce problème, que je supposerai par conséquent connue. J'indique seulement les résultats des comparaisons, en trop petit nombre encore, qui ont été effectuées jusqu'ici.

Lorsque, à l'aide de chaînes de triangles tracées suivant des parallèles terrestres, ou suivant des perpendiculaires à la méridienne, ou enfin suivant une direction quelconque, on calcule les coordonnées d'un point situé en dehors de cette méridienne à une distance connue, on trouve en général des coordonnées géodésiques, longitude, colatitude et azimut, qui ne diffèrent des coordonnées réelles que de quantités du même ordre de grandeur que les erreurs de latitude et d'azimut que l'on a constatées dans le calcul des points d'une méridienne. On peut donc encore considérer ces erreurs comme provenant en partie des erreurs d'observation, mais comme devant aussi en majeure partie être attribuées à des *anomalies locales*, c'est-à-dire à des déviations de la verticale en B par rapport à la normale à l'ellipsoïde au même point, résultant d'un défaut d'homogénéité des couches terrestres autour de ce point. Ces anomalies ne suivent d'ailleurs aucune loi régulière, et par conséquent peuvent être traitées dans le calcul général de la forme de la Terre comme des erreurs accidentelles, qui devront finir par se compenser les unes les autres, quand le nombre des stations observées sera suffisamment considérable, mais qui ne doivent pas actuellement nous empêcher d'adopter la forme du géoïde telle qu'elle a été déterminée par les arcs de méridiens.

Nous sommes donc arrivés au but vers lequel nous tendions depuis le commencement de cette étude : déterminer une surface, différant assez peu du géoïde pour que la verticale en chaque point de ce géoïde se confonde sensiblement avec la normale à la surface géodésique au point où celle-ci est rencontrée par la verticale. Le travail qui reste à faire consiste alors à déterminer pour chaque point du géoïde la déviation locale qui, reportée au point correspondant de la surface géodésique, détermine la direction de l'horizon de ce point ; on obtiendra ainsi une série de plans tangents au géoïde, et il serait possible d'exécuter en relief la figure vraie de ce géoïde.

La surface d'un ellipsoïde de révolution satisfait bien aux conditions imposées, qu'il n'y ait en chaque point que des anomalies locales fort petites. Celui dont le colonel Clarke a donné les dimensions et la forme est-il le meilleur que l'on puisse choisir ? Evidemment non ; s'il est vrai que la Terre puisse, dans son ensemble, être assimilée à un ellipsoïde, cela ne peut avoir lieu qu'à la condition que les irrégularités de la surface réelle, provenant de l'inégale distribution des continents et des mers, des défauts d'homogénéité des couches géologiques, de l'existence des massifs montagneux, se compensent les unes les autres. Or les arcs de méridiens mesurés ne représentent que des portions relativement petites de ces méridiens, 25° d'amplitude au maximum ; ils sont peu nombreux, sont presque tous situés dans l'hémisphère boréal et ne s'élèvent pas vers le nord à une latitude supérieure à 70°. Il est donc peu probable que la compensation nécessaire puisse résulter de mesures faites dans une si petite étendue de la surface totale. La forme théorique de la Terre, c'est-à-dire la valeur de l'aplatissement, ne peut donc être aujourd'hui exactement déterminée par les mesures géodésiques. Les dimensions de la Terre, c'est-à-dire le rayon moyen du globe, peuvent au contraire être considérées comme très suffisamment exactes.

Si l'on se reporte à ce qui vient d'être dit de la détermination définitive de la forme du géoïde, on voit qu'en réalité le choix de l'ellipsoïde auquel on rapporte cette forme est assez indifférent, pourvu qu'il soit suffisamment voisin du géoïde pour que les déviations locales restent très petites. Il n'y aurait donc peut-être pas un intérêt considérable à calculer à nouveau l'aplatissement terrestre, lorsqu'on sera en possession d'un nombre suffisant d'observations réparties sur tout le globe, si cette quantité n'était pas donnée par d'autres méthodes que la mesure géodésique des arcs, et si la perfection de la science n'exigeait qu'il y ait accord absolu entre les résultats des diverses méthodes.

L'observation du pendule, en donnant l'intensité de la pesanteur aux différents points du globe, permet de déterminer l'aplatissement de l'ellipsoïde auquel on peut l'assimiler. Cette observation est possible dans les iles au milieu des océans, et dans les régions polaires, c'est-à-dire en des régions où les mesures géodésiques sont impraticables. Il semble donc que c'est surtout à elles qu'il faut demander la valeur de l'aplatissement, les mesures géodésiques donnant les dimensions. Malheureusement, si les observations du pendule par la méthode du commandant Defforges peuvent être regardées aujourd'hui comme absolument parfaites, parmi les réductions à leur faire subir, il en est une sur laquelle les physiciens et les géodésiens disputent encore. C'est la réduction au niveau de la mer. Suivant qu'on adopte une méthode ou une autre de réduction, on arrive à une valeur de l'aplatissement de 1/292 avec M. Faye, de 1/299 avec M. Helmert (¹).

La proximité de la Lune fait que son mouvement autour de la Terre ne s'exécute pas comme si toute la masse de celle-ci était réunie en son centre de gravité, mais dépend de la forme de notre globe et par conséquent de son aplatissement. La théorie a démontré l'existence de plusieurs inégalités lunaires dues à cette cause; et l'introduction dans les

(¹) Voir l'Introduction historique que j'ai placée en tête du t. IV de la Collection de mémoires publiés par la Société française de physique, Mémoires sur le pendule.

formules de la valeur des coefficients donnés par l'observation conduit à des valeurs de l'aplatissement qui varient de 1/293 à 1/298. Cette méthode ne permet donc pas encore de résoudre la question du choix à faire entre les deux valeurs. Elle présente cet avantage qu'elle donnera, lorsqu'on sera en possession d'observations suffisantes, l'aplatissement moyen, abstraction faite des inégalités accidentelles du sol, la compensation se produisant d'elle-même à la distance où est la Lune.

Enfin nous avons vu que les phénomènes de précession luni-solaire et de nutation dépendent de l'existence du renflement équatorial terrestre. Dans les expressions théoriques de ces inégalités, figurent nécessairement les deux moments d'inertie principaux de l'ellipsoïde terrestre, de telle sorte qu'en égalant l'expression théorique de la précession à la valeur que lui assigne l'observation, il est possible de déterminer le rapport de ces deux moments. Il serait possible donc d'en conclure la valeur de l'aplatissement, si la loi de variation de la densité à l'intérieur de la Terre était connue. Mais on peut du moins en déterminer une limite supérieure ; avec les données actuelles et dans l'hypothèse de la fluidité du noyau terrestre, la valeur de l'aplatissement ne peut dépasser 1/297,3. Si donc il était démontré que l'aplatissement est 1/292, il faudrait nécessairement modifier les idées que les géologues se sont faites de l'état de l'intérieur du globe. La détermination de la forme exacte de la Terre se trouve ainsi reliée aux questions les plus hautes de l'astronomie et de la géologie.

FIN

TABLE DES MATIÈRES

CHAPITRE III

Mouvement diurne

CHAPITRE IV

Systèmes de coordonnées qui se déduisent du mouvement diurne

CHAPITRE V

Instruments méridiens

CHAPITRE VI

Réfraction

CHAPITRE VII

Observations du Soleil

CHAPITRE VIII

Mouvement du Soleil sur la sphère céleste

MOUVEMENT PROPRE DES ÉTOILES

CHAPITRE IX

Théorie du Soleil

CHAPITRE X

Unités de mesure du temps

CHAPITRE XI

Mouvement réel de la Terre. — Parallaxes annuelles. — Aberration

CHAPITRE XII

Théorie de la Lune

CHAPITRE XIII

Planètes

CHAPITRE XIV

Dimensions du système planétaire

CHAPITRE XV

Notions de Géodésie

Tours. — Imprimerie DESLIS FRÈRES

www.ingramcontent.com/pod-product-compliance
Lightning Source LLC
Chambersburg PA
CBHW052103230326
41599CB00054B/3708